우리는 지금 미국으로 간다

김주희 저

아이생각
www.ithinkbook.co.kr

성공어학연수 가이드 – **미국 맞짱뜨기**

우리는 지금 미국으로 간다 미국 서부편

| 만든 사람들 |
기획 실용기획부 | **진행** 신지나 | **집필** 김주희 | **편집 디자인** 아이디어스토리지 | **표지 디자인** 전민경

| 책 내용 문의 |
도서 내용에 대해 궁금한 사항이 있으시면 아이생각(디지털북스) 홈페이지의 게시판을 통해 해결하실 수 있습니다.
아이생각(디지털북스) 홈페이지 www.digitalbooks.co.kr
디지털북스 이메일 digital@digitalbooks.co.kr

| 각종 문의 |
영업관련 hi@digitalbooks.co.kr
기획관련 dgbookplan@digitalbooks.co.kr, digital@digitalbooks.co.kr
전화번호 (02) 447–3157~8

요즘 대학생들에게 영어는 필수처럼 여겨지고 있고, 그래서인지 주변에서도 어학연수를 떠나는 친구들을 많이 보아왔다. 대학교 2학년을 마치고 미국 어학연수를 결정했을 때, 나는 주변에 어학연수에 대해 물어볼 사람이 마땅치 않았다. 그래서 오직 유학원에서 얻은 정보만을 가지고 무작정 미국으로 떠났는데, 역시 준비하지 않은 자에게 시련은 너무나 많았다.

현지에서 수많은 시행착오를 겪으면서 미국이라는 나라에 대해 조금씩 이해할 수 있었다. 처음 책을 써보라는 제안을 받았을 때, '나보다 미국에 대해 더 잘 알고 글도 잘 쓰는 사람들이 많은데 과연 내가 써도 될까?'하는 생각이 들었다. 하지만 미국에서 배운 교훈 중 하나가 '일단 뭐든지 부딪히고 보자.'였기에 이번에도 일단 시도해보기로 결정했다. 무턱대고 시작한 집필이지만, 한 사람이라도 이 책을 보며 조금이라도 도움을 받을 수 있다면 매우 뿌듯할 것 같다.

어학연수를 떠나는 이유는 모두 다르겠지만 아마 가장 큰 이유는 영어 공부를 위해서일 것이다. 하지만 어학연수 이후에도 영어 실력이 제자리인 경우를 많이 봐왔다. 몇 몇 사람들은 이런 어학연수를 실패한 어학연수라고 생각할 지도 모르지만, 예전에 누군가 "어학연수에 실패란 없다."라고 한 말이 생각난다.

어학연수를 통해 얻을 수 있는 것은 단지 영어뿐만이 아니다. 나 역시도 미국에서 지내는 동안 다양한 문화를 접하고 이해할 수 있는 기회를 가졌으며 보다 넓은 세계에서 진정한 나 자신, 그리고 나의 가치를 찾을 수 있는 소중한 시간이었다. 또한 미국에서 공부하는 다양한 국적을 가진 친구들과 어울리며 특별한 인연을 쌓기도 했다. 어학연수를 통해 무엇이라도 얻는 것이 있다면, 그것은 실패라고 말하기 어려울 것이다.

하지만 비록 실패한 어학연수는 없다고 할지라도, 돈과 시간을 들이는 만큼 어학연수가 본인에게 즐거운 추억으로 남아야 할 것이다. 그리고 그 어학연수를 시작하는 당신에게 이 책이 가이드 역할을 톡톡히 해줄 수 있기를 바란다. 나에게 미국 어학연수는 소중한 시간이었고, 지금도 내 인생에서 가장 특별한 경험이었다고 생각한다. 미국 어학연수를 선택한 당신에게도 나처럼 어학연수가 빛나는 기간으로 기억될 수 있기를!

Thanks to

이 책을 쓰기 시작하면서 내 주위에 감사해야 할 사람들이 정말 많다는 점을 깨달았다. 힘들고 지칠 때마다 옆에서 항상 힘이 되어준 주위의 모든 사람들에게 진심으로 감사하다는 말을 전하고 싶다.

우선, 저의 가능성을 알아봐주고 책을 쓸 수 있도록 도와준 디지털북스 신지나 님, 그 외 디지털북스 관계자 여러분, 그리고 미국 어학연수에 대해 중요한 정보를 와이파이처럼 콸콸 주신 유학플러스의 한유리 실장님 감사합니다. 제가 책을 쓰는 동안 유학원에 직원처럼 들락날락할 때도 귀찮아하지 않으신 유학플러스 전 직원 분께도 감사드립니다.

또한 항상 저에게 정신적 그리고 물질적 지원을 아끼지 않는 부모님, 함께 있으면 늘 즐거운 언니, 그리고 어학연수 기간 동안 가장 보고 싶었던 강아지 초코에게도 모두 모두 사랑한다는 말 전하고 싶습니다.

원고 피드백 해달라고 징징거릴 때마다 화 한 번 내지 않고 열심히 도와준 상현이에게는 독보적인 감사를 전하고, 그 외에도 더 좋은 책이 될 수 있도록 도와준 성화, 영은이, 써니, 연서, 태호, 정민언니, 상빈오빠, 제인오빠, 그리고 승희오빠도 감사합니다. 미국에서 만났던 모든 친구들에게도 저에게 소중한 경험과 시간을 선물해 준 것에 대해 감사의 말을 전하고 싶습니다. 비록 이름을 언급하지 않았더라도 마음 속 깊이 고마워하고 사랑하고 있다는 점 알아주세요!

Contents

America

PART 01

미국이 이효리보다
핫한 이유

글로벌 시대를 살아가는 우리들, 필요한 건 뭐? 바로 '영어!' 이러한 시대에 살아남기 위해 우리는 오늘도 열심히 영어공부 중이다. 영어를 공부하는 방법에는 수천 가지가 있지만, 가장 효과적이고 확실한 방법은? 그렇다. 바로 직접 영어를 쓰는 환경에서 몸소 부딪히는 것! 그 중 많은 사람들이 어.학.연.수를 택한다. 영어가 필수 스펙으로 여겨지는 오늘날 많은 대학생들이 부푼 꿈을 안고 어학연수를 떠나고 있다. 우리가 어학연수를 떠나는 수많은 나라들 중, 가장 인기 있는 나라는 바로 미국! 그렇다면 왜 미국이 어학연수하기에 적합한지 알아볼까?

STEP 01 미국 어학연수의 좋은 점
STEP 02 한국과는 너무 다른 미국 문화
STEP 03 미국에 대한 편견
STEP 04 미국의 공휴일과 명절

 표준 영어를 구사하는 미국

우리에게 가장 익숙한 표준 영어를 구사하는 나라는 바로 미국이다. 미국 영화나 드라마를 많이 보는 우리에게 친근한 발음 또한 미국식 영어이다. 전 세계에서 통용되는 가장 보편적인 영어를 배울 수 있는 것이 미국에서 공부하는 큰 장점이다.

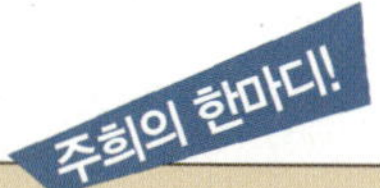

영국 영어는 알아 듣기 어렵고, 호주 영어는 고급스럽지 않은 영어라는 말을 들어본 적이 있을 것이다. 같은 영어를 사용하는 나라일지라도, 영어의 성격이 다르다는 점! 그래서 많은 사람들이 가장 보편적이고 대중적인 어학연수 지로 미국을 선택하는 것이 아닐까?

 많은 교육 기관의 수

미국에는 다양한 프로그램을 제공하는 수 많은 교육기관들이 우리를 기다리고 있다. 따라서 선택의 폭이 넓은 것이 미국 어학연수의 또 다른 장점이다. 또한 이 교육기관들이 공부하기 적합한 환경을 제공하고, 교육의 질도 높으니 그야말로 금상첨화라고 할 수 있다.

개인적으로 어학연수를 떠나기로 결정한 뒤 유학원의 도움을 받았는데, 어느 학교에서 공부할 지를 결정하는 것도 쉽지 않았다. 오랜 고민 끝에 지역은 샌디에고로

잊을 수 없는 미국 여행, 그랜드 캐년

Yay! 미국 여행

정했지만, 샌디에고 내에만해도 엄청나게 많은 학원이 있었던 것! 미국은 학교 선택의 폭이 넓어도 너~무 넓다!

THEME 03 어마어마하게 넓은 미국을 여행할 수 있는 기회

미국은 50개의 주와 한 개의 특별구(수도인 워싱턴)을 가지고 있는 정말 어마어마하게 큰 나라이다. 따라서 지역 선택의 폭이 넓을 뿐만 아니라 마음만 먹으면 광활한 미국을 여행할 수 있다는 점이 큰 매력이다.

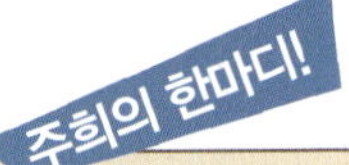
주희의 한마디!

어학연수를 하면서 빠질 수 없는 것이 바로 여행이다. 공부도 하고 여행도 하고! 님도 보고 뽕도 따고! 말로만 듣던 Universal Studio, Disney Land, Golden Gate Bridge, Grand Canyon 등등 미국의 명소들을 여행하고 있으면, 영화 속 주인공이 된 기분이 든다. 그리고 언젠가는 50개 주를 모두 여행할 수 있는 영화 같은 날이 오지 않을까?

1 미국, LAS VEGAS에도 에펠 타워가 있다?
2 LAS VEGAS에서는 베네치아에 온 기분도 느낄 수 있다.

인디언 문화 체험하기

THEME 04   미국은 Melting Pot! 다양한 문화 체험

미국은 Melting Pot(인종, 문화 등 여러 요소가 하나로 합쳐진 현상이나 장소)이라고 불릴 만큼, 다양한 사람들이 살고 있는 곳이다. 서로 다른 국적과 인종을 가진 사람들이 각자의 문화를 간직하며 미국에서 살고 있다. 여러 종류의 물감이 하나의 아름다운 그림을 그려내듯이! 그래서 미국에서는 다양한 문화를 체험할 수 있다.

주희의 한마디!

미국에서 지내는 동안, 온 세상 사람들을 다 만나고 온 기분이다. 아시아, 유럽, 남미, 아프리카 친구들은 물론 심지어 소수 민족, 부족 친구들까지 전세계 방방곡곡에서 온 친구들을 만날 수 있었다. 따라서 자연스럽게 미국뿐만아니라 다른 나라의 문화도 배울 수 있는 소중한 기회를 가질 수 있다. 처음에는 다른 문화를 이해하지 못해 오해가 생기기도 하고, 실수를 하기도 한다. 하지만 시간이 지나면서 다른 문화를 이해할 수 있는 포용력이 저절로 생기기 마련이다.

THEME 05   학생 중심의 교육 제도

한국의 수업이 교사 중심의 주입식 교육이라면, 미국의 수업은 학생 중심의 주체적인 수업이라고 할 수 있다. 즉, 학생들이 자유롭게 자신의 의견을 이야기하고, 토론하는 식의 수업이 많다. 일방적이고 주입식인 한국의 교육에서 벗어나 미국의 자유로운 수업 방식을 경험해 볼 수 있다.

한국에서 답답한 수업을 받다가 미국에서 전혀 다른 방식의 수업을 들으니 처음에는 적응 불가! 선생님이 말씀하시는 내용만 받아 적고 있던 나였다. 하지만 시간이 지나면서 미국식 수업에 적응 완료했다. 달달 외우는 암기식 영어는 굿 바이! 영어실력은 컴 온! 에헤라디야, 신나는구나!

주희는 이랬다!

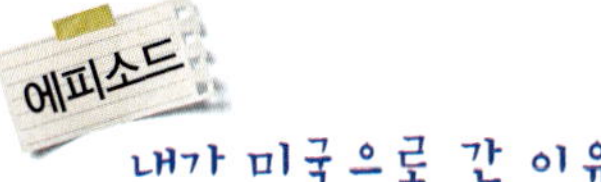

내가 미국으로 간 이유

사실 어학연수 지로 미국이 가장 인기 있는 나라이긴 하지만 너무 흔해서, 다른 특별한 나라에서 공부해보고 싶기도 했다. 하지만 내가 미국으로 떠난 데에는 특별한 계기가 있었다.

대학교 1학년 때, 미국으로 여행을 갈 기회가 있었던 나는 Central Park에서 무료 공연을 보고 있는데, 앞에 앉은 노부부가 잔디 위에서 와인을 마시며 알콩달콩 공연을 즐기는 모습에 완전 반해버렸다. 세상에서 가장 아름다운 모습을 꼽으라면! 아마 그 때 그 노부부의 평온하면서도 아름다운 모습을 주저 없이 꼽을 것이다. 자유롭고, 평온하고, 아름다운 나라. 미국은 나에게 그런 인상을 남겼다. 나중에 꼭 미국에서 공부하고 싶다는 생각은 그 노부부로부터 비롯됐다.

미국 드라마나 영화는 한국에서도 인기 만점이다. 우리는 미디어를 통해 미국의 문화와 어느 정도 친숙하다. 하지만 보는 것과 실제로 경험하는 것은 다르다는 사실! 실제로 미국에서 당황하지 않기 위해, 미리 알면 좋은 미국 문화를 소개한다.

THEME 01　자유, 자유, 자유!

"미국에 가면 맨날 짧은 핫팬츠입고 다녀야지."

아마 내가 어학연수를 위해 미국에 가기 전, 제일 많이 한 말일 것이다. 사실 남의 눈치를 많이 살피는 극도로 소심한 나는! 굵은 다리 콤플렉스 때문에 한국에서는 긴 청바지만 입고 다녔던 것!

"미국 사람들은 남이 무슨 짓을 해도 신경 안 쓴대~ 미국은 자유의 땅이잖아~"

실제로 미국 사람들은 타인에게 크게 신경 쓰지 않는다. 미국에서는 남에게 피해주는 행동만 하지 않는다면, 남들의 시선으로부터 자유로울 수 있다. 한국에서

언제나 몸 개그로 큰 웃음을 주던 내가 사랑하는 선생님, 찰스 ☺

극도로 외모 콤플렉스에 시달리던 나에게는 행복의 땅, 아메리카! 어학연수를 하는 내내 신나서 짧은 바지만 입고 다녔던 기억이 난다.

또한 미국의 수업 방식과 분위기도 자유롭다. 선생님의 이름을 부르며, 친구처럼 지내는 것도 나에게는 신기한 경험이었다. 수업이 끝나고 가끔씩은 선생님과 바에 가기도 하고, 같이 춤을 추기도 했다. 그리고 학생이 수업 시간에 수업 내용과 관계없는 질문을 해도, 친절하게 대답해준다. 한국에서였다면 수업에 집중하라고 혼났을 것이다!

THEME 02 모르는 사람과도 인사를?

가장 적응하기 힘들었던 미국의 문화는 바로 Small Talk! Small Talk란, 모르는 사람과 간단한 인사 정도를 주고 받는 것이다. 버스 정류장에서 버스를 기다릴 때, 특히 Small Talk가 빈번하게 일어난다.

생판 모르는 사람과 "How are you?" (안녕?), "The weather is nice, today." (오늘 날씨 좋다.) 등등의 대화를 나누는 것은 나에겐 이상한 경험이었다. 길을 지나갈 때, "I love your shoes! Where did you buy them?" (네가 신은 신발 정말 마음에 들어! 어디서 샀니?) 같은 칭찬도 많이 들을 수 있을 것이다. 한국에서는 누가 입은 옷이 예쁘다고 해서, 어디서 샀는지를 물어보는 일은 없지 않은가? 처음에는 말을 걸어오는 사람에게 어색한 웃음을 보이던 나였지만, 시간이 지나면서 먼저 말을 걸기도 했다. 심지어 한국에 돌아와서도 여기저기 나서는 오지랖이 생겨버렸다.

하지만 누군가 먼저 말을 걸었다고 해서, "어! 이 사람 나한테 관심 있나? 계속 이야기 해 볼까?" 이렇게 생각한다면 큰 오산! 미국인들은 우리랑 계속 대화를 하기 위해 먼저 말을 거는 것이 아니라, 그냥 인사 정도를 건네는 것이 그들의 문화인 것임을 이해하자!

THEME 03 Split or All Together?

미국인 친구들과 식당에 가서 밥을 먹었는데, 식사가 끝나자 웨이터가 와서 "Split or all together?" 라고 물었다. 처음에는 그게 무슨 말인지 긴가민가했다. 알고 보니, 따로 계산할 것인지 아니면 다 같이 계산할 것인지를 묻는 것! 한국이라면, 더치페이를 하더라도 n분의 1로 내는 것이 보통. 가끔은 내가 적게 먹었지만, 똑같이 돈을 내 억울할 때도 있다. 하지만 미국은 자신이 먹은 음식은 자신이 내는 식으로 계산서를

테이블 위에 놓인 여러 개의 계산서 ☺ Split!

나눠준다. 그래서 계산할 때, 서로 얼마씩 내야 하는지 골머리를 썩힐 필요가 없다. 자신의 먹은 만큼 자신이 계산하면 끝!

THEME 04 네가 데이트신청 했으니까 돈 내!

내가 미국에서 지내면서 가장 궁금했던 점은 미국인들의 연애! 미국인 친구에게 연애와 관련해 궁금한 것을 이것저것 물어보다가 놀란 것이, 데이트를 신청한 사람이 계산해야 한다는 것. 여자가 데이트 신청을 하면 여자가 내는 거냐고 물었더니, 당연하다는 듯이 "Yes"라고 대답한 친구. 혹은 데이트 비용을 공평하게 split하는 경우가 많다고 하니 참으로 합리적인 나라가 아닐 수 없다. 미국에서 오래 살다 온 친구가 한국에서는 남자들이 데이트할 때 비용을 거의 부담하는 것이 신기하다고 했을 정도이다.

THEME 05 팁을 달라고?

한국과 다른 미국의 문화 중 하나는 바로 팁 문화. 미국에서는 식당, 미용실, 택시, 배달 등 서비스 비용을 따로 받는 팁 문화가 있다. 한 번은 이 팁 때문에 망신을 당한 적도 있다. 호텔에서 짐을 옮겨준 직원이 문 앞에서 한 동안 기다린 것! 팁을 주기 위해 지갑을 뒤져봤지만 $1 지폐는 커녕 아무 현금도 없었다. 미안하다며, 지폐가 없다고 하자 자신은 오늘 하루 종일 1층에 있을 것이라고 하고는 나가버린 그, 정말 민망한 상황이었다.

하나의 문화라는 것은 알지만, 막상 주려고 하면 참 아까운 것이 이 팁이다. 서비스가 정말 형편없었다고 하더라도, 보통은 주는 것이 예의라는 것을 잊지 말자!

Check

팁에 관한 더 자세한 내용이 알고 싶다면, Part 8로 이동해보자.

THEME 01 미국인들은 패셔니스타?

미국 드라마와 영화를 보다 보면, 날씬한 언니들의 뛰어난 패션 센스를 자주 볼 수 있다. 미국 드라마 〈섹스 앤 더 시티〉나 〈가십걸〉에 나오는 주인공들의 패션이 유행이 되는 일도 많다. 내가 미국에 가기 전 상상하던 미국 사람들의 모습은 훈남과 훈녀의 천국, 그리고 수많은 패셔니스타들! 하지만 실제로 학교 안에서 만난 미국인들의 모습은 내 예상과는 거리가 한참 멀었다. 물론, 얼굴이 훈훈한 친구들은 많지만(?) 이 훈훈한 외모마저 흔남, 흔녀로 만들어 버리는 그들의 패션 스타일! 캠퍼스 내에서만큼은 패션에 전혀 관심이 없는 사람들처럼 보인다. 평범한 티셔츠와 물 빠진 청바지를 대충 입고, 커다란 배낭을 메고 바쁘게 돌아다니는 친구들이 대다수였다. 그리고 더욱 신기한 건 우리나라와 달리 명품 가방을 든 미국인을 찾기 힘들다는 것! 오히려 비싼 가방을 들면, 부자라고 놀림 당하기 십상이다.

하지만, 그렇다고 그들이 항상 저렇게 안 꾸미고 다니는 것은 아니라는 사실! 학교가 아닌 파티나 클럽에 갈 때는 트랜스포머처럼 변신하는 그들이다. 커다란 배낭과 후줄근한 옷들은 던져버리고 진한 아이라인, 푹 파인 드레스에 높은 하이힐까지 신고 180도 변해서 나타나는 그들! 가끔은 이 사람이 내가 학교에서 보던 그 친구가 맞나 싶을 정도로 반전이 있기도 하다.

실제 미국 대학생들의 평소 모습, 참으로 편안해 보인다!

FaShion TerroriSt? FaShion Victim!

Fashion Terrorist가 영어인 줄 알았던 나! 미국인 친구들과 이야기하다, 당당하게 "나 오늘 패션 테러리스트야."라고 했더니 돌아오는 친구들의 반응은 싸늘했다. "What are you talking about? (너 무슨 소리하는 거야?) 라고 진지하게 묻는 나의 친구들. 그렇다. 그들은 전혀 알아 듣지 못했다. 내가 무슨 뜻으로 말한 것인지 설명하자 그제서야 빵 터진 나의 친구들! 잉?.? Fashion Terrorist는 콩글리쉬였던 것이다. 아이고 민망해라!

Fashion Terrorist 대신 쓸 수 있는 말이 바로 Fashion Victim이라고 친구들이 상냥하게 설명해줬다.

Fashion Victim이란 패션에 대해 아무 생각이 없고, 옷을 잘 못 입는 사람에게 쓸 수 있는 말이라고 한다. 내가 봤을 때, 대부분의 미국인들은 Fashion Victim인 것 같다. 함정은 이 글을 쓰고 있는 나도 Fashion Victim이라는 것!

THEME 02　미국에서는 무슨 짓을 해도 뒷담화하지 않는다?

자유의 나라, 미국. 개인주의가 만연한 나라, 미국. 미국에 대해 익히 들어온 말일 것이다. 이처럼 많은 사람들이 미국인들은 자신들에게 피해주지 않으면, 다른 이들이 무슨 행동을 하든지 크게 신경 쓰지 않는다고 생각해왔을 것이다. 예를 들어, '미국이니까 공공장소에서 진한 애정행각을 해도 상관없겠지?' 혹은 '미국에서는 겨울에 민소매를 입던, 여름에 두꺼운 외투를 입던 신경 안 쓰겠지?'와 같은 생각을 해본 적이 있을 것이다. 하지만 그런 쿨가이, 쿨걸들도 뒷담화를 한다는 안타까운 사실! 물론, 우리나라에 비해 남들의 특이한 행동들에 대해 관여하는 정도는 상대적으로 낮지만, 그들도 길을 지나가다가 정말 이상하게 눈에 띄는 사람을 보면 수근수근 한다.

여자가 남자를 너무 밝히거나 성격이 이상한 친구를 뒤에서 쏙닥쏙닥하는 미국인들! 세상 어디를 가나 뒷담화는 존재하는 법인가 보다. 그러니 Ugly Korean으로 불릴 만한 행동은 삼가도록 하자!

THEME 03 미국은 철저한 개인주의?

'미국'하면 가장 먼저 떠오르는 단어는? 개인주의가 아닐까? 미국인들이 이기적이고, 계산적이며 정 없을 것이라고 생각했던 것과 달리! 실제로 미국인들의 개인주의는 내가 생각했던 모습과 달랐다.

미국에 온지 얼마 되지 않아, 친구가 없었던 나는 배가 고팠지만 혼자 밥 먹으러 가기 싫어 기숙사 방에서 뒹굴뒹굴거리고 있었는데, 마침 룸메이트인 킴벌이 들어왔다. 반가운 마음에 밥을 먹었는지 물어본 나.

> 주희: Have you eaten lunch already? (너 밥 먹었어?)
> 킴벌: I am not hungry yet. I am going to eat later.
>   (나 배 안고파. 나중에 먹을래.)

아직 배가 고프지 않다며 이따 먹을 것이라고 대답한 킴벌! 두둥!

> 킴벌: How about you? (너는 먹었어?)
> 주희: I am super hungry, but I am going to eat with you later.
>   (나 엄청 배고픈데.. 나중에 너랑 같이 먹을래.)

그러자 킴벌이 "너 배고프면 지금 가자! 내가 옆에서 기다려줄게!"라고 말하는 것이 아닌가?

정말? 정말? 정말? 이렇게 계속 되물은 나는 아마 바보 같아 보였을 것이다. 하지만 그 날 나는 감동의 눈물이 쓰나미처럼 밀려왔다는 것!

그리고 미국인들도 서로 시간을 맞춰서 밥을 같이 먹는다. 친구들끼리 전체 문자로 밥을 먹을 시간을 정하고, 같이 식사한다는 점이 우리나라와 비슷하다고 생각했다. 하지만 혼자 먹는다고 해서 전혀 이상하게 생각하지 않는다.

 캐나다인을 싫어한다?

개인적으로 미국 드라마 중에 〈How I met your mother〉를 즐겨보는 편이다. 드라마 내에서 미국인들이 종종 캐나다인을 놀리고 괴롭히는 장면을 볼 수 있다. 그래서 나는 미국인들은 정말 캐나다인을 싫어하는 것일까? 하는 의문을 가졌었다. 실제로 미국에서 지낼 때도, 미국인 친구들이 캐나다인 친구를 놀리는 모습을 자주 볼 수 있었다. 하지만 이런 행동은 미국인들이 원래 농담하는 것을 좋아하는 데서 비롯된 것 같다. 그리고 특별히 캐나다인을 놀리는 것을 더 재미있어하는 듯 보였다. 캐나다인을 놀리는 것을 좋아하는 미국인과, 그냥 웃어넘기는 캐나다인. 환상의 궁합이 아닐 수 없다.☺ 미국인들이 캐나다인을 싫어한다기 보단 오히려 좋아하는 것으로 판정!

나의 룸메이트, 킴벌

성격 좋은 캐나다 친구들

아무리 놀려도 웃던 캐나다 친구, 케이티

미국의 공휴일과 명절

누구나 항상 기다리게 되는 것이 공휴일! 미국의 공휴일에 대해 알아보자! 또 미국에는 국경일은 아니지만 재미있는 명절이 있다. 국경일보다 더 기대되는 재미있는 명절들도 함께 살펴보자!

영문 공휴일명	날짜	한글 공휴일명
New Year's Day	1월 1일	설날
Martin Luther King's Day	1월 셋째 주 월요일	흑인 운동가 마틴 루터 킹의 날
President's day	2월 셋째 주 월요일	초대 대통령 워싱톤의 생일
Easter	3월 하순~4월 상순	부활절
Memorial Day	5월 마지막 월요일	현충일
Independence Day	7월 4일	독립기념일
Labor Day	9월 첫째 주 월요일	근로자의 날
Veterans Day	10월 첫째 주 월요일 또는 11월 11일	국군의 날
Thanksgiving Day	11월 넷째 주 목요일	추석
Christmas Day	12월 25일	성탄절

THEME 01 주희가 좋아하는 미국의 공휴일

01. Easter

미국의 부활절. 부활절이 가까워질수록 상점마다 이스터 바니와 달걀의 탈을 쓴 초콜렛으로 가득가득하다. 집안 곳곳에 선물들을 숨겨놓고, 아이들이 찾게 하는 것이 부활절의 묘미이다. 일종의 보물찾기인 셈이다. 숨겨져 있는 선물에는 초콜렛, 과자, 사탕 그리고 가끔은 돈도 있다고 한다. 나는 개인적으로 돈이 받고 싶어요!

어렸을 때, 부활절에 교회에 가면 맛있는 간식도 주고 선물도 준다고 해서 몇 번 가본 적이 있다. 개인적으로 교회를 매주 다니는 성실한 신자는 아니지만, 부활절 때만큼 은 누구보다도 일찍 교회에 가곤 했던 나! 한국의 '부활절'하면, 교회에 가서 예배드리 고 그림이 그려진 썩지 않는 달걀을 받아오는 것이 생각난다. 하지만! 미국에서의 부 활절은 조금 다른 모습이었다! 마트의 한 편은 이스터 관련 상품들로 넘쳐나고, 학교 와 식당도 이스터 분위기가 물씬 난다. 미국의 부활절은 조금 더 대중적인 느낌이랄 까? 꼭 교회에 다니지 않아도, 가족끼리 함께 즐거운 시간을 보내는 공휴일같다.
어느 날부터 상점마다 이스터 버니가 가득가득하다는 것은, 바로 이스터가 다가오고 있다는 증거! 하지만, 나는 이스터가 정확히 언제인지도 몰랐다. 평소처럼 학교 친구 들과 샌디에고에서 가장 큰 공원인 발보아 파크에 놀러갔다. 친구들과 공원에 둥그렇 게 앉아 점심을 먹고 있는데, 옆에서 한창 이스터 행사가 진행중이었다! 큰 행사는 아 니고, 몇 몇 가족들이 모여 이스터를 기념하는 것 같았다. 그 때야 오늘이 이스터인지 깨달은 나와 친구들! 사실 우리도 끼고 싶은 마음이 굴뚝같았으나… 나이가 있기에 참아야 하느니라…. 어른들이 사탕과 선물을 뿌리고, 아이들이 뛰어다니며 선물을 줍 고 있는 귀여운 풍경을 볼 수 있었다. 몇 몇 아이들은 작정이라도 한 듯 잠자리 채를 들고서는 선물을 받느라 정신이 없었다. 한 바탕 소란이 일어난 뒤, 아이들은 선물을 품에 안고 뿌듯한 표정을 짓고 있었다. 우리도 다시 정신을 차리고 밥을 먹는데, 옆에 서 쑥 다가오는 아저씨! 다름아닌 이스터 행사를 진행하던 분이셨다. 우리에게 "케익 먹을래?"라고 물어보며, 무려 세 접시의 케익을 가져다 주셨다. 공짜로 받은 케익 맛 은 환상적이었다. 어린이는 아니지만, 나름 이스터 선물을 받은 기분이랄까?

곳곳에 장식된 귀여운 이스터 버니들과 사진을 찍는 것이 이스터의 큰 재미!

호텔에서 받은 이스터 달걀,안에는 선물이!

공짜로 받아서 더욱 맛있는 케익

영화관에서도 이스터를 맞아 이벤트 중

02. Independence Day

미국의 독립기념일. 미국의 독립기념일은 미국이 자유와 독립을 쟁취한 날이다. 대게 7월 4일이 독립기념일이기 때문에, 'Fourth of July'라고 하기도 한다. 미국의 가장 큰 공휴일 중 하나로, 미국 전역 하늘에 불꽃들이 화려한 수를 놓는 장관을 볼 수 있다. 또한 퍼레이드도 미국 곳곳에서 볼 수 있다. 퍼레이드 중 공짜로 선물을 나눠주기도 한다.

★주희의 Independence Day

미국에서 즐겨듣던 노래 중에, 케이티 페리의 'Firework'라는 노래가 있다. 가사 중에 이런 부분이 있는데 매우 마음에 든다. "You just gotta ignite the light and let it shine. Just own the night like the 4th of July." 해석을 하자면, "당신은 불을 붙여 자신을 빛나게 하면 돼. 마치 독립기념일의 밤처럼 빛나게 해." 이 정도. 전체적인 가사는 절망적일 때도 있지만 자신을 믿고 빛나는 사람이 되라는 응원의 노래이다. 여기서 왜 굳이 "Just own the night like the 4th of July"일까? 그 이유는 독립기념일에 어마어마한 불꽃 놀이로 인해, 온 세상이 밝기 때문! 실제로 산타바바라를 여행한 뒤 차를 타고 돌아오는데, 사방에서 터지는 아름다운 불꽃때문에 영화를 보는 기분이 들었다. 계속해서 "우와! 우와! 진짜 멋져!"만 연발하던 나와 친구들! 중간에 차를 세우고, 언덕에 올라가 먼 발치에서 끝없이 터지는 불꽃을 볼 때의 그 쾌감은 이루 말할 수 없다! 영화 속 여주인공이 된 느낌이랄까?

그리고 불꽃놀이 외에도 꼭 봐야할 퍼레이드! 식당을 찾던 중 길을 잃어 헤메고 있는데, 많은 사람들이 모여 무엇인가를 기다리는 낌새가 들었다. 주위에 있던 사람에게

불꽃놀이는 놓칠 수 없는 볼거리

물어보니, 곧 퍼레이드가 시작한다는 깨알 정보를 얻었다. 나 역시 사람들 틈바구니에 끼어 퍼레이드를 기다리기 시작했다. 드디어 막을 올린 퍼레이드! 끝도 없이 긴 행렬이 줄줄이 지나가며, 사람들에게 선물을 나눠준다. 옆에 사람과 선물을 차지하기 위해 묘한 신경전을 벌이기도 했다. 선물은 보통 파란색 혹은 초록색 구슬 목걸이로 비싼 선물은 아니지만 공짜라면 챙겨두는 것이 진리! 온 몸을 날려 여러개의 선물을 챙겼다. 훗!

03. Thanksgiving Day

미국의 추수감사절. 한국의 추석과 같은 개념이라고 생각하면 된다. Thanksgiving Day하면 생각나는 것이 칠면조! 실제로 Thanksgiving Day 파티에 초대되어 간 집에서 먹은 칠면조의 맛은 정말 최고였다. 칠면조 외에도 다양한 요리를 준비하며, 온 가족이 모여 즐거운 시간을 보낸다.

★주희의 Thanksgiving Day

친절한 홈스테이 아줌마와 아줌마의 시댁은 엎드리면 코

퍼레이드

1 칠면조 외에도 다양한 요리, 군침 돈다!
2 Thanksgiving Day에 빠지면 섭섭한 칠면조

닿는 거리이다. Thanksgiving Day를 맞아 시댁에서 특별히 파티가 열린다고 한다. 야호! 몇 가지 음식을 준비하더니, 시댁으로 가자는 아줌마! 바로 옆 집인 시댁에 도착하자 푸짐한 요리가 상다리가 부러지게 차려져 있었다. 내 입으로 제일 먼저 들어간 요리는 바로 칠면조! 칠면조 맛이 어떠냐고 묻는 아줌마. 두 말 하면 입 아프다! 진짜 최고!

그리고 추수감사절을 기다리는 또 다른 이유는 바로 '블랙 프라이데이' 때문이다. 추수감사절 다음 날인 금요일, 미국 전역에서 최대 규모의 세일을 제공하는데 이 기간이 바로 블랙 프라이데이이다. 이 날, 상점마다 적자(red figure)에서 흑자(black figure)로 돌아서는 날이라해서 Black Friday라고 불린다고 한다. 저렴한 가격에 쇼핑을 할 수 있기 때문에 쇼핑몰마다 사람으로 가득하다. 사람을 구경하는 것인지 물건을 구경하는 것인지 분간이 안 될 정도! 가끔씩은 물건을 사려다 압사당하는 경우도 있다하니! 얼마나 큰 규모의 세일인지 상상이 되겠지? 세일 전날부터 상점에 먼저 들어가기 위해 상점 앞에 자리를 깔고, 자는 사람들을 볼 수있는 재밌는 날이다. 나도 쇼핑광인 홈스테이 아줌마와 함께 어마어마한 양의 쇼핑을 했다. 그 날 이후 삭신이 쑤셔 며칠은 앓아누웠다는 슬픈 소식.

THEME 02 한국 명절과는 또 다른 즐거움! 미국의 명절

01. Halloween (할로윈)

매년 10월 31일이 되면 집집마다 환하게 빛나는 무언가를 걸어 놓는다. 그것은 바로

할로윈의 상징, 호박! 미국에서는 할로윈에 호박등으로 집과 거리를 밝힌다. 문 앞에 해골을 걸어두거나 마당을 온통 오싹한 분위기로 꾸미는 집도 있다. 상점들도 해골, 유령 그리고 거미줄 등을 이용해 으스스한 분위기를 조성하며 할로윈을 기념한다. 할로윈을 위해 특별히 준비한 옷을 입고 파티를 하는 모습도 볼 수 있다. 주로 사람들은 해리포터, 히어로, 유령 등 컨셉을 잡아 의상을 입는다. 또한 어린이들이 문을 두드리며, "Trick or Treat(과자를 주지 않으면 장난을 치겠다)"을 외치는 진풍경을 볼 수도 있다. 누군가 문을 두드리고 Trick or Treat을 외친다면, 준비해 둔 사탕과 초콜렛을 바구니에 담아주는 센스를 발휘해보자!

★주희의 Halloween

학교를 마치고, 집에 돌아가니 홈스테이 아줌마가 호박을 무려 세 개나 사 놓으셨다. "할로윈을 맞아 호박등을 만들거야."라고 설명해준다. 야호! 홈스테이 가족들과 함께 만들기 시작한 호박등. 먼저 호박 위에 뚜껑을 만들어 속을 파낸다. 다음은 호박에게 얼굴 만들어주기! 자신이 원하는 대로 호박위에 얼굴을 그려준다. 마치 호박을 성형수술해주는 느낌이다. 그 다음, 모양대로 칼로 파내면 무시무시한 호박 등이 완성된다. 호박 안에 등을 밝혀 집 밖에 놓아두었더니, 은근히 밤에 볼때마다 무섭곤 했다.☺ 할로윈 당일! 집에서 같이 살던 중국인 친구와 밥을 먹고 있는데 누군가 '똑똑' 노크하는 소리가 들린다. 우리는 사탕달라고 온 아이들인줄 알고 반가운 마음에 문을 활짝 열었는데! 잉? 밖에 서 있는 것은 다름 아닌 다 큰 학생들. 어림잡아 중학생 정도로 보이는 여자 학생 둘이 "Trick or Treat"이라고 외친다. 우리는 홈스테이 아줌마가 미리 준비해 둔 사탕과 초콜렛을 가득 담아주었다. 사실, 정말 귀여운 아이들이 찾아왔다면 같이 사진도 찍었을텐데… 다 큰 아이들이라 Pass! 그래도 영화 속에서 보던 풍경이 내 눈앞에 펼쳐지니 신기할 따름이다.

그리고 밤에는 신나는 할로윈 파티!! 집 근처에 있는 클럽에서 할로윈 파티를 한다고 해 캣우먼으로 변장한 나! 버스를 타고 가는데, 기사 아저씨가 할로윈 파티에 가냐며 어디서 내려야하는지도 친절히 알려주셨다. 클럽 앞에 도착하니 도깨비, 해리포터, 앨리스 등! 가지 각색의 인물들로 변장한 사람들을 만날 수 있었다. 시끄러운 음악과 함께 술도 마시고, 춤도 추고! 매일매일 할로윈이였으면 좋겠다.

02. St. Patrick's Day (성 패트릭 데이)

3월 17일은 St. Patrick's Day이다. 성 패트릭은 아일랜드에 처음으로 그리스도교를 전파한 인물이라고 한다. St. Patrick's Day는 아일랜드의 수호 성인인 성 패트

릭을 기념하는 축제라고 할 수 있다. 아일랜드의 성인인데, 왜 미국에서도 기념하느냐고? 아일랜드뿐만 아니라 아일랜드계 이주민들이 많이 사는 미국, 캐나다 그리고 영국에서도 축제가 열리기 때문이다.

St. Patrick's Day는 코디 중에 초록색이 없으면 꼬집히는 날임을 명심하자! 이 날, 아무것도 모르고 초록색을 입지 않고 나간 나는 하루 종일 꼬집히고 다녔다. 거리에서는 초록색 선글라스나 커다란 초록색 모자를 쓴 사람들을 만날 수 있다. 네잎 클로버도 성 패트릭 데이의 상징이다. 신기한 것은 성 패트릭 데이에는 맥주마저 초록색이다. 하지만, 초록색 맥주는 인기가 많으니 서두르지 않으면 마셔볼 기회를 놓칠 수도 있다. 다시 한 번 기억하자! 성 패트릭 데이에는 신체 부위 중 어딘가에는 초록색이 있어야 꼬집히지 않는다는 것을!

★주희의 St. Patrick's Day

초록색 옷을 입지 않아 하루종일 꼬집히고 다닌 것도 서러운데, 더 서러운 일이 생기고 말았다! 오늘 밤에 다운타운에서 St. Patrick's Day를 맞아 파티가 열린다고 하는데,

1 홈스테이 가족들과 호박등 만들기
2 할로윈 파티
3 할로윈을 맞아 특별히 만든 눈깔사탕
4 학교에서는 할로윈 호박 만들기 콘테스트도 열린다
5 현관 앞에 호박등 놓기 ☺ 무섭지?

나는 21세 미만이므로 출입할 수 없다는 안타깝고도 눈물 뚝뚝 떨어지는 정보! 내가 밖에서라도 볼 수 없냐고 물었더니, 미국은 나이 제한이 엄격하기 때문에 불가능하다고 한다! 참고로, 미국에서는 만으로 21세가 되지 않으면 술을 구입할 수 없으며, 술을 마시는 것도 불법! 21살 이상인 친구들과 술을 마신다고 하더라도 불법이다. 아무리 자유의 나라라지만, 나이 제한만큼은 엄격한 나라. 어쨌든 만으로 20살이었던 나는 친구들은 모두 파티에 갈 때, 집으로 쓸쓸히 돌아갔다. 초록색 맥주도 마셔보고 싶었지만, under 21이므로, 이것도 패스! 여러모로 우울한 St. Patrick's Day였다.

03.Valentine's Day (발렌타인 데이)

한국에서도 유명한 발렌타인 데이는 미국에서도 똑같이 2월 14일이다. 하지만 특이한 것이 미국에는 화이트 데이가 없다는 점이다. 한국에서는 발렌타인 데이에 남자가 초콜렛을 받고, 화이트 데이에 여자가 사탕을 받는 것이 보통.

그러나 미국에서는 발렌타인 데이에 남자, 여자 할 것 없이 서로 초콜렛을 주고 받는다. 꼭 연인 사이가 아니더라도, 사랑하는 가족과 친구에게도 마음을 표현할 수 있다. 미국은 가족끼리 다른 주에 떨어져 사는 경우가 많아, 발렌타인 데이가 되면 초콜렛이 담긴 소포를 배달하느라 우체국이 바빠진다!

★주희의 발렌타인 데이

발렌타인 데이나 화이트 데이가 되면 누구나 가슴이 두근구근할 것이다. "오늘 누가 나한테 초콜렛주려나?" 이런 마음에서 콩닥콩닥하는 것이 바로 발렌타인 데이의 묘미라고 할 수 있다. 그.러.나. 안 될 놈은 역시 안 된다고! 한국에서도 없는 인기가 미국에서도 있을리가 있나! 우정어린 마음에 작은 초콜렛 하나 던져주는 친구 하나 없으니 그저 슬플 뿐! 그래도 오후 반에 수업을 같이 듣는 일본인 친구가 선심쓰듯 반 친구들에게 초콜렛을 돌렸다. 야호! 이거라도 어디야! Thank you~ Thank you~

평소에 고마웠던 친구에게 마음을 전해보자! 그냥 친구끼리도 마음을 주고 받을 수 있다

America

PART 02

두근두근 준비단계

미국으로 어학연수를 결정했다면, 두근두근 설레기 마련. 하지만 설레는 마음도 잠시, 이런 저런 준비로 바빠지기 시작할 것이다. 어학연수를 떠나기 전, 준비만 철저하게 한다면! 미국에서 겪는 어려움도 줄어드는 법이다. 미국으로 떠나기 전, 우리가 준비해야 할 일들은 무엇이 있을지 알아보자.

미국 가기 전
마음가짐

내가 짰던 생활계획표

THEME 01 **목표 정하기**

대부분의 사람들이 어학연수를 떠나는 주된 이유는 영어 실력의 향상일 것이다. 하지만, 어학연수를 통해 우리가 얻을 수 있는 것은 단지 영어뿐만이 아니다. 미국에서 혼자 생활하면서 독립심을 키울 수도 있고, 다른 나라 친구들과의 글로벌한 인맥 형성도 가능하다. 그리고 여행을 통한 즐거움도 얻을 수 있다. 미국으로 떠나기 전, 우리가 해야 할 가장 중요한 일은 바로 목표 정하기! 미국 어학연수를 통해 자신이 가장 얻고 싶은 1순위를 정해야 한다. 나 같은 경우에는 영어 실력 향상이 가장 중요한 목표였으므로 그 목표에 맞게 미국 생활을 계획했다.

THEME 02 **하고 싶은 일 적어보기**

미국에서 공부하면서 하고 싶은 일을 미리 적어보는 것도 좋다. 나 같은 경우는 샌디에고로 지역을 정한 후, 샌디에고에 대한 정보를 찾으며 가보고 싶은 곳을 적어 보았다. 가보고 싶은 곳이 아니더라도, 꼭 해보고 싶은 버킷 리스트를 만들어보는 것도 좋다. 나중에 미국에서 생활할 때, 적어둔 버킷 리스트를 하나씩 제거하는 것도 큰 즐거움이다. 개인적으로 서핑 해보기, 한국에서도 연락할 수 있는 외국인 친구 5명 이상 만들기 등이 나의 버킷 리스트였다.

> ★ 주희의 버킷 리스트
> • 외국인 친구 사귀기
> • 외국인 친구들과 여행해보기
> • 서핑 배우기
> • 외국인과 알콩달콩 연애하기
> • 핫팬츠입고 당당하게 거리 활보하기
> • 공원에서 프레즈비(원반 던지며, 주고 받는 놀이) 해보기
> • 할로윈 코스튬입고, 파티가기
> • 정말 정말로 큰 햄버거랑 피자 배 터질 때까지 먹기
> • 모르는 사람한테 말 걸기
> • 뉴욕 여행하기 – 뮤지컬 한 편 보며, 차도녀 돼보기

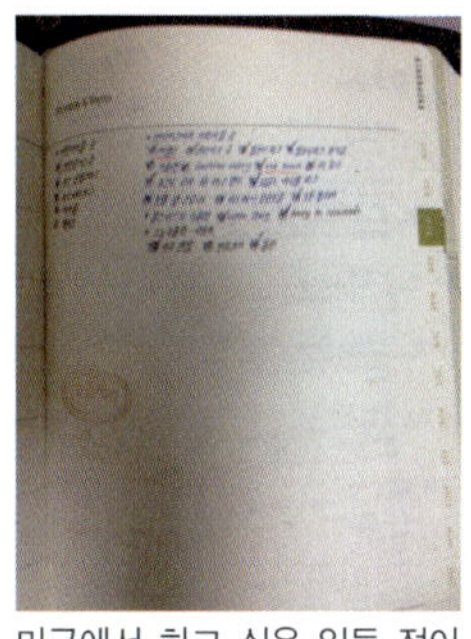

미국에서 하고 싶은 일들 적어보자!

THEME 03 혼자서도 잘하기

미국에서 혼자 살기 위해 가장 필요한 것이 독립심! 개인적으로 독립심이 바닥이었던 나는 미국에서 처음 적응하는 데 매우 힘들었다. 엄마가 집에 안계시면 혼자 밥도 차려 먹지 않을 정도로 부모님께 매우 의존적이었던 나의 미국 적응기는 말 그대로 혹독했다. 미국 공항에서, 경유를 위해 어마어마하게 무거운 내 짐가방을 찾아야 했던 나! 낑낑거리며 내 가방을 들려고 하는데, 무거워서 컨베이어 벨트에 끌려가던 나를 아무도 도와주지 않았다. 그 땐 정말 말 그대로 멘붕을 경험했다. '아! 이제는 진짜 혼자구나.'하는 생각이 들었다. 비행기를 타고, 미국으로 가는 내내 독립심을 키우겠다고 다짐하던 나의 모습이 아직도 생생하다! 이제는 부모님 곁을 떠나, 우리 스스로 일을 해결해야 한다! 처음에는 조금 힘들 수도 있지만, 시간이 지나면 적응하기 마련이다. 어학연수는 독립심을 키울 수 있는 좋은

경험이므로 혼자서도 잘 할 수 있다고 자기 최면을 걸자! 아자아자, 파이팅!

THEME 04 우리에게 필요한 것은? 자신감

막상 미국에 도착해 영어를 사용하는 환경에 있다고 해서, 영어가 술술 나오는 것은 아니다. 오히려 자신감이 더 떨어지는 것이 사실. 내가 하는 말이 문법에 맞는 표현인지, 이렇게 발음하는 것이 맞는 것인지 등 한 마디를 꺼내기도 전에 머리 속이 복잡해진다. 그토록 공부해왔던 영어건만, 막상 미국인들 앞에 서면 한 없이 작아진다. 하지만, 나의 이런 태도를 바뀌게 한 친구가 있었으니 다름 아닌 호주에서 온 수지였다. 하루는 수지와 대화하다, "나도 너처럼 영어 잘 하고 싶어." 라고 했더니 수지가 갑자기 웃기 시작했다. 수지는 "대신 나는 한국어를 못 하잖아."라고 대답했다. 두둥! 머리를 한 대 맞은 기분이었다! 그렇다. 그들은 단지 영어만 할 수 있을 뿐이지만, 우리는 한국어와 영어를 동시에 할 수 있는 것이다! 생각해보니, 내가 아는 미국인들 대부분이 영어 외에 다른 언어는 할 줄 모른다. 이렇게 생각하니 자

나에게 큰 깨달음을 준 수지와 함께 ☺

천하무적! 크로스!

수지가 만들어준 팔찌,절대 코털 아님! 오해 금물!

신감이 충전된 주희! 우리에게 가장 필요한 것은 자신감이다. 우리는 2개 국어나 할 수 있는 똑똑한 사람들이다.

미국에서 공부할 때 들었던 농담 중의 하나

●3개 국어를 할 수 있는 사람은? Trilingual

●2개 국어를 할 수 있는 사람은? Bilingual

●단 하나의 언어만 할 수 있는 사람은? An American

다시 한 번 기억하자! 우리는 2개 국어나 할 수 있는 사람들이라는 것을.

미국인들 앞에서 쫄지 말자.

미국으로 떠나기 전, 우리는 해야 할 일이 산더미이다. 유학원에서 요청하는 여러 서류도 준비해야 하고, 한동안 만나지 못할 친구들도 만나야 하고, 미국에 가져갈 준비물도 준비해야 한다. 하지만 바쁘다고 해서, 영어 공부를 게을리해서는 안 된다는 것! 미국 가기 전, 영어 공부는 이렇게 하자!

THEME 01 미드로 미국 문화 익히기

'미국 드라마'를 줄여서 '미드'라고 하는데, 다들 한 번씩은 들어본 말일 것이다. 미드를 보면 좋은 점이 우리와는 다른 미국 문화를 미리 접할 수 있다는 것! 미국 사람들이 말할 때의 행동, 친구 관계, 그리고 미국의 파티 문화 등 다양한 미국 생활의 모습을 접할 수 있다. 미드를 통해 미국 문화와 친숙해진다면 미국에서 적응하기가 훨씬 더 수월할 것이다.

미드의 또 다른 장점은 바로 미국 문화도 익히고, 자연스럽게 영어 공부도 할 수 있다는 것이다. 개인적으로 처음에는 자막 없이 보고, 다시 볼 때 영어 자막과 함께 보는 것을 추천한다. 처음부터 자막과 함께 보면, 영어는 듣지 않고 자막만을 읽는 것이 습관화되기 때문. 두 번째 볼 때는, 이해하지 못했던 표현이나 들리지 않았던 표현을 따로 노트하는 것이 좋다. 그리고 시간 날 때마다 틈틈이 읽어보면, 영어 공부의 중요한 교재가 될 수 있다.

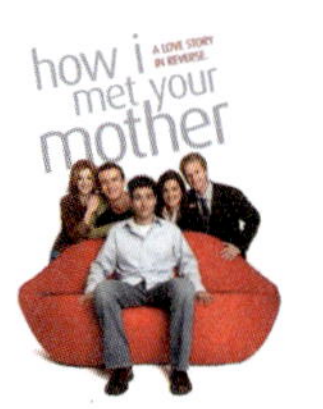
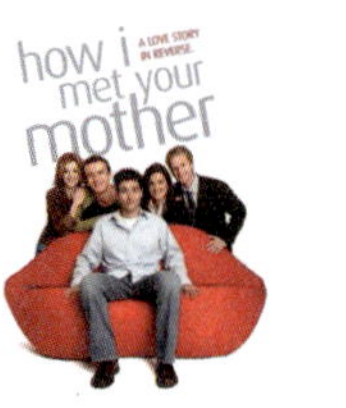

01. How I met your mother

한국에서는 〈내가 그녀를 만났을 때〉 혹은 〈아이러브프렌즈〉로 알려져있기도 하다. 줄여서 'HIMYM'라고 하기도 한다. 유명한 미드 〈Friends〉의 후속 드라마로 한 회당 20분이라는 짧은 길이가 장점! 주인공인 테드와 그의 친구들을 중심으로 이야기가 전개된다. 순수한 로맨티스트 테드와 완벽해 보이는 한 쌍인 릴리와 마샬, 그리고 〈How I met your mother〉의 웃음을 책임지는 바니와 사랑할 수밖에 없는 캐나디안 로빈. 이렇게 다섯 명의 사랑과 우정을 다루는 시트콤이다. 테드가 자신의 아이들에게 자신이 어떻게 지금의 아내를 만나게 됐는지 설명하는 형식이다. 하지만 시즌 9화가 지난 지금까지도 엄마의 존재가 드러나지 않은 것이 함정! 답답한 것을 못 찾는 성격이라면, 비추! 가끔씩 카메오로 등장하는 핫한 연예인들을 발견하는 것도 이 드라마를 보는 재미이다. 지금까지 중 입이 떡 벌어지는 카메오들로 브리트니 스피어스, 제니퍼 로페즈, 그리고 케이티 페리가 출연했다. 매일 매일 부담없이 볼 수 있고, 일상 영어이기 때문에 영어 공부에 좋다!

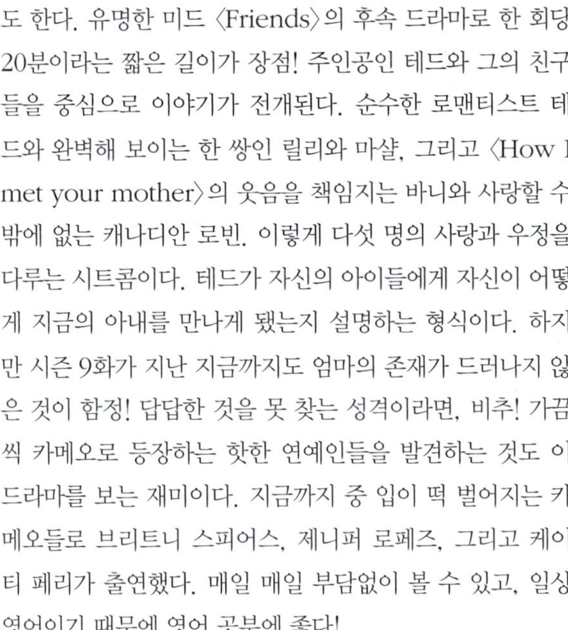

02. The office

1회 당 30분 정도의 적당한 길이이며, 시즌 9로 이미 완결이 난 드라마이기 때문에 결말을 궁금해하지 않아도 되는 것이 치명적인 매력! 종이를 판매하는 회사의 엉뚱하고 어디로 튈 지 모르는 지점장과 부하들의 일상을 다루는 드라마이다. 등장인물들은 많지만, 각각의 캐릭터가 뚜렷해서 흥미롭다. 수업 시간에 처음 이 드라마를 접했을 때 들었던 생각은, '이건 뭐지? 이 드라마 같지 않은 설정은?' 그리고 각자를 인터뷰하는 내용이 많이 담겨있기 때문에 처음에는 다큐멘터리인줄 오해했었다.

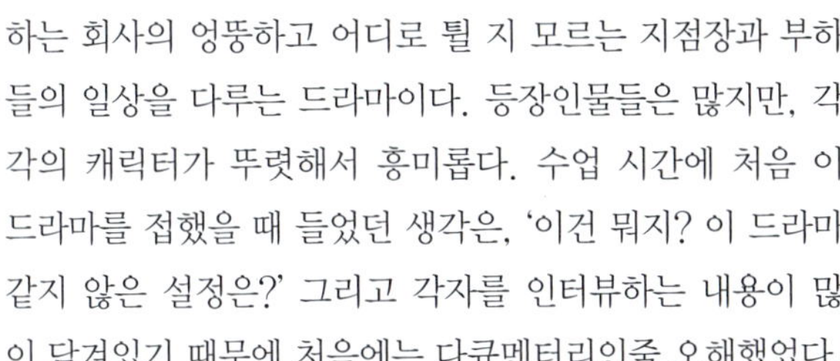

하지만, 보면 볼수록 볼매인 이 드라마! 미드에는 전혀 관심없는 나의 언니도 이 드라마만큼은 배를 잡고 웃으며 봤다고 하니, 이 정도면 재미 보장!

03. The game of Thrones

한국에서는 왕좌의 게임이라고도 불린다. 명실상부하게 미국에서 요즘 가장 핫한 드라마이다. 한국에서도 그 인기가 대단! 요즘 아빠까지도 밤을 새우며 볼 정도로 미드 폐인을 불러모은 드라마이다. 왕좌의 게임은 특히 남자들에게 인기가 많은 드라마이다. 한 회 당 한 시간 정도의 긴 러닝 타임에도 불구하고, 화려한 볼거리와 중독성있는 줄거리로 큰 인기를 차지하고 있는 마법의 드라마 ☺ 한 번 보기 시작하면, 멈출 수 없는 프링글스같은 드라마이다. 일곱 개의 국가와 하위 몇 개의 국가들로 구성된 연맹 국가인 칠 왕국의 통치권과 칠 왕좌를 차지하기 위한 잔인한 전쟁을 그린다. 이 드라마를 볼 때 주의할 점은! 이 사람이 주인공인가? 싶으면, 그 인물이 죽는다는 것이다. 누가 주인공인지 도대체 종잡을 수 없는 것이 이 드라마의 매력이다.

내가 개인적으로 제일 좋아하는 주인공! 남자들이 이 여자 때문에 보는 거 아니야?

이런 사람에게 추천 해요

- 잔인한 장면도 볼 수 있는 강심장
- 전투를 본능적으로 사랑하는 남자들

04. The desperate housewives

한국에서는 위기의 주부들이라고 불리는 드라마. 이 드라마는 미국에서 2004년부터 2012년에 걸쳐 약 8년 동안 방영된 인기 드라마이다. 미국은 인기가 없으면 다음 시즌을 제작하지 않는 제도인데, 8년 동안이나 방영이 됐다니 그 인기를 가늠할 수 있겠지? 일상 영어를 공부하기에도 좋은 드라마라 많은 사람들이 추천하는 드라마 중 하나다. 이 드라마는 교외에 살고 있는 중산층 주부들의 이야기를 담고 있으며, 한 평범한 주부의 죽음을 둘러싸고 그녀의 친구들이 범인을 찾는 것이 주된 내용이다. 복잡한 남녀관계를 보는 재미때문에 한 때 내가 푹 빠져 살던 드라마이기도 하다. 위기의 주부들은 한 회당 40분 정도의 러닝 타임이라, 〈How I met your mother〉나 〈The office〉

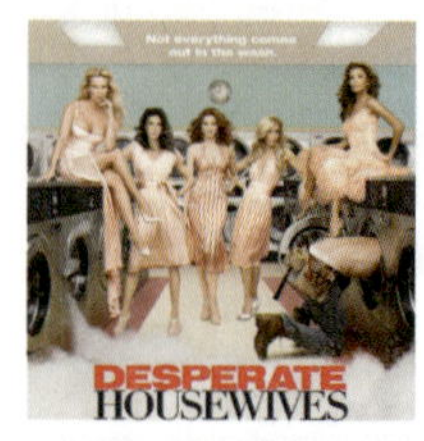

이런 사람에게 추천 해요

- 끈질기게 시즌 8까지 볼 수 있는 사람
- 탐정 본능을 지닌 사람
- 자극적인 소재를 좋아하는 사람

에 비하면 조금 긴 편이다. 위기의 주부들의 가장 큰 매력은 코믹, 멜로, 스릴러, 미스테리라는 모든 성격을 넘나드는 팔색조의 매력을 가지고 있다는 점! 그리고 회차가 거듭될수록 계속해서 새로운 비밀이 드러나는 것이 이 드라마를 끊을 수 없는 매력이다.

각 여배우들의 개성이
뛰어나다!

05. Modern Family

1회 당 30분 정도의 짧은 방영 시간으로 매일 매일 한 편씩 보기에 적당하다! 총 세 가족이 주인공인데, 모두 일반적이라고 보기 힘든 가정의 모습이다. 동성애 가족, 할아버지와 결혼한 젊은 외국인 여자 그리고 각자 개성이 뚜렷한 가족 구성원들이 매 회 다른 에피소드를 만들어 낸다. 일상

속에서 일어나는 에피소드라서 이해하기 어렵지 않다. 현대 미국의 다양한 가정 문화를 체험할 수 있으며, 생활 영어 공부에 아주 유용한 드라마이다.

06. Drop dead diva

'체인지 디바'라는 이름으로도 알려져있다. 한국에서는 크게 유명하지 않지만, 아는 사람은 안다는 미드! 금발 미녀와 뚱뚱하고 못생긴 변호사가 영혼이 바뀌는 내용이다. 이런 종류의 소재는 흔하지만, 한 번 보기 시작하면 배꼽이 빠져라 웃고 있는 당신을 볼 수 있을 것이다. 딱딱하지 않은 법정물이라 법과 관련된 용어도 재밌게 배울 수 있다. 또한 외모에 지나치게 집착하는 현대 여성에 대해 다시 한 번 생각해 볼 수 있는 교훈도 있는 드라마이다. 한국계 미국인도 등장해 가끔씩 한국말을 들을 수 있는 것도 신기한 경험!

THEME 02 미리 문법 공부하기

어학연수 전, 반드시 문법 책 한 권은 공부하고 가야 한다는 말을 한 번쯤은 들어본 적이 있을 것이다. 개인적으로 나는 이 말을 완전 무시하고 미국에 갔다가 낭패 본 처자이다. 미국에 도착하자 마자 복잡해지는 머리 속. 이게 문법에 맞는 표현인가? 이렇게 말하면 알아들을까? 문법만 제대로 알아도 자신감이 UP되기 마련이다! 하나부터 열까지 사소한 문법까지 달달 외우는 것이 아니라, 기본적인 영문법 정도는 숙지하는 것이 좋다. 대학 부설에서 공부할 때, 문법 시험 점수가 평균 이하라… 재미있는 영어 노래 듣기 수업 대신 문법 수업을 들어야 했던 주희의 암담한 역사 ☺ 이런 불상사를 막으려면, 기초 문법은 미리미리 공부하자!

THEME 03 한국에서부터! 영어로 말하는 연습하기

막상 미국에서 영어를 하려고 하면, 한없이 부끄러워지기 마련이다. 그래서 한국에서부터 영어로 말하는 연습이 필요하다. 1:1로 원어민과 하는 회화 수업, 다수의 학생들과 함께 하는 회화 수업, 전화 영어 등. 방법이 무엇이든 영어로 말하는 습관을 들이는 것이 좋다. 돈을 들여 학원을 다니기 싫다면, 주변에서 외국에 살다 온 친구를 공략하라! 요즘은 외국에서 살다 온 친구들이 넘쳐나는 시대니, 주변에 적어도 한 명 혹은 두 명은 있을 것이다. 그 친구라도 붙잡고, 손 발이 오그라들어도 영어로 말하는 연습을 해보자.

개인적으로 원어민과 함께 하는 1:1 회화 학원을 잠깐 다녔던 나지만 고액의 학원비는 오랫동안 다니기에는 부담이 됐던 것이 사실. 그래서 학원을 그만 두고 집에서 한국어를 영어로 바꾸는 연습을 많이 했다. 누가 한국어로 말하면, 그 문장을 영어로 바꿔보고 입 밖으로 뱉는 연습을 꾸준히 했다. 가족들은 나를 피해다녔지만… 그래도 그 결과, 미국에서 영어를 쓰는 것에 대한 부담이 적었던 듯 하다. 함께 수업을 듣던 한국 학생 중 한 명이, "누나는 뭘 믿고 그렇게 뻔뻔하게 영어해?" 라고 물어봤을 정도. 미국에 가기 전부터 준비하자! 미국에 가서 시작하는 것은 늦다!

> 우리는 미국 그리고 영어에만 큰 관심을 쏟지만, 사실 한국을 아는 것도 매우 중요하다.
> 미국에서 생활하는 데, 왜 한국이 중요해? 실제로, 한국에 대해 많이 알수록 영어로 대화할 수 있는 기회도 많이 주어진다는 것! 예를 들면, 학교 수업 중 각자 나라의 문화에 대해 말할 기회가 많다. 우리나라는 이런 점이 특이해, 우리나라에서는 현재 경제 상황이 이래 등등. 수업 중에 다루는 주제는 정치, 경제, 사회, 문화, 역사 등 정말 끝도 없다. 개인적으로 한국에 대해 많은 지식을 갖고 있지 못했던 나는 선생님이 "한국은 어때?" 라고 물을 때마다 "음… 잘 몰라…." 라

고 대답했던 적이 많다. 지금 돌이켜보면 가장 후회되는 순간이다. 한 번은 한국은 몇 개의 도로 이뤄져있냐는 질문에 말문이 막혀버리고 말았다. 미국은 50개 주인지 알았지만, 한국은 몇 개의 도인지 몰라 정말 낭패였다. 어떻게 내가 지금까지 살아온 나라에 대해 이렇게 무지할 수가! 그럴 때마다 쥐구멍으로 숨고 싶었던 나였다.

또한 외국인 친구를 사귈 때도, 한국에 대해 아는 것이 중요하다는 사실! 아무래도 서로의 문화의 공통점과 차이점 등을 비교하는 주제가 많을 수밖에 없다. 그럴 때, 한국에 대한 배경 지식은 많은 도움이 된다는 것! 거기에 세계사에 대한 지식까지 더해진다면 금상첨화! 정말 아무것도 아닌 것이 외국인 친구들의 관심을 한 몸에 받을 수도 있다. 뉴스만으로는 알 수 없는 남한과 북한의 관계, 결혼 전까지 부모님과 함께 사는 것, 한국의 포장마차와 떡볶이 등! 우리에겐 대수롭지 않은 것이 그들에겐 눈을 반짝이게 하는 흥미거리가 될 수 있다. 그러니 영어 공부도 중요하지만, 자랑스러운 한국에 대해 공부하는 시간도 갖는 것은 어떨까?

최근에는 한류 열풍이 미국에도 영향을 미쳐 한국의 노래와 춤에 관심이 많아졌다. 실제로 싸이의 강남스타일 티셔츠가 상점에서 판매되기도 하고, 길에서 말춤을 추는 사람들도 볼 수 있다! 싸이의 말춤을 가르쳐달라고 하는 외국인 친구들도 생각보다 많다. 싸이뿐만 아니라 다른 아이돌들도 인기가 많다는 것에 놀랐다. 한국 가수의 유명한 춤 하나 정도는 미리 마스터하면, 미국에서 인기쟁이가 될 수 있다는 사실! 태어날 때부터 몸치인 나도 미국에 가기 전 말춤을 열심히 연습하던 기억이 난다. 하지만 외국인 친구들이 나보다 말춤을 더 잘 춘다는 것… 아! 자존심 상해!

외국인 친구들 앞에서 한국을 알리는 공연

미국에서 보니 더 반갑네!

요즘은 미국에서도 한국이 인기!

어학연수를 준비할 때, 혼자 모든 서류를 준비하고 공부할 지역과 학교를 알아보는 것은 힘들다. 그래서 우리는 전문가의 손길을 빌리는데, 그런 역할을 해주는 곳이 바로 유학원! 유학원에서는 복잡한 비자 신청 과정, 학교 입학 수속, 보험, 그리고 원하면 홈스테이까지도 해결해주는 고마운 곳이다. 그러나 최근에는 유학원의 수도 정말 많고, 유학원 사기를 당했다는 뉴스도 종종 보도되기 때문에 유학원 선택에 신중해야 한다. 갑자기 수수료를 요구한다던가 유학원이 하루 아침에 사라져 피해를 입는 사례도 더러 있다고 한다. 그렇다면, 어떤 유학원이 좋은 유학원일까?

THEME 01　이런 유학원은 피하자!

01. 개인차를 고려하지 않는 유학원

인터넷 상에서 무조건 장기등록을 권장하는 유학원은 나쁜 유학원이라는 글을 본 적이 있다. 하지만, 개인차가 있기 마련! 영어 실력도 높지 않고 미국에 오래 머물지도 않는데, 이 학원 저 학원으로 옮겨다기다 보면 오히려 영여실력은 제자리인 경우가 많다! 레벨이 높지 않은 학생의 경우, 한 학원에서 꾸준히 레벨 업을 하는 것이 오히려 더 성공적인 경우도 많다고 하니, 무조건 장기등록이 나쁘다는 편견은 버리자!

정리하자면, 학생의 영어 레벨, 예산 그리고 구체적인 플랜 등을 충분히 고려하지 않고, 무조건 장기등록을 권유하는 유학원은 문제가 있다. 따라서 충분한 상담으로 본인의 플랜에 맞게 등록기간을 정하는 것이 좋다.

등록도 빨리 해야 하고, 돈도 빨리 내야 한다고 재촉하는 유학원 또한 의심해보아야
한다. 특히 사설어학원의 경우는 매주 혹은 원하는 때에 입학할 수 있으므로 급할 것
이 전혀 없다. 그럼에도 불구하고, 자꾸 급하게 처리해야 한다고 재촉하는 유학원은
뭔가 수상하다. 학비는 보통 비자 인터뷰가 완료되고 출국하기 2주에서 4주 전까지
만 완납하면 되기 때문이다.

03. 몇 몇 특정 학원만 고집하는 유학원

유학원에서 상담을 받다 보면, 몇 몇 특정 지역의 특정한 어학원만을 추천하는 경우
가 있다고 한다. 이럴 경우, 그 해당 어학원과의 특별한 관계때문일 수도 있다. 누가
봐도 좋은 어학원이 아닌데, 그 어학원만 고집한다면! 의심해보자!

THEME 02 좋은 유학원을 가려내는 우리들의 자세

01. 유학원에 찾아가기 전에 배경지식을 쌓자.

유학원에 상담 받으러 가기 전, 인터넷이나 책을 통해 정보를 찾아보는 것이 좋다. 혹
은 미리 어학연수를 다녀온 친구의 후기를 듣는 것도 좋은 방법. 개인의 성격에 맞는
몇 몇 지역이나, 학교를 마음에 두고 상담을 받아보자. 조금 더 많은 도움을 받을 수
있을 것이다. 사실 어느 학교에서 공부하는가 그리고 어떤 프로그램을 수강하는가도
중요하지만, 짧게는 몇 달 길게는 일 년 가까이 생활할 어학연수 지역을 신중하게 선
택하는 것이 무엇보다도 중요하다. 본인의 성향, 성격, 목표에 맞는 도시를 알맞게 선
택하는 것이 중요하기 때문에 미리 미국 지도를 보며, 여러 지역들과 도시들의 기후,
교통, 물가 등의 정보를 살펴보는 것을 추천한다.

★이곳 저곳 쇼핑 상담은 시간낭비!

여자들이라면 모두 공감할 것이다. 우리가 마음에 드는 옷 한 벌을 사기 위해 수십군
데의 상점들을 둘러보는 노력도 아끼지 않는다는 점! 가끔씩 쇼핑하듯이 무수히 많은
유학원들을 돌며, 상담받는 친구들이 있다. 하지만 유학원은 쇼핑몰이 아니라는 점!
유학원 쇼핑은 발품을 팔아 마음에 쏙 드는 구두를 발견했을 때처럼의 기쁨을 주지못
할 것이다! 어마어마하게 많은 수의 유학원을 돌며, 상담을 받는 것은 오히려 시간낭
비라고 생각한다. 주변인이 추천하는 유학원이나 어느 정도의 공신력이 있는 유명한

유학원들 중 몇 개를 골라서 상담 받는 것이 좋다. 사실 상담의 질이나 가지고 있는 정보는 유학원마다 크게 다르지 않다. 다만, 자신에게 맞는 유학원 그리고 무엇보다 자신의 플랜을 잘 안내해주는 상담원를 만나는 것이 중요하다.

유학원에 관한 우리의 편견들

미국에 현지지사가 있는 유학원이 무조건 좋다?

몇 몇 규모가 큰 유학원의 경우, 미국 내에 지사가 있기도 하다. 특히 부모님들은 미국 내에 지사가 있으면, 보다 안전하고 믿을 수 있다고 생각하는 경우가 많은 것 같다. 또한 많은 학생들이 미국에 지사가 있을 경우, 문제가 생겼을 때 도움받기가 쉬워 좋은 유학원이라고 생각하는 경향도 있다. 실제로 미국, 샌디에고에서 만났던 친구들 중에도 미국에 지사가 있다는 점에 끌려 ○○유학원을 선택했다는 친구들이 의외로 많았다. 일주일에 한 번씩 지사에 찾아가면 한국 음식도 먹을 수 있고, 도움이 필요한 경우 보다 빠른 시일 내에 해결할 수 있는 것이 장점이다. 하지만 미국에 지사가 있다고 해서 무조건 좋은 유학원이라는 결정은 성급할 수 있다. 나의 친구들을 보면, 새로운 거주지를 구하는 일이라든지 학교에서 문제가 생겼다든지 할 때마다 혼자 해결하기보다는 가까운 유학원으로 달려가곤 했다. 이런 환경은 오히려 영어공부에 독이 된다는 사실! 따라서 미국 내에 지사가 있다면 위급 상황 시 빠른 도움을 받을 수는 있겠지만, 반드시 지사가 있는 것이 유학원을 선택하는 척도가 되어서는 안 되겠다.

규모가 큰 유학원이 무조건 좋다?

어학연수 상담을 위해 유학원에 걸려오는 전화들 중 다수의 학생들이 미국에 현지지사가 있는지와 유학원의 규모가 큰지를 궁금해한다고 한다. 과연 규모가 크고 유명한 유학원일수록 좋은 유학원일까? 실제로는 꼭 그렇지만도 않다는 것! 큰 유학원들은 학비보장제도를 제공하기도 하고, 미국 내의 어학교와 마찰이 있을 때 문제를 해결할 수 있는 능력이 뛰어나다는 장점이 있다. 그러나 우리가 이름만 들어도 알 만한 큰 유학원들은 아무래도 관리해야 할 학생들이 많다. 따라서 상담원 한 명 한 명이 상대적으로 많은 수의 학생들을 관리해야하는 구조이기 때문에 자칫 모든 학생들을 꼼꼼하게 관리하기 힘들 수 있다. 결론은, 꼭 유학원이 크다고 해서 다 좋은 유학원은 아니라는 것!

해외 지사가 있는 유학원과 없는 유학원, 그리고 규모가 큰 유학원과 작은 유학원 모두 각자의 장단점이 있으니 어떤 유학원이 무조건 좋다는 생각은 버리자.

THEME 03 좋은 유학원은 이런 유학원이다

01. 내실이 튼튼한 유학원

우리가 주목해야 할 것은 유학 업무 성과 및 직원 경력이다. 유학원을 통해 많은 학생들이 어학연수를 갔는지, 그리고 그 학생들이 유학원에서 제공한 정보에 만족했는지를 유학원 홈페이지를 통해 확인할 수 있다. 유학원에서 상담을 제공하는 직원의 폭넓은 경력이 상담의 질을 결정한다. 전문가를 확보한 유학원이 내실 있고, 좋은 유학원이라고 할 수 있다.

02. 출국 후 A/S 가능 여부

어학연수를 가기 전 뿐만 아니라, 미국에 있을 때에도 상담과 관리가 가능해야 한다. 미국에 가서는 유학원과 연락이 끊기고, 아무런 정보도 받을 수 없다면 난감할 것이다. 이는 꼭 미국에 지사가 있어야 한다는 뜻은 아니다. 미국 내에 유학원이 있지 않더라도, 계속해서 연락을 주고 받으며 필요한 정보를 제공해주는 유학원이 좋은 유학원이다.

출국 후 왜 A/S가 필요할까?

미국으로 떠나면서 유학원과 영원히 안녕하면 좋겠지만, 우리의 관계는 그렇게 쉬운 관계가 아니다. 미국에서도 유학원의 관리와 조언이 필요하다는 점! 예를 들어, 나의 경우에는 샌디에고에서만 9개월동안 어학연수를 하기로 결정하고 미국으로 떠났다. 하지만 지내다보니, 다른 지역에서도 공부해보고 싶은 욕심이 생겼다. 그리고 그냥 어학원에 다니기보다는 Community College(미국의 2년제 대학교)에서 공부하고 싶어서 많은 조언이 필요했다. 그 때 많은 도움을 받은 것이 바로 유학원! 어느 Community College가 좋은지, 그리고 어느 지역이 공부하기에 적합한 환경인지 등. 인터넷만으로는 얻기 어려운 정보들을 유학원을 통해 얻을 수 있었다. 결국, 비교적 거리도 가깝고 학교 평판도 좋은 Seattle Central Community College로 결정! 유학원에서 홈스테이도 연결해줘서 편하게 지역을 옮길 수 있었다. 나처럼 갑자기 중간에 계획을 바꾸게 돼서, 학교나 지역을 옮길 때에도 유학원의 도움이 필요하다는 것! 이래서 가전제품만 A/S가 필요한 것은 아니다!

유학원은 조력자일 뿐이라는 점을 명심하자!

미국에 도착하면 한숨 돌릴 새도 없이 처리해야 할 일들이 산더미이다. 예를 들면, 은행 계좌 만들기, 휴대폰 개통하기, 그리고 어학교 담당자와의 커뮤니케이션 등 직접 해결해야 할 일들이 많다. 본인이 혼자 처리할 수 있는 일까지 유학원에 지나치게 의존하다 보면, 오히려 현지적응과 영어실력에 도움이 전혀 되지 않는다는 사실! 위급한 상황에서 영어가 는다는 사실을 아는가? 한 번은 아울렛 몰에서 정신없이 쇼핑하는 바람에 하루에 쓸 수 있는 한도를 넘어버렸다! 그 결과, 그 다음 날부터 카드가 긁히지 않았던 것! 맙소사! 하루아침에 커피 한 잔 사먹을 수 없는 신세가 되다니! 그래서 은행 서비스 센터에 전화를 해봤지만, 소셜 시큐리티 넘버(미국의 주민등록번호 개념)가 없어 서비스에 제한을 받았다. 수십 번의 전화 끝에 연결된 상담원! 상담원의 "Hello?"를 들었을 때, 눈물흘릴 뻔 했다! 여차여차해서 카드를 쓸 수 없으니, 해결해 달라고 말하자 상담원이 신원조회를 하기 시작했다! 영어 듣기의 최고 난이도라는 전화 통화도 위급한 상황에서는 잘 들리더라! 심지어 말도 술술술~ 내가 영어로 넋두리를 하다니! 그 때 배운 교훈 하나는 곤경에 빠져야 영어가 는다는 것. 그러므로 무엇이든 유학원에 맡기기 보다는 우리 스스로 해결하려는 자세가 필요하다.

주희는 이렇게 유학원을 선택했다!

'미국으로 어학연수를 가야지'하고 마음먹고, 인터넷을 뒤지던 나. 특유의 귀차니즘으로 인해 검색을 금세 포기해버렸다. 그리고 며칠 뒤, 학교 캠퍼스를 지나가던 내 눈에 띈 현수막!

"어학연수 상담 받고 가세요"

오호! 공강 시간을 이용해 잠시 들렀던 어학연수 상담 부스. 그 곳에서 상담을 받은 뒤, 다른 유학원 근처는 얼씬도 하지 않았다. 그 때 당시 내가 다니던 대학교와 연계 돼 있으니 사기 당할 일은 없을 거라는 생각이 제일 먼저 들었다. 그리고 해당 유학원 홈페이지를 살펴보니, 지역 별 추천 학교와 어학연수를 마친 학생들의 많은 후기가 있었던 것. 그리고 상담해주시는 분도 완전 친절~ 어떻게 보면, 참 대책 없이 쉽게 어학원을 선택했다고 생각할 수도 있지만 나는 지금까지 그 선택을 후회해본 적이 없다. 미국에 있을 때, 지속적으로 연락해서 안부를 물어주시고, 필요한 정보를 주시던 유학원 차장님. 어학연수를 마치고 한참이 지난 지금까지도 계속해서 연락을 주고받고 있다. 유학원 선택에 있어 가장 중요한 것은, 학생에게 지속적인 관심을 줄 수 있는 유학원인 것 같다.

미국 어학연수 준비 과정

미국 어학연수는 어떤 과정으로 진행되는 걸까? 가만히 앉아있으면 유학원에서 알아서 척척 해주는 것일까? 모든 일은 유학원에 맡기고, 나는 몸만 훌렁 떠날 준비를 하면 끝일까? 미국 어학연수에 대한 이해를 돕기 위해 준비한 미국 어학연수 준비 절차 알아보기!

THEME 01 단계별 준비 절차

1단계. 미국어학연수 결정 및 정보수집

미국어학연수를 어느 도시 그리고 어느 학교로 갈지 구체적인 결정을 위한 정보수집 단계. 가장 오랜 시간이 걸리는 단계이다. 또한 여러 선택사항을 비교하느라 머리가 터질 지경! 인터넷이나 지인을 통해 정보를 얻을 수도 있지만, 본인에게 맞는 지역과 학교를 선택하기 위해 유학원의 상담을 받을 수도 있다.

2단계. 미국어학연수 도시, 어학원 선택 및 입학신청

도시를 정한 뒤, 마음에 드는 학교와 과정을 선택해서 입학신청을 하고 입학허가서인 I-20를 신청하는 단계. 이 단계에서 숙소도 함께 신청하는 것이 일반적이다. 숙소는 일반적으로 기숙사, 홈스테이, 아파트 그리고 사설 residence(사설 기숙사) 등의 다양한 선택 사항이 있으므로 자신에게 맞는 숙소를 신청하면 된다. 대부분은 첫 4주 정도만 신청하고, 현지에 가서 직접 알아보고 옮기는 것이 현명하다.

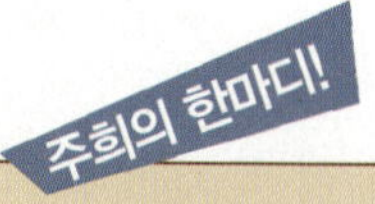

깨알 숙소형태 알아보기!

- 교내 기숙사: 대학부설 어학연수 기관인 경우, 학교 내에 기숙사가 있다. 보통 현지 학생들이 학교를 비우는 여름학기에 신청가능하나, 1년 내내 신청가능한 학교도 있다.

- 홈스테이: 미국 일반 가정에서 가족들과 함께 사는 숙소 형태

- 아파트: 학교와 거리가 가까운 아파트에서 다른 친구들과 함께 집을 공유하는 숙소 형태. 보통 부엌과 거실은 공유하고, 방은 각자 따로 쓴다.

- 사설 기숙사(residence): 보통 유학생들이나 여행객들이 머무는 유스호스텔 비슷한 숙소 형태

입학신청 시 필요한 서류는?

- 여권사본 스캔본: 사진 있는 면을 출력한다.

- 영문은행잔고증명서: 영문잔고증명서는 본인 이름이거나, 부모님 이름으로 제출할 수 있다. 본인 이름이 아닐 경우에는 부모님의 서명이 들어간 재정보증서를 함께 제출해야 한다.

- 입학신청비 결제: 입학신청비는 보통 $100~$200 사이로, 신용카드로 결제하는 것이 일반적이다.

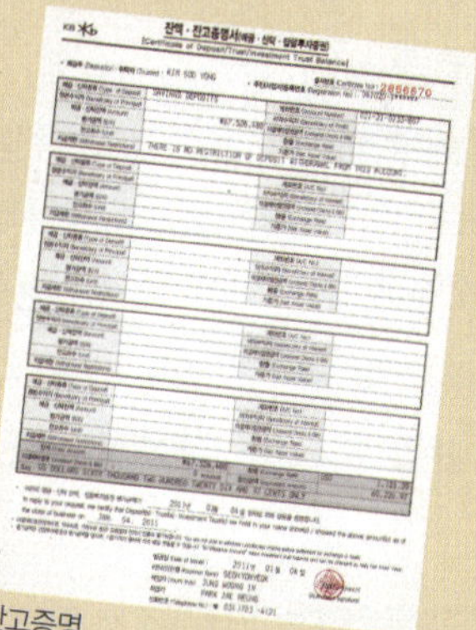

잔고증명

은행잔고증명서에는 얼마 정도가 들어있어야 할까?

학교 신청시에는 자신이 처음에 신청하는 기간에 해당하는 학비, 숙비 그리고 용돈을 커버할 정도의 금액이면 충분하다. 반면, 비자 신청 시에는 개인마다 차이가 있으나 1년 어학연수를 기준으로 했을 때, 최소 3천만 원 이상의 잔액을 제시하는 것이 좋다.

3단계. 입학허가서(I-20) 도착 및 수령

입학신청 후 학생비자 인터뷰를 하기 위해서는 입학허가서 원본이 필요한데, 이 서류를 I-20라고 한다. 입학신청 후 입학허가서가 도착하는 데까지 걸리는 시간은 최소 7일에서 4주 정도인데, 학교에 따라 입학허가서 도착 기간이 다르므로 미리미리 준

비하는 것이 좋다. 특히 대학부설의 경우에는 최소 2주에서 길게는 4주 이상 걸리는 학교도 있다.

4단계. 미국학생비자 인터뷰 예약

입학허가서(I-20)가 도착하면 원하는 날짜에 미국비자 인터뷰를 예약한다. 미국비자 인터뷰 예약은 보통 학교 시작일 4개월 전부터 가능하다.

5단계. 미국학생비자 서류 및 인터뷰 준비

비자인터뷰 날짜가 정해지면 학생이나 직장인 등 각각의 특성에 맞게 미국비자 구비서류를 준비한다. 모든 서류는 원본이 필요하다. 비자서류는 되도록 꼼꼼히 준비해서 한 번에 통과하는 것이 좋다. 비자 인터뷰를 위한 모든 서류를 준비한 뒤, 인터뷰 예상 질문에 따른 답변을 미리 준비해본다. 유학원을 통해 가는 사람들은 유학원에서 인터뷰 준비를 도와준다.

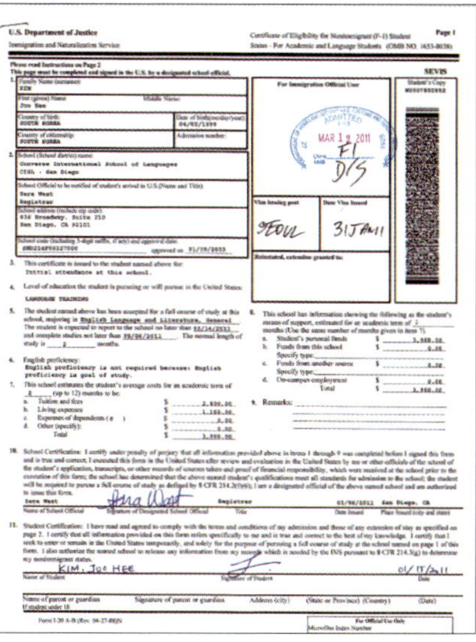
여권만큼 소중한 것이 이 I-20!

6단계. 미국비자 인터뷰

비자 인터뷰 당일, 광화문에 있는 미국 대사관에서 영사와 직접 인터뷰를 해야 한다. 영사와 인터뷰 후, 통과하면 3일에서 4일 후에 미국 비자가 붙은 여권을 택배로 보내 준다.

7단계. 항공권 예약 및 발권

미국학생비자 인터뷰를 통과하면 항공권을 구입한다. 보통 도시 이동 계획이 없고, 1년 내에 귀국할 학생들은 왕복 항공권이 더 저렴하다. 반면, 도시를 이동하거나 계획이 확실하지 않은 경우에는 편도 항공권을 구입하자.

비자도 통과되고 항공권도 구입했다면, 머물게 될 숙소 정보를 다시 한 번 확인한다. 학교에 숙소와 픽업도 함께 신청했다면, 항공 정보를 학교에 보내고 픽업 장소와 시간 등을 확인한다.

학비 송금은 보통 학교 개강일 3주~4주 전에 마무리하는 것이 좋다. 신용카드로 결제하는 경우에는 수수료가 따로 붙는 경우도 있으니 미리 확인하도록 하자!

미국에서 공부하기 위해 유학생 보험은 필수이므로 반드시 가입해야 한다. 참고로 대학부설에서 공부하는 경우, 학교 자체 보험 가입을 해야 하는 경우도 있다. 일정 보장 금액을 요구하므로 미리 확인하고 보험에 가입하자!

간혹, 보험료가 아깝다고 생각하는 경우도 있지만 절대 아까워하면 안되는 것이 이 보험료! 실제로 뉴욕에서 공부하던 친구가 요리하던 중 가슴과 팔에 3도 화상을 입은 사건도 있었다. 미국 병원에서 치료를 받고 청구받은 금액은 무려 2억이 넘는 큰 금액! 다행히 보험회사를 통해 추가로 돈을 지불받지 않고도 치료를 했다고 하니 다행이다. 언제 어떤 일이 일어날 지 모르기 때문에 보험에 가입은 필수!

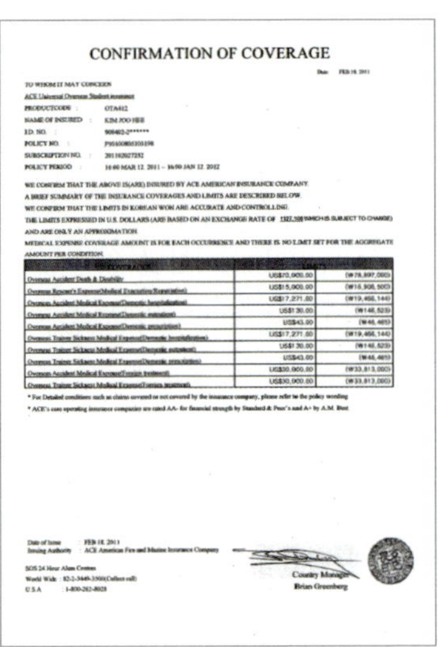

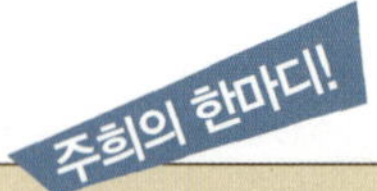

어학연수 학점 인정 제도

대학생이라면, 자신이 다니고 있는 대학교에 어학연수 학점 인정 제도가 있는지 살펴보자! 내가 다니고 있는 한양대의 경우, 해외대학부설 어학연수 기관에서 공부하면 3학점을 인정받을 수 있는 제도가 있다. 하지만 총 4주 이상 그리고 총 60시간 이상 수업을 들어야 한다는 조건도 있으니 자세히 알아볼 것! 어학연수 후, 수료증, 입학허가서, 그리고 항공권 등의 서류를 제출해야만 학점을 인정해줄 수도 있으니 필요한 서류는 버리지말고 챙겨두자.

이렇듯 결코 만만하게 봐서는 안 되는 것이 어학연수 준비 절차. 복잡하고 어려운 절차는 유학원의 도움을 받아 쉽게 해결할 수 있다는 사실! 혼자 준비하려면, 막막하고 신경써야 할 부분이 산더미이기 때문에 유학원을 이용하는 것을 추천한다. 학교 신청이나 비자 신청같은 일들은 영어에 도움도 안 되고 스트레스만 받기 십상이다. 그러므로 굳이 혼자한다고 시간 낭비할 필요가 없다. 이런 일들은 유학원에 맡기고 출국 전까지 최대한 영어 공부를 하는 것이 더 현명하다.

몇 년 전부터 미국여행 시, 관광비자를 받지 않고도 자유롭게 여행할 수 있다던데 왜 어학연수갈 때에는 귀찮게 비자를 받아야 하나? 혹은 내가 아는 사람은 관광비자로 미국에서 공부했다고 하는데, 가능한가? 미국비자에 관한 고민들, 친절한 주희씨와 지금부터 낱낱이 파헤쳐보자!

THEME 01 깨알 같은 비자 관련 QnA!

Q&A

Q1. 학생비자 없이도 어학연수가 가능할까요?
A. 네, 그렇습니다!

관광비자나 무비자(ESTA)로 미국어학연수를 할 경우, 최대 90일까지 어학연수가 가능합니다! 하지만 주당 수업시간은 18시간 이내인 파트타임 과정만 수강할 수 있답니다!

따라서 방학이나 2~3달 미만의 짧은 기간동안 체류하면서, 어학연수와 여행을 병행하고자 할 경우에는 학생비자를 신청할 필요는 없답니다.

Q&A

Q2. 그렇다면 학생비자를 받는 경우의 장점은 뭐에요?
A. 학생비자로 어학연수를 할 경우, 주당 18시간 이상 풀타임 과정을 수강할 수 있습니다.

또한 어학연수 기간은 최대 5년까지 본인이 원하는 기간만큼 공부할 수 있습니다. 그러나 4주동안 어학연수를 할 경우에도! 주당 18시간 이상의 풀타임 과정이 수강하고 싶다면, 반드시 F1 비자를 받아야합니다.

Q&A

> **Q3. 직장인도 학생비자를 받을 수 있나요?**
> **A.** 네, 가능합니다.

직장인이나 일반인들도 미국 학생비자 신청이 가능합니다. 학생비자라는 것은 한국에서의 신분이 아닌 미국에 가는 목적을 의미하기 때문입니다! 정확한 유학목적과 서류만 있다면 직장인이나 일반인도 미국 학생비자를 신청할 수 있습니다.

THEME 02 비자 인터뷰

01.필요한 서류

비자 인터뷰를 받으려는 누구나 준비해야 할 서류!

- 인터뷰 예약 확인서
- 미국 비자용 사진 1장 (비자용과 여권용 사진은 다르다!)
- 미국 비자 신청 수수료 $160 (원화 금액은 달라질 수 있다.)
  시티은행에 가서 현찰 납부 후, 수수료 용지를 받으면 완료!
- SEVIS Fee 납부 영수증
  I-20 발급 후, 온라인 상으로 납부 가능
  신용카드 결제 $200

비자 사진 크기는 5cm×5cm

02.개인별 구비 서류!

- 학생의 경우: 영문 재학증명서 및 영문 성적증명서 (한글본도 가능)
- 직장인의 경우: 재직증명서, 소득금액증명원이나 원천징수 영수본, 최종학교 졸업증명서와 성적증명서

일반 증명사진보다 큰 비자용 사진 (5cm×5cm)
비자사진과 여권사진도 크기가 다르다!

03. 재정보증인의 구비서류

- 재정보증인이 직장인인 경우: 재직증명서, 소득금액증명원 또는 원천징수 영수본
- 재정보증인이 사업자인 경우: 사업자등록증명원(세무서에서 발행 가능), 소득금액증명원
- 영문잔고증명서 (금액은 개인별로 차이가 있으나, 1년 기준으로 최소 3천만 원 이상)
- 가족관계증명서 (재정보증인과의 관계를 나타내는 증명)

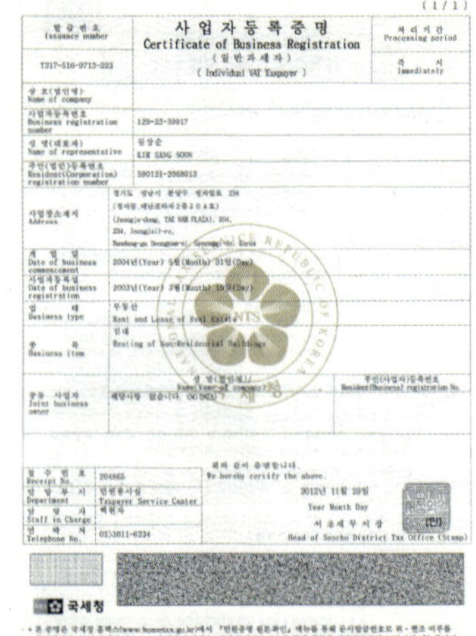

사업자등록증명원

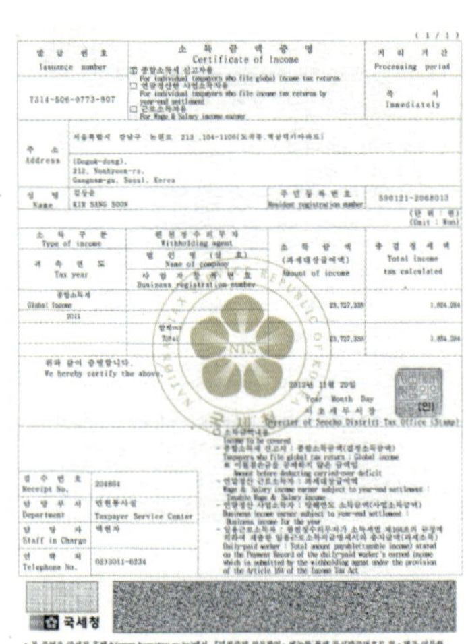

소득금액증명

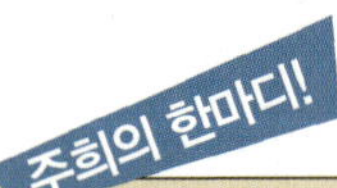

참고로 재정보증인의 직업이나 신분에 따라 추가서류가 발생할 수 있으므로, 전문가와 상담이 필요하다.

★주희의 비자 인터뷰 후기

가끔씩 비자 인터뷰를 통과하지 못해, 미국에 가지 못하는 경우도 있다는 말을 들은 나. 그래서인지 비자 인터뷰를 받으러 가는 내내 긴장상태였다. 콩닥거리는 심장으로 예약한 시간보다 20분 정도 먼저 도착했다. 광화문에 위치한 미국 대사관에 들어서자, 앞에서 어마어마한 양의 전단지를 나눠주시는 분들이 있었다. 필요한 종이인 줄 알고 받았더니, 미국 이민 관련 광고들. 우리와는 상관없는 종이이므로, 받지 않아도 된다.

외부에서 간단한 신원 조회 후, 건물 안으로 들어가면 가방 검사를 하게 된다. 그리고 인터뷰를 기다리는 동안은 핸드폰 사용도 금지된다며, 나의 소중한 핸드폰을 뺏어간 야속한 직원. 긴 줄을 기다려 1층에서 비자 인터뷰 비용을 지불했다는 것을 확인 받은 뒤, 2층으로 올라갔다. 2층에는 이미 많은 사람들로 북적북적. 100명 정도를 더 기다려야 한다는 것을 확인한 뒤, 절망에 빠진 나. 그저 멍하니 시간이 지나기를 기다리며, 다른 사람들의 인터뷰를 지켜 보고 있었다. 내 순서가 다가올수록 두근두근하는 마음! 드디어 나의 차례가 돌아오고, 준비한 서류를 창구에 내밀었다. 나를 인터뷰하신 분은 완전 젊고, 훈훈한 영사였다. 나에게 세 번째 손가락을 기계 위에 올려놓으라고 했는데, 너무 긴장해서인지 멀뚱멀뚱하게 서 있었다. 얼굴에 물음표가 가득한 얼굴을 하자, 갑자기 "가운데 손가락 올려놓으세요~" 라고 말하는 영사! 잉?.? 한국말을 하다니! 이렇게 반가울수가! 사막에서 오아시스를 만난 기분이랄까? 기쁜 마음에 세 번째 손가락을 기계 위에 척 올린 나! 이후의 인터뷰는 순조로웠다.

영사: 미국 왜 가요?
주희: 영어 공부하러 가요.
영사: 직업이 뭐에요?
주희: 학생입니다. 대학생!
영사: 전공은 뭐에요?
주희: 영화. Film!
영사: 왜 영화 전공 선택했어요?
잉? 순간 조금 당황한 나! 예상하지 못했던 질문인데!
주희: 영화찍는 거 좋아해요~
영사: 무슨 영화 가장 좋아해요?
주희: 오만과 편견! Pride and prejudice!
예상외의 쉬운 질문 세례에 한껏 UP된 나!
영사: 나도 그 영화 정말 좋아해요! 키이라 나이틀리 나오는 영화 맞지? 그 영화보면 영국가고 싶어져~

웃으며 끄덕끄덕 한 나! 난 미국가고 싶어요!
"미국 보내드릴게요~"라며 방긋 웃는 영화 속 주인공 같은 대사. 꺅! 인터뷰 더 하면 안돼요? 이렇게 빨리 끝나요? 이런 심정~ 어쨌든 짧고 쉬운 인터뷰가 끝나고, 우렁찬 목소리로 "감사합니다."를 외치고 나왔다. 다른 사람들은 다 영어로 인터뷰하고 있었는데… 내가 갑자기 큰 소리로 "감사합니다."를 외치자… 다 나를 쳐다봐서 부끄러운 마음에 황급히 자리를 떴다! 의외로 쉬운 비자 인터뷰에 얼쑤 절쑤 신난 나! 나중에 알고 보니, 어학연수를 위한 비자 인터뷰는 영어 인터뷰가 필수가 아니라고 한다. 유학을 가는 경우라면, 영어 인터뷰가 필수이지만 어학연수가는 우리는 아니라는 것! 야호! 미국으로 가는 길에 더이상 장애물은 없다!

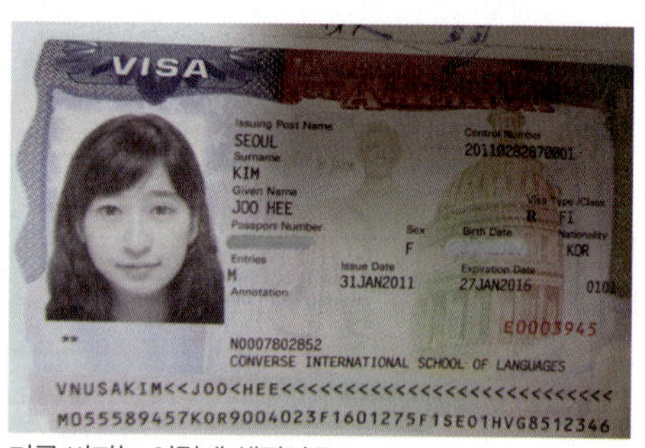

미국 비자는 이렇게 생겼어요.

04. 비자 인터뷰에서 자주 묻는 질문

- 전공이 무엇인가? (What is your major?)
- 미국에 가는 목적은? (What is your purpose to go to the U.S? 혹은 Why do you go to the U.S?)
  : 우리는 목적은 무조건 영어 공부! 아르바이트를 하겠다는 이야기는 절대 금물!
- 재정적 지원은 누가 해줄 것인가? (Who will support you?)

: 부모님이라고 대답하는 경우, 부모님의 성함을 물어볼 수도 있다!
- 부모님의 직업은 무엇인가? (What are your parents' jobs?)
 : 직업을 자세하게 물어보는 경우도 있으니, 영어로 대답을 준비해 두는 것이 좋다.
- 미국에서 얼마나 체류할 예정인지? (How long will you stay in the U.S?)
 : 다시 한국에 들어올 것임을 알리는 것이 포인트!
- 미국에서 체류하는 동안 어디서 머물 것인가? (Where will you stay while you are in the U.S?)
- 미국 내에 형제, 자매 혹은 부모님 거주 여부 (Do you have any family members in the U.S?)
- 미국 내에 친척 거주 여부 (Do you have any relatives in the U.S?)

05. 미국 비자 거절 사례

비자 인터뷰를 기다리는 중, 비자 거절 사례를 두 번이나 목격했다. 바로 내 순번 앞에서 거절당하는 모습을 보니, 비자를 거절당하는 일이 남의 일이 아니라는 생각이 들었다! 그렇다면, 어떤 경우에 미국 비자를 거절당하는지 알아보자.

1. 구체적인 학업계획이 없는 경우
2. 영어 또는 기존 학업성적이 좋지 않은 경우
3. 재정보증인의 경제적 능력이 부족한 경우
4. 한국 내 사회적, 경제적, 가족적 기반이 약하여 미국에서 한국으로 돌아올 확률이 적은 경우
5. 전에 발급받은 비자를 남용하였을 경우
 : 관광비자로 입국하여 학업이나 일을 했을 경우 등이 해당한다.

THEME 03 알면 유용한 팁

01. 기본적인 예의 갖추기

비자 인터뷰 시, 옷은 최대한 깔끔하고 단정하게 입어야 한다. 또한 여자일 경우, 지나친 화장은 금물!

02. 영사와 눈을 마주치며 자신감 있게 말하기

영사의 눈을 회피하며, 다른 곳을 보며 이야기하는 것은 NG! 영사의 눈을 마주치며

또박또박하게 이야기해야 한다. 자연스러운 미소는 인터뷰의 긴장감도 낮출 수 있다!

03. 길게 횡설수설하지 않기

모든 대답은 최대한 중요한 정보만 넣어서 짧게 대답하자! 이런 저런 중요하지 않는 이야기를 하는 것은 NG!

04. 질문을 이해하지 못했어도 당황하지 말자

너무 긴장한 나머지, 영사의 질문을 알아듣지 못하더라도 당황하지 말자. 질문이 뭐였는지 다시 한 번 말해달라고 공손하게 물어보면 된다. 오히려 알아듣지 못한 채로 엉뚱한 대답을 하는 것은 NG! 그리고 영어를 못한다고 해도 긴장할 것은 없다! 내가 만난 영사처럼 한국어를 구사할 수 있는 영사가 있고, 또 필요한 경우 통역사도 따로 있기 때문!

05. 미국에서 열심히 공부하고, 한국에 다시 돌아올 것이라는 확신을 주자

비자 인터뷰에서 가장 중요한 것은 바로! 내가 한국에 다시 돌아올 것임을 증명하는 것! 나는 한국에서 대학교에 다니고 있어서, 졸업하기 위해 한국에 다시 돌아와야 한다! 이런 식의 이유를 준비해두자!

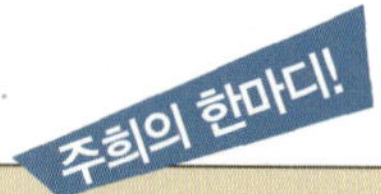

대사관에 핸드폰을 들고 들어갈 수 없기 때문에 대기시간은 매우 지루하다. 때로는 1시간 이상이 걸리는 비자 인터뷰! 아이들을 위해 책이 준비되어 있기는 하지만! 대학생인 우리가 읽을 수준의 책은 아니라는 것! 기다리는 동안 읽을 책을 준비해가는 것이 현명하다.

드디어 출국 준비, 짐 챙기기!

쟤! 비자 인터뷰까지 마치면 본격적으로 출국 준비를 해야 한다. 출국 준비의 꽃은 바로 짐 챙기기! 준비물을 챙기다 보면, 이것 저것 다 집어 넣고 싶은 마음이 굴뚝같다. 하지만, 모든 짐을 가져가기에는 항공사의 수화물 규정을 초과할 수 있다는 것! 공항에서 짐을 풀고, 다시 준비물을 챙겨야하는 불상사를 막기 위해 꼭 필요한 물건이 무엇인지 알아보자!

대게 23kg 수화물 두 개와 10kg 이하의 기내 수화물 한 개가 허용된다. 기내 수화물의 경우도 지정된 크기보다 작아야 기내에 들고 탑승할 수 있다. 한 번은 직원과 승객이 기내 수화물의 크기를 두고 싸움을 벌이는 장면을 목격한 적이 있다. 승객은 다른 비행기를 탔을 때 아무 문제가 없었다며 가방을 들고 탑승하려 했고, 직원은 지정된 크기보다 큰 가방이기 때문에 추가 비용을 내라고 우겼던 것! 이런 난감한 일을 피하기 위해서는 공항에서 기내 수화물 크기를 측정해봐야 한다!

THEME 01   각 항공사 별 수화물 규정

항공사	수화물 규정
대한항공	23kg × 2개 가능
아시아나	23kg × 2개 가능
케세이 퍼시픽	23kg × 2개 가능
아메리칸 에어라인 (American Airlines)	23kg × 2개 가능
싱가폴항공	23kg × 2개 가능
유나이티드 에어라인 (United Airlines)	23kg × 1개 가능
델타항공	23kg × 1개 가능
에어 캐나다 (Air Canada)	23kg × 1개 가능

 준비물 총정리

01. 필요한 서류

서류	참고사항	필수	선택
여권	• 여권 만료기간이 6개월 이상 남았는지 확인 • 복사본 2장 만들기 • 원본이 꼭 필요하지 않는 경우, 복사본 들고 다니기	○	
항공권	• 날짜와 성명 확인	○	
입학허가서(I-20)	• 입국 및 학교 등록 시 필요 • 복사본 준비	○	
Sevis Fee 납부 영수증	• 입국 심사 시 필요	○	
입학관련 서류	• 재학&성적증명서, TOEFL 성적표, 번역 및 공증이 필요한 서류 준비		○
증명사진	• 여권 분실 시 비자 발급용 • 학생증 발급 시, 필요할 수도 있다	○	
유학생 보험	• 한국에서 가입하는 것이 저렴 • 미국은 유학생 보험이 필수	○	
국제운전 면허증	• 차 렌트 시 필요	○	
국제학생증	• 할인 혜택이 있다		○
주소 및 연락처	• 홈스테이 주소와 픽업 연락처를 적어두는 것이 좋다	○	

02. 현금 및 신용카드

	참고사항	필수	선택
현금	• 너무 많은 현금을 보유하는 것은 No! • $5, $10, $20 등 소액권으로 환전 • 한 달 용도 정도인 $50-$100이 적당	○	
신용카드	• 만약을 대비해 해외에서 사용 가능한 카드로 준비 (Visa, Master) • 미국에서 발급 가능 • 호텔 예약, 렌터카 예약, 핸드폰 개통 등에 필요		○
여행자 수표	• 많은 현금을 소지할 경우, 분실의 위험이 적고 휴대하기 간편함 • 현금과 여행자 수표 비율은 3:7 정도가 적당 • 여행자 수표 상단에 반드시 여권과 동일한 서명 • 여행자 수표 번호를 다른 곳에 적어두는 것이 좋다		○
국제직불 카드	• 번거로운 송금 과정이 필요 없다 • 가장 많이 이용하는 국제직불카드는 씨티카드 • 미국에서 사용 시, 수수료가 청구된다		○

	참고사항	필수	선택
노트	• 미국의 학용품은 한국에 비해 가격이 비싸다 • 여학생들이 좋아하는 귀여운 노트는 기대하지 말자 • 충분한 양의 노트 준비	○	
펜	• 자신이 좋아하는 필기구 챙기기 • 볼펜, 형광펜 등	○	
영어 책	• 회화책, 문법책 등 1권 씩 • 너무 많은 책을 가져가는 것은 오히려 짐!		○
전자사전	• 수업 중에 필요 • 스마트폰 때문에 그 중요성이 작아지고 있는 추세		○

미국의 공책과 학용품! 기본에 충실하다!

우리나라의 팬시점과는 사뭇 다른 모습

04. 전자제품

	참고사항	필수	선택
알람시계 손목시계	• 알람시계 또한 핸드폰으로 해결 가능 • 한국에서 알람시계에 익숙한 사람이라면, 하나 챙기자		○
110V용 콘센트	• 돼지코라고 불리기도 한다 • 미국은 220V가 아닌 110V를 사용함으로 돼지코 3개 정도를 가져가는 것이 좋다	○	
디지털 카메라	• 미국에서의 추억을 담을 카메라 • 미국에서 비교적 싼 가격에 살 수 있다		○
노트북	• 학교에서 컴퓨터 이용 가능 • 개인 노트북이 있으면 과제할 때 편리		○
충전기 건전지	• 미국에서는 가격이 비싸므로, 한국에서 준비해가는 것이 좋다		○
전기 면도기	• 충전식 혹은 일회용으로 준비		○
드라이기	• 미국에서 $10 정도에 구매 가능		○

이게 바로 돼지코 ☺ 꿀꿀

	참고사항	필수	선택
의류, 속옷, 양말	• 지역 날씨에 맞는 옷 • 더운 지역에 가더라도, 긴 팔 한 벌 정도는 필요 • 미국에서는 옷 가격이 싸기 때문에 많이 가져갈 필요 없다	○	
신발	• 슬리퍼, 운동화, 공식적인 자리를 위한 구두 등	○	
수영복	• 미국 서부 지역은 서핑이나 수영할 기회가 많으니 꼭 챙기자	○	
모자	• 강한 햇빛을 가릴 모자		○
썬글라스	• 눈을 보호할 뿐 아니라 멋을 위해서도 필요!	○	

06. 생활용품

	참고사항	필수	선택
상비약	• 감기약, 소화제, 반창고, 마데카솔 등 • 평상시 복용하는 약이 있다면, 영문 진단서도 준비	○	
생리용품	• 여성의 경우, 반드시 필요	○	
세면도구	• 칫솔, 치약, 샴푸, 린스, 비누, 수건 • 미국에서 구입할 수 있으니, 처음 도착해서 쓸 적당량만 가져가면 된다 • 수건은 5장 정도 준비	○	
손톱깎이 귀이개	• 까먹고 안 챙기기 쉬움	○	
반짇고리	• 현지에서 유용할 수 있다		○
안경, 콘텍트 렌즈, 식염수	• 미국에서는 가격이 비쌈 • 반드시 여유분을 준비할 것	○	

07. 기타

	참고사항	필수	선택
우산	• 지역에 따라 눈이나 비가 많이오는 지역이 있음		○
머리끈 헤어밴드	• 여성인 경우, 챙겨두면 유용하다		○
여행책자	• 인터넷에서 정보를 얻을 수도 있지만, 책이 있으면 편리		○
비누 곽	• 비누는 있지만, 놓을 자리가 없는 경우도 있다		○

화장품	• 기초화장, 색조화장, 썬크림 • 화장솜, 면봉 등도 함께 챙기면 좋다	○	
거울	• 홈스테이나 기숙사에 화장용 거울이 없는 경우가 많다. 그러므로 화장용 거울이나 손거울을 챙기는 것이 좋다.		○
선물	• 홈스테이 가족이나 외국인 친구에게 줄 선물	○	
다이어리	• 미국에서의 일상을 기록할 수 있는 다이어리 • 나중에 읽어보면 추억이 된다		○
한국음식	• 한국 식당이나 마켓이 먼 거리에 있는 경우가 대부분. 라면, 김, 햇반 등을 챙겨가는 것도 좋다		○

08. 핸드폰은 어떻게 준비할까?

미국에서 사용할 핸드폰을 구할 수 있는 방법은 크게 네 가지. 지금부터 한가지씩 살펴보도록 하자.

1. PhoneUSA 이용하기

Phone USA

한국에서 미리 핸드폰을 준비해갈 수 있도록 돕는 회사로, 한국에서 사용하던 핸드폰을 미국에서도 사용할 수 있는 것이 장점이다. 미국 내 통화, 문자, 데이터 사용 용량 등에 따라 가격이 다르다.
또한 국제문자와 국제전화도 가능하다. 개인적으로 적합한 가격에 편리하다는 점에서 추천!

> www.phoneusa.co.kr
> 02-3452-2700

2. 스마텔

smartel

한국에서 핸드폰을 출국하기 전 대여해 미국에서 쓰는 방식이며, 스마트폰도 대여 가능하다.
미국의 4대 이동통신사와 제휴되어 있다. 개인적으로 스

Best Buy에서도 Prepaid Phone을 구입할 수 있다

마텔을 이용했었는데, 가격이 비싸다는 것이 가장 큰 단점! 어떤 달은 한 달에 요금이 25만원까지 나와 엄마가 뒤로 자빠졌다는 후문.

www.smartel.co.kr
1566-4200

3.Prepaid Phone(선지불 방식)

미국에서 구입하는 핸드폰으로 충전식이다. 미국의 편의점이나 마켓에서 쉽게 구매할 수 있다.

매 달 요금을 미리 넣어두고, 부족하면 충전해서 사용할 수 있다. 계획적으로 핸드폰 요금을 조절할 수 있다는 것이 가장 큰 장점!

4.Used Phone(중고 전화기)

미국에서 중고폰을 구입할 수도 있으며, 가격은 기종이나 상태에 따라 상이하다.

판매자가 통신사와의 계약이 종료되지 않았다면, 핸드폰과 통신사의 플랜을 같이 판매하는 경우도 있다. www.craiglist.com에서 중고 매매가 가능하니, 확인해보자.

다양한 종류

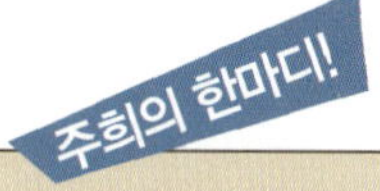

미국의 전화 예절

한국에서는 전화를 거는 사람이 전화 요금을 부담하는 방식이지만 미국의 경우는 다르다. 미국에서는 전화를 받는 사람도 전화 요금을 부담해야 한다는 사실! 그러니 중요한 용건이 아니거나, 친하지 않은 사이에 전화를 거는 것은 실례라고 한다. 한국에서처럼 시시콜콜한 이야기로 전화통을 계속 붙잡고 있다면, 친구를 잃을지도 모르니 조심하자.

THEME 03   기내 반입 금지 품목

아무것도 모르고 기내 반입 금지 품목을 비행기에 들고 탈 가방에 넣는다면 낭패! 짐을 다시 꾸리거나 버려야하는 난감한 상황이 닥칠 수도 있다. 기내 반입 금지 품목으로는 끝이 뾰족하거나 날카로운 물체 혹은 무기 등 그 종류가 다양하다. 하지만, 우리가 가장 자주 적발되는 기내 반입 금지 품목은 바로 액체류! 지금부터 기내에 가지고 탈 수 없는 액체류에 대해 자세히 알아보자!

- 물 및 드링크류, 스프류, 소스류, 소스
- 액체음식류, 로션류, 오일류, 향수류, 스프레이류, 탈취제류
- 시럽류, 쨈류, 스튜류, 반죽류, 크림류, 화장품류, 헤어/샤워젤, 면도거품제
- 치약류, 액체/고체 혼합류, 마스카라, 립글로스, 립밤
- 실온에서 용기 없이는 형상을 유지할 수 없는 물질

실제로 공항 검색대에서 화장품도 뺏기고, 쨈류도 뺏긴 안 좋은 기억이 있는 주희! "가지고 타면 안돼요?" 라고 말하며… 슈렉에 나오는 고양이 눈을 만들려 노력했으나… 단호한 검색대원들…. 그러니 액체류는 모두 기내에 가지고 탈 가방에서 빼도록 하자!

하지만 액체류도 허용 규격에 맞으면, 기내에 들고 탑승할 수 있다는 반가운 소식!

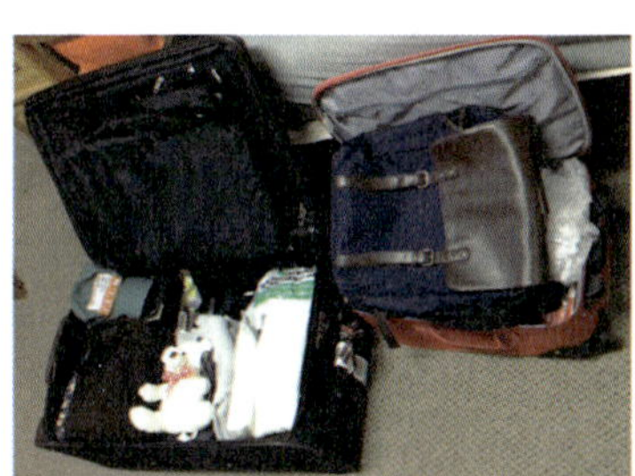
짐싸기는 힘들어

미국 입국심사 시 필요한 서류
여권, 입학허가서(I-20), SEVIS Fee 납부영수증, 입국/세관신고서(비행기에서 승무원이 나눠준다.)
이 서류들은 따로 정리해 기내에 들고 타는 가방에 넣어두자!

허용 규격
용기 1개당 100ml 이하로, 1인당 1L 이하의 지퍼락 비닐봉투 1개

허용 조건
투명 지퍼락 봉투 (크기 약 20cm×20cm)에 담겨 지퍼가 잠겨있어야 함
보안 검색 받기 전에 다른 짐과 분리하여 검색대원에게 제시하여야 함

America

PART 03

우리가 주목해야 할 지역 별 학교

어마어마하게 큰 땅을 자랑하는 미국은 같은 미국이라 할지라도 서부와 동부 지역의 분위기가 매우 다르다. 동부는 보다 대도시적인 이미지가 강하다면, 서부는 보다 여유로운 이미지가 강하다고 할까? 한국에서와 다르게 느긋한 여유를 즐기며 영어 공부를 하고 싶다면, 정답은 미국 서부! 미국 서부에서의 어학연수를 특별하게 만들어줄 정보를 샅샅이 알아보자.

STEP 01 나에게 맞는 지역 선택하기
STEP 02 현지에서 공부하는 친구에게 직접 듣는 각 도시의 특징
STEP 03 꼼꼼하고 똘똘하게, 학원 선택하기
STEP 04 지역별 추천 어학원 총정리!

미국 서부에서 학생들이 주로 공부하는 지역은 시애틀, 샌프란시스코, 로스앤젤레스, 그리고 샌디에고이다. 같은 서부라고 할지라도 각각의 도시는 날씨, 환경, 물가, 대중교통의 편의성 등이 다르다. 또한 각자의 도시가 지니고 있는 분위기도 매우 다르므로 자신에게 맞는 지역을 선택하는 것이 중요하다. 지금부터 각 지역의 특성을 알아보자.

THEME 01　비 오는 날의 낭만을 즐길줄 아는 로맨티스트라면, 시애틀

미국 서부의 가장 위쪽에 위치한 워싱턴(Washington) 주에 위치하고 있어 캐나다와도 가까운 시애틀. 시애틀하면 가장 먼저 떠오르는 것은? 추적추적 내리는 비와 장화를 신은 사람들의 모습이 아닐까? 실제로 시애틀과 비는 뗄래야 뗄 수가 없는 사이이다. 흐린 날씨를 싫어하거나 비가 오는 날에 우울해지는 사람이라면, 시애틀은 반드시 피해야 할 도시! 하지만, "빗소리는 나의 마음을 편하게 해!"라는 사람이라면 시애틀을 사랑하게 될 것이다. 시애틀은 대도시라 대중교통이 편리한 편이며, 문화 시설도 발달된 도시이다. 거리마다 향긋하게 퍼지는 커피 향기를 맡으며, 비 오는 날 장화를 신고 걸어다니는 것을 좋아하는 감성적인 사람라면, 당신에겐 시애틀이 완벽하다.

THEME 02　나는 도시의 차도남, 차도녀? 샌프란시스코

캘리포니아(California) 주에 위치한 샌프란시스코하면 가장 먼저 떠오르는 것은? 영화 속에서 봤던 빨간 금문교(Golden Gate Bridge)가 아닐까? 샌프란시스코는 사람이 북적북적대는 대도시이며, 도시 전체가 활기차다. 다운타운에는 셀 수도 없을 정도의 많은 쇼핑몰이 입점해있고, 거대한 차이나 타운도 자리잡고 있다. 샌프란시스코에 살면서, 날마다 자전거를 타고 금문교를 건너는 모습은 상상만해도 아름답다. 시끌벅적한 도시를 사랑하는 사람이라면, 샌프란시스코는 당신을 위한 도시! 하지만, 조용하고 한적한 분위기를 좋아하는 사람이라면, 샌프란시스코가 아닌 다른 도시로 눈을 돌려 보자!

THEME 03 한국이 사무치게 그리울 것 같은 당신이라면, 로스앤젤레스

미국에서 한국사람이 가장 많이 살고 있는 지역은 어디일까? 바로 생각나는 도시가 로스앤젤레스일 것이다. 실제로 로스앤젤레스의 다운타운에는 한국 영화를 상영하는 한국 영화관이 있을 정도. 그리고 한인마켓의 종류도 다양해 한국음식을 그리워할 필요가 전혀 없다! 그리고 로스앤젤레스는 유니버셜스튜디오, 디즈니랜드와 같은 테마 파크가 많아 즐길거리가 많은 도시이다. 영화를 사랑하는 사람이라면, 한 번 쯤은 로스앤젤레스에서 공부하는 꿈을 가져본 적이 있을 것이다. 각종 영화제와 할리우드가 위치한 로스엔젤레스는 영화인에게는 꿈의 도시! 그러나 한국인 비율이 높다는 이유로 많은 학생들이 로스앤젤레스를 선택하지 않는 경우가 많은데, 의외로 학교 내 한인 비율은 낮다는 사실! 그러니 한국을 사랑하는 애국자형인 당신은 로스앤젤레스를 선택하라!

THEME 04 여유롭고 급할 것이 없는 성격이라면, 샌디에고

샌디에고는 캘리포니아주의 가장 남쪽에 자리한 도시이며, 멕시코와 국경이 맞닿아 있다. 의외로 샌디에고는 캘리포니아 주에서는 두 번째, 그리고 미국에서는 여덟 번째로 큰 도시이다. 샌디에고는 샌프란시스코나 로스앤젤레스처럼 유명한 도시는 아니지만 학생들의 만족도가 굉장히 높은 도시이다. 시끄러운 도시를 벗어나 여유롭게 공부해보고 싶다면, 샌디에고에 주목하라! 샌디에고는 치안이 좋은 편이며, 뛰어난 자연 경관을 자랑한다. 바다사자들이 모래사장에서 낮잠자고 있는 모습을 바로 눈 앞에서도 볼 수 있고, 해변이 많아 서핑하기에도 적합하다. 〈마다가스카〉라는 영화에 나오는 동물들이 궁극적으로 가고 싶어하는 장소도 바로 이 샌디에고 동물원! 그만큼 자연친화적이며 살기 좋은 도시이다. 현지 사람들도 비교적 친절하고, 느긋하다. 성격이 easy-going하고 자연을 사랑한다면, 샌디에고는 당신에게 완벽한 도시!

THEME 01 차분하게 커피 한 잔! 시애틀

01. 시애틀은 이런 도시

시애틀하면 생각나는 영화가 있을까? 바로 1993년 개봉한 〈시애틀의 잠 못 이루는 밤〉이라는 영화. 〈시애틀의 잠 못 이루는 밤〉은 시애틀에 관한 대표적 영화이자 90년대 초반 미국 내에서 그리 유명하지 않았던 시애틀을 한 순간에 가장 살기 좋은 도시로 선정되도록 만들었다. 스크린에서 담아 내는 시애틀은 대도시인 뉴욕과는 달리 시애틀만이 가지고 있는 특별한 색채를 보여준다. 그 중에 가장 대표적인 장면이 극 중 Sam Baldwin역을 맡은 탐 행커스(Tom Hanks)가 그의 거주지인 Boat House, 즉 바다 위에 지어진 집에서 스페이스 니들(Space Needle)을 바라 보고 있는 장면이다. 스페이스 니들은 시애틀은 대표하는 건축물로, 전망대에 오르면 시애틀의 전경을 바라볼 수 있다. 이 장면만큼 시애틀의 모습을 완벽하게 묘사하는 장면이 있을까? 시애틀에서 공부하고 싶은 사람이라면, 이 영화를 보면서 설렘을 느껴보라!

또 영화에 나오듯이 시애틀은 커피의 천국이다. 한국에 잘 알려진 스타벅스(Starbucks)가 탄생한 곳이기도 하며 한국에는 잘 알려지지 않은 Tully's 와 Seattle's Best Coffee가 처음으로 설립된 곳이기도 하다. 이 밖에도 시애틀에는 개인이 운영하지만 오랜 전통을 자랑하는 카페들이 많다. 유명한 프랜차이즈 카페가 아닌 좋은 향과 맛을 가진 개인 카페를 발견하는 것도 시애틀에 사는 재미이다. 시애틀에서는 한 손에 커피를 들고 거리를 지나다니는 사람들을 자주 볼 수 있어, 커피 앤

시애틀의 도시 전경

도넛이라는 광고 카피를 생각나게 한다. 하지만 시애틀을 대표하는 것은 커피와 스페이스 니들 뿐만은 아니라는 사실!

시애틀은 미국에서 가장 살기 좋은 도시로 몇 차례나 뽑힌 적이 있으며, 미국인들 사이에서 감성의 도시라 불린다. 앞서 말했듯이 대도시라는 점은 같지만, 뉴욕과는 조금 다른 매력을 가지고 있는 시애틀! 뉴욕만큼 화려하지는 않지만 자주 내리는 비와 함께 거리마다 퍼지는 커피향을 맡으며 생활을 하는 것도 나쁘지 않다. 적어도 다른 대도시와는 달리 한국과는 확연히 다른 분위기를 경험해 볼 수 있기 때문이다. 만약 시애틀의 아름다움을 표현한 노래를 듣고 싶다면, Owl City의 Hello Seattle을 들어보자!

02. 시애틀에서의 생활

365일 중 적어도 250일은 비가 내리는 시애틀은 날씨가 좋다고는 절대 할 수 없다! 그러나 비가 24시간 계속 내리는 것이 아니라 산발적으로 내리기 때문에 시애틀에

시애틀도 가끔씩은 날씨가 화창

거주하는 사람들은 대게 우산을 가지고 다니지 않는다. 우스갯소리로 우산을 가지고 다니는 사람은 관광객이고, 우산 없이 방수가 되는 레인 자켓이나 스포츠 아웃도어를 입고 다니는 사람은 유학생이나 임시거주자, 그리고 마지막으로 우산도 레인 자켓도 없이 비를 맞는 사람은 시애틀에서 태어나 자란 사람이라는 말이 있을 정도다. 처음에는 우산이 필수품이지만, 오랫동안 시애틀에서 생활하다 보면 비를 맞는 것이 더 편해 질 것이다!

그렇다면 시애틀의 분위기는 어떨까? 시애틀의 분위기는 한 마디로 말하자면 차분하다. 다른 말로는 우울하다는 말일 수도 있겠다. 많은 사람들이 실제로 우울증 약을 예방 차원에서 복용하고 있다고 한다. 또한 우리가 상상하는 광란의 파티도 다른 주에 비하여 적은 편이다. 시애틀을 대표하는 대학교인 UW(University of Washington)의 학생들 또한 다른 학교 학생들에 비해 매우 차분하고 진지한 모습이다. 그럴 수 밖에 없는 게, 파티나 운동을 가더라

황량하고 쓸쓸한 시애틀의 거리

시애틀에서는 유독 가난한 예술가들의 공연을 만나기 쉽다. 거리의   시애틀의 랜드마크인 스페이스 니들
악사

도 비가 오기 때문이다. 시애틀은 비오는 날씨로 인해 세련되고 감성있는 도시인 동시에 우울한 도시로도 느껴질 수 있다. 하지만 이것은 어디까지나 개인차일 것이다. 비가 오는 날 커피를 마시며 유유히 창밖을 바라보는 것을 즐기는 사람은 시애틀이 감성의 도시일 것이고, 액티브한 라이프를 좋아하는 어떤 사람에게는 우울하고 지루한 도시일 것이다.

THEME 02 샌프란시스코는 이런 도시

샌프란시스코의 단점은 비싼 집 렌트비, 빈약한 밤 문화, 그리고 낮은 치안 수준이라고 한다. 샌프란시스코의 부동산 가격과 렌트비는 다른 도시와 비교해봤을 때, 매우 높은 편에 속한다. 샌프란시스코뿐만 아니라 그 주변 도시들도 집 값이 매우 비싸다. 친구가 공부하고 있는 버클리는

샌프란시스코의 다운타운 ☺

샌프란시스코의 명물, 금문교

게이퍼레이드

샌프란시스코에서 20분 정도 떨어진 곳인데, 이 곳도 1 베드룸 아파트의 한 달 렌트비가 $1700 정도라고 한다.

또 다른 샌프란시스코의 단점은 밤 문화가 발달해있지 않다는 점! 일반적으로 미국의 밤 문화는 한국에 비해 덜 발달해있지만, 뉴욕같은 대도시에 비하면 샌프란시스코는 밤에 도시에서 즐길 문화가 없다고 한다. 새벽 2시 이후에는 음식점, 바, 마트 등 모든 곳에서 술을 파는 것이 법적으로 금지되어 있으며 클럽도 2~3시가 되면 다 문을 닫는다고 한다. 하지만, 반대로 생각해봤을 때 한국처럼 밤새고 놀지 않아서 공부하기에 좋은 환경일 수도!

마지막으로 샌프란시스코가 가진 단점은 낮은 치안 수준! 대체적으로 미국은 밤에 돌아다니는 것이 위험하다. 샌프란시스코에서 베이브리지만 건너면 바로 있는 오클랜드란 지역은 미국 내에서도 높은 범죄율을 자랑하는 곳이라 한다. 술과 약에 취한 흑인들이 거리를 활보하고, 실제로 총기난사 사건도 많다고 하니 조심하자!

하지만 이런 단점들에도 불구하고 샌프란시스코가 사랑받는 이유는 바로 장점들도 많기 때문이다. 샌프란시스코의 가장 큰 장점은 바로 완벽한 날씨! 샌프란시스코의 날씨는 한국에 비하면 아주 Fantastic!하다는 친구의 생생한 증언! 여름에는 아주 덥지 않으면서, 겨울에는 또 아주 춥지도 않다고 한다. 특히 3월에서 9월에는 구름 한 점 없는 맑고 쾌청한 날씨를 자랑한다고 한다. 하지만, 일교차가 큰 편에 속해 낮에 아무리 따뜻하더라도 가디건은 항상 챙기는 것이 좋다. 실제로 한 여름에도 가디건이 필요한 날씨라 여학생들은 조금 춥다고 느낄 수 있다고 한다.

또 다른 장점은 바로 아름다운 자연 경관! 도시가 바다를 끼고 있고 가파른 언덕으로 이루어져 자연 경관이 매우 뛰어나다고 한다. 친구가 항상 입에 침이 마르도록 칭찬하는 샌프란시스코의 자연 환경! 미국의 발전된 대도시들 중 하나임에도 불구하고 도시 전체가 여유롭다. 자전거를 타고 샌프란시스코를 둘러보다 보면, 자연을 사랑하는 마음이

저절로 샘솟을 것이라고!

마지막 장점은 샌프란시스코만이 가지고 있는 독특한 문화. 샌프란시스코의 대표적인 문화는 바로 동성애라고 한다. 사실, 보수적인 사람들에게는 동성애 문화가 단점으로 보일 수도 있지만, 한국에서는 경험하기 힘든 색다른 문화를 체험할 수 있다는 점에서는 장점일 수 있다! 샌프란시스코는 유난히 게이와 레즈비언이 많은 동네라고 한다. 실제로 샌프란시스코 내에서 동성애자 커플들이 모여 사는 마을이 있고, 도시 내에서도 자연스럽게 받아들여진다고 한다. 매년 샌프란시스코에서 게이 퍼레이드도 진행된다고 하니, 한국과는 분명 다른 문화임에 틀림없다!

THEME 03 지루할 틈 없는 로스앤젤레스

로스앤젤레스에서 오랜시간 공부한 내 친구의 말에 따르면 LA 사람들은 친절하다고 한다. 동부에 여행간 사람이라면 알겠지만, 동부 사람들은 바쁘고 차갑다는 인상을 받을 것이다. 반면, 서부에 사는 사람들은 대체로 여유롭고 친절한 편이다. 게다가 로스앤젤레스에는 그 어느 곳보다 다양한 국적의 사람들이 함께 살고있기 때문에 외국

인에 대한 이해가 다른 도시에 비해 굉장히 높다고 한다.

로스앤젤레스가 가지는 장점은 연중 온화한 날씨! 날씨가 좋아야 친구들과 다양한 야외활동 및 기타 여가생활을 즐기면서 공부할 수 있는데, LA는 그런 점에서 탁월한 도시라고 한다. 연간 평균 최저기온은 영상 15도 정도이다. 여름에는 영상 35도까지 올라가는 날도 많지만, 건조한 날씨 덕분에 한국보다 덥게 느껴지지 않는다고 한다. 참고로 비는 12월에서 2월 사이에 내린다.

또 다른 장점은 다양한 활동을 즐길 수 있다는 점이다. 바다도 있고 산도 있어서 여름이면 서핑, 겨울이면 스키도 즐길 수 있는 곳이 바로 로스앤젤레스다. 영화의 거리인 헐리우드에서는 매년 몇 십 편의 영화가 쏟아져 나오고, 아카데미 상과 음악의 제전, 그래미 시상식도 열린다. 볼거리가 많은 도시이기 때문에 지루할 틈이 없다고 한다.

반면, 로스앤젤레스의 단점은 LA 한인타운과 그 주변에 한인 비율이 높다는 점이다. 의외로 학교 내에는 한국인 학생 비율이 적은 편이지만, 거대 한인타운 주변에서만 놀다 보면 미국 문화를 접하기 어렵고, 영어 실력도 전혀 늘지 않기 때문에 개인의 노력이 필요하다는 것이 친구의 조언!

로스앤젤레스의 또 다른 단점으로는 치안상의 문제를 꼽을 수 있다. 전 미주에서 Top 10에 드는 안전한 지역도 있으나, Top 10에 드는 위험한 지역도 있다고 한다. 밤에 돌아다니면 위험한 지역도 있으니, 이런 지역은 미리 알아두고 가지 않는 것이 안전하다. 밤에는 특히 다운타운이나 다운타운의 남쪽 지역을 조심하라.

로스앤젤레스는 그 크기가 큰 도시인만큼 도시 안에도 지역에 따라 볼거리가 다양하다. 지역별 특징 및 볼거리를 참고해, 살고 싶은 지역을 선택해보는 것을 어떨까?

01. CENTRAL LA

DOWNTOWN LOS ANGELES

고층 빌딩이 모여있는 정치, 비즈니스의 중심지라고 할 수 있다. 특히 리틀 도쿄

(Little Tokyo)와 차이나타운(Chinatown)이 가깝고, 프로 농구팀 LA 레이커스(LA Lakers)의 홈코트이면서 다양한 시합이나 콘서트가 열리는 스테이플 센터(Staple Center), 박찬호 선수로 한인들에게 잘 알려진 LA 다저스(LA Dodgers)의 경기장인 다저스타디움(Dodger's Stadium)이 있다.

MID WILSHIRE

산타모니카에서부터 시작되는 Wilshire Blvd의 중간지점으로 한인타운도 이 가운데에 위치하고 있다. 다운타운과 할리우드가 맞닿은 지역으로 많은 미술관과 박물관이 있고, 오래된 건물과 현대식 건물이 같은 공간에 존재한다. 이 역사적인 건물들은 헐리웃 영화 속에 자주 등장한다고 하니, 눈여겨보자.

HOLLYWOOD

다운타운에서 북서쪽으로 올라가면 세계적으로 유명한 영화와 엔터테인먼트 사업의 거리인 헐리우드가 나온다. 코닥 극장(Kodak Theatre)에서는 매년 아카데미 상 수상식이 열리며, 맨스 차이니즈 극장(Chinese Theatre) 근처에는 유명 헐리웃 연예인들의 손도장이 찍혀 있다.

KOREATOWN

코리아타운은 미국 최대 규모의 한국인 거리라고 할 수 있다. 여기저기 한글 간판이 보이고, 본고장의 맛을 따온 맛있고 다양한 한국음식을 맛볼 수 있다.

한인마트

길거리에서 한창 뮤직비디오를 촬영중이다. 로스앤젤레스에서는 운 좋게 유명인사를 만날지도 모른다!

내가 제일 좋아하는 할리우드 배우. 잭 니콜슨

로스앤젤레스의 부촌

02. SOUTH CENTRAL

Central LA라고도 불리는 다운타운과 로스앤젤레스 공항 중간에 위치한 이 지역은 상점이 많은 지역이나 LA에서 가장 위험한 지역이기도 하다.

03. WEST LA

SANTA MONICA

산타모니카의 얼굴이라고 할 수 있는 Santa Monica Pier에는 유원지가 있고, 상점이 많아 관광이나 쇼핑을 하는 사람들이 항상 바글바글하다. 산타모니카 컬리지 (Santa Monica College)는 4대 편입 전문 학교로서, 편입률이 높아 한국인 유학생도 많이 재학 중이라고 한다.

BEVERLY HILLS

헐리웃 스타나 그에 못지 않은 부자들이 살고 있는 대저택이 모여있는 고급 주거지역이다. 베버리 힐즈의 대표적인 쇼핑 지역은 로데오 거리로, 영화 〈프리티 우먼〉에 나와 더욱 유명해졌다고 한다. 이 곳에서 쇼핑을 하다보면 정신 없이 돈을 쓰는 경우가 많다고 하니 주의하자.

SAWTELLE

많은 일본 음식점이 있고, 일본 슈퍼마켓을 비롯해 일본 물품을 파는 상점들이 줄지어 있는 곳이다. '리틀 오사카'라고 불리기도 한다. 주변에는 SMC, UCLA 학생들이 많이 살아서 평일에도 사람이 많은 곳이다.

WESTWOOD

UCLA 학생들의 타운으로 아파트, 카페, 레스토랑, 패스트푸드점 등 학생들을 많이 볼 수 있는 대학로같은 곳이다. 이 지역은 비교적 치안이 좋고 인기가 있는 곳이라 다른 지역에 비해 렌트비가 비싼 편이다.

04. EAST LA

ALHAMBRA

다운타운의 북동쪽에 있는 비교적 치안이 좋고 렌트비가

싼 지역으로 로스앤젤레스 시티 컬리지(Los Angeles City College) 학생들이 많이 살고 있다. 타이완 사람들이 많이 살고 있는 Monterey Park와도 가까워서 가라오케(노래방), 중국 음식점 등이 많은 편이다.

PASADENA

이 지역은 산으로 둘러쌓여, 타운 전제가 조용한 편이다. 파사데나 시티 컬리지(Pasadena City College) 학생들이 많이 살고 있고, 중심에는 Old Pasadena라는 쇼핑 타운이 있다.

05. SOUTH BAY

TORRANCE

로스앤젤레스 공항에서 15분정도 떨어진 이 곳은 일본인들이 많이 사는 지역이다. 주위에는 일본 레스토랑, 슈퍼마켓을 많이 찾아볼 수 있다. 엘 카미노 컬리지(EL Camino College) 학생들도 많이 살고 있다.

MANHATTAN BEACH

새하얀 부두가 아름다운 맨하튼 비치는 로스앤젤레스 공항과 토랜스 사이에 위치해 있는 Beach City이다. 비치 발리볼을 할 수 있는 곳이 많고, 매년 8월에 열리는 Manhattan Beach Open에서는 프로 비치 발리볼 선수들의 시합도 볼 수 있다.

06. NORTH LA

VALLEY

이 지역은 워너브라더스와 NEC 스튜디오 등 미디어 계열회사가 모여있는 곳이다. 여름에는 LA 지역중에서도 기온이 높은 편이며, 유니버셜 스튜디오와도 가까운 곳이다.

GLENDALE

샌 버나디노와 샌 가브리엘 산맥으로 둘러싸인 곳에 위치해 학생들이 공부하기에는 더없이 좋은 곳이라고 한다. 글렌데일 커뮤니티 컬리지(Glendale Community College)에서도 많은 한국 학생들이 공부하고 있다고 한다.

THEME 04 사랑할 수 밖에 없는 도시, 샌디에고!

샌디에고는 단점을 언급하기 어려울 정도로 거의 완벽한 도시이다. 샌디에고의 장점은 비교적 치안이 좋다는 점, 아름다운 자연 환경과 완벽한 날씨, 그리고 여유로운 도

동물원의 돌고래와는 차원이 다른! 자연 속에 사는 돌고래

눈 앞에서 바다사자를 볼 수 있다니!

시 분위기 등 셀 수 없이 많다. 샌디에고는 안전한 도시인데, 실제로 코로나도라는 지역에 사는 사람들은 외출할 때 문도 잠그지 않을 정도로 치안이 발달돼있다. 홈스테이 아줌마에게 집 열쇠를 달라고 했더니 우리는 문을 안 잠근다는 대답이 돌아왔다! 외출할 때, 문을 안 잠근다고? 한국에서는 전혀 상상할 수 없는 일! 그래서 초반에는 도둑이 들어올까봐 노심초사하며 중요한 서류는 모두 가방에 들고 다녀서 어깨가 빠질 뻔 했다! 하지만 나중에 알고 보니, 다른 집들도 모두 문을 열고 다닌다는 것!

샌디에고의 또 다른 장점은 뛰어난 자연 경관과 완벽한 날씨! 샌디에고는 좀처럼 비도 오지 않고, 일 년 내내 화창한 날씨를 자랑한다! 덥고 습한 날씨가 아니라 선선하면서도 따뜻한 햇살이 내리쬐는 날씨이다. 그래서 서핑을 하는 사람들이 많고, 해변에 나가면 근육이 탄탄한 남자들을 볼 수도 있다! 어디를 둘러봐도 아름다운 해변과 사랑스러운 동물들을 만날 수 있는 천국같은 곳이 바로 샌디에고!

샌디에고가 지닌 또 다른 장점은 바로 여유로운 분위기이다. 한국처럼 정신없이 바쁜 분위기가 아니라, 평화롭고 느릿느릿하다. 가게에서 물건을 살 때에도, 40분 마다 한 대씩 오는 버스를 기다릴 때도 급할 것이 전혀 없는 사람

들! 샌디에고에서는 한국처럼 '버스 정류장에 3분 뒤 도착'
이런 안내가 전혀 없다. 그래서 미리 예정된 버스 스케줄을
확인하고 버스가 올 때까지 버스를 기다려야 한다. 하지만
버스가 제 시간에 오는 경우는 거의 없다. 그러나 나는 한
번도 버스를 기다리며 짜증내는 사람들을 본 적이 없다! 오
히려 기다리며, 이야기꽃을 피우는 사람들이 대부분!

사랑할 수 밖에 없는 도시인 샌디에고이지만, 단점을 찾아
본다면 무엇이 있을까? 아마 다른 도시에 비해 적은 쇼핑
몰과 많은 수의 노숙자 정도일 것이다. 다운타운에서 가장
큰 쇼핑몰인 호튼 플라자가 있기는 하지만, 다른 대도시에
비하면 쇼핑몰의 숫자가 현저히 적다. 버스를 타고, 근처
아울렛에 갈 수 있기는 하지만 아울렛도 그렇게 크지 않다
는 점!

그리고 샌디에고의 다운타운에는 노숙자가 많다. 샌디에고
의 따뜻한 날씨때문인지 다른 지역에 비해 노숙자의 수가
훨씬 많다. 다운타운의 한 블록에는 한 줄로 쭉 줄지어 앉
아있는 노숙자들을 볼 수 있다. 그렇지만 노숙자가 많다고
해서 전혀 위험한 것은 아니다! 돈을 달라고 구걸하는 경우
는 적고, 지나가는 사람들에게 해를 끼치는 일도 없다!

THEME 01   어학원 선택 시 고려할 사항

01. 수업 외 활동 제공 여부

수업 외에 다양한 소셜 활동 프로그램을 제공하는 어학원을 선택하는 것이 좋다. 수업이 끝난 후에도 친구들과 함께 학원 근처의 공원으로 현장학습을 가거나 볼링같이 함께 즐길 수 있는 운동을 하러 가기도 한다. 혹은 단체로 야구 관람이나 공연을 관람하는 등의 소셜 활동을 제공하는 어학원이 보다 많은 친구들을 사귈 수 있는 기회를 제공한다. 어학원 내의 게시판에 한 주의 소셜 활동이 공지되니, 자주 확인하는 것이 좋다!

02. 교육 환경 및 학생들을 위한 케어

학생들이 공부하기에 적합한 환경을 제공하는 어학원을 선택하는 것이 좋다. 쾌적한 환경에서 공부가 더 잘 되는 것이 당연하다. 학생들을 위한 복지도 잘 마련되어 있는지 확인하자. 학생들이 어려움을 겪을 때, 도움을 줄 수 있는 어학원이어야 한다. 미국에서 생활하다 보면, 커리큘럼 변경이나 숙소 변경 등 학교 직원과 처리해야 할 일들이 생기기 마련이다. 그런데 어떤 학원들은 이런 행정처리 능력이 미흡한 경우가 있다고 하니, 학생 관리가 잘 되는 학원인지 확인하자.

03. 어학원 위치

어학원이 위험한 지역에 위치해있다면, 학원에 갈 때마다 위협을 느낄 수도 있다. 학원이 안전한 곳에 있는지, 주변 지역도 위험하지 않은가 확인해보자. 그리고 학원과

주거하는 곳이 너무 멀면, 효율적이지 못하다. 보통 버스나 지하철을 이용해 학원을 통학하므로 대중교통이 편리한 곳에 위치해있는지 확인해야 한다.

04. 수업의 질

수업의 질을 결정하는 주요한 요인은 바로 선생님! 학원마다 수업료가 비싼 곳도 있고, 저렴한 곳이 있는데 이는 아마 선생님의 퀄리티에 좌우되는 것 같다. 파트타임 선생님의 비율이 높거나, teaching 경력이 많지 않은 강사가 많은 학원은 결코 좋은 학교라 할 수 없다.

05. 다양한 커리큘럼

실제로 어학원에서는 일반영어, 비지니스영어, 테솔 그리고 토플이나 캠브리지 과정 등 시험 준비반이 있는데 레벨이 높은 학생들이나 장기로 공부해야 하는 학생들은 아무래도 다양한 과정을 제공하는 학교를 선택하는 것이 좋다. 그리고 일반영어만 너무 오랫동안 공부하다 보면 지치고 지루해질 수 있다.

06. 재정적인 안정도

사실 학생들이 이 부분을 확인하긴 어렵지만, 보통 너무 소규모로 운영되는 작은 어학원들이나 소위 비자스쿨이라 불리는 학비가 매우 저렴한 학원들 중에는 갑자기 문을 닫는 경우도 발생할 수도 있다. 뜻하지않은 불의의 사고에 휘말릴 수 있으니 주의하자!

THEME 02   어학원 종류

01. 사설어학원

사설어학원의 경우, 회화 위주의 수업을 제공한다. 그래서 처음에는 사설어학원을 다니며 미국에 적응하고, 나중에 대학부설로 옮기는 경우가 보통이다. 사설어학원은 레벨이나 클래스가 다양한 편이고, 다양한 프로그램을 제공한다. 사설어학원에서는 일반 영어뿐만 아니라 비즈니스 영어, 자격증 과정까지도 선택할 수 있다. 또한 매 주 혹은 매달 한 번 이상 입학할 수 있기 때문에, 시작이 자유로워 원하는 때에 언제든지 등록할 수 있다는 것이 장점이다. 또한 전 세계에서 영어를 공부하러 온 학급 친구들을 만날 수 있는 기회가 있다. 하지만 현지인과의 교류는 홈스테이 가족이나 학원 선생님으로 제한되기 쉬운 것이 단점이다.

미국 대학교에서 주관하는 어학연수 기관으로 사설어학원과는 달리 비영리로 운영되며 선생님들의 퀄리티가 우수한 편이다. 미국 대학생들과 함께 도서관, 카페테리아, 헬스장 등의 다양한 시설을 이용할 수 있다. 상급 레벨이 되면, 대학 수업 청강이나 학부과정으로 조건부입학도 가능하다, 하지만 개강일이 1년에 서너번 정도밖에 없는 것이 단점이다. 개강일이 학기별 혹은 텀(term)별로 제한적이고, 지정된 개강일에 입학해야 한다. 또한 주당 18에서 20시간 정도로 수업시간이 짧은 편이다. 한 반 인원수는 15명에서 25명 사이가 보통이며, 대학 강의식 수업 형태가 보통이다. 개설 프로그램이 상대적으로 다양하지 않고, 레벨이나 클래스가 사설어학원에 비해 세분화되어 있지 않은 편이다. 아카데믹 리딩이나 롸이팅 위주의 수업 방식이기 때문에, 회화 공부를 하기 위한 사람에게는 맞지 않는 편이다. 아카데믹한 영어를 공부하고 싶으며, 영어 실력이 중·상급인 경우 추천한다.

한 눈에 보는 사설어학원과 대학부설의 차이점

	사설어학원	대학부설
수업분위기	가족적이고 친근하며, 자유로운 분위기	읽기와 쓰기 위주의 아카데믹한 분위기
클래스 당 인원	8명~15명	15명~25명
수업방식	원형식으로 앉으며, 말하기 중심의 토론식 수업	칠판과 프로젝터를 사용한 대학 강의식 혹은 교재를 사용
개설 프로그램	일반회화과정, 진학 및 취업을 위한 폭넓은 프로그램 제공	일반영어 과정 외에 대학교 진학을 위한 준비과정이나 고급과정
학생관리	개별 관리가 잘 되는 편	학생 스스로 관리
장점	세분화된 레벨 분류로 자신에게 맞는 반 선택 가능. 실용 위주 회화 수업	미국 대학교 캠퍼스 생활을 경험할 수 있고, 현지 대학생들과 회화 파트너 프로그램 등 가능
추천영어레벨	누구나 수강 가능	중급 이상 추천

주희의 총정리

03. 대학 내 사설어학원

미국 대학교 캠퍼스 내에 사설어학원이 있는 경우도 있다. 대학 내 사설어학원의 경우, 위에 언급한 사설어학원과 대학부설의 특징을 모두 갖고 있다고 생각하면 된다.

즉, 수업방식은 사설어학원처럼 소규모로 다양한 레벨과 과정으로 운영되면서 학원이 위치한 대학 내 캠퍼스 시설을 모두 사용할 수 있는 형태의 어학원이다. 이런 대학 내 사설어학원들은 미국 대학 조건부 입학 과정이 잘 발달되어 있다.

04. 커뮤니티 컬리지

커뮤니티 컬리지(Community College)란 미국의 2년제 대학교로, 한국으로 치자면 전문대에 해당한다. 커뮤니티 컬리지는 입학하기 위해 토플이나 아이엘츠 점수를 요구한다. 실제 미국 대학생활을 경험할 수 있으며, 자신이 원하는 과목을 선택할 수 있다. 일반영어나 비즈니스영어같은 수업이 아닌, 자신이 관심있는 전공 수업을 들으면 된다. 예를 들어, 경영학, 경제학, 사회학, 커뮤니케이션 등 다양한 분야의 수업을 선택할 수 있다. 또한 대학교 내의 체육관, 도서관같은 부대시설을 이용할 수 있다. 게다가 Writing Center에서 자신이 쓴 에세이나 작문을 무료로 피드백받을 수도 있다. 커뮤니티 컬리지에는 미국 4년제 대학으로의 편입을 꿈꾸는 아시안 비율이 높은 편이며, 한국인 비율도 높은 편이다.

우리가 학원을 선택할 때, 가장 궁금한 것 중 하나!

"그 학원에 한국인 많아요?" "한국인 비율 낮은 게 무조건 좋은가요?"

미국에서 공부하면서, 한국인들만 바글바글하는 학원에서 공부하고 싶은 사람은 없을 것이다. 그렇다면, 미국에서 공부하는 의미가 없으니까! 그래서 많은 학생들이 한국인 비율이 적은 학원을 선택하려고 한다. 정말 한국인 비율이 낮은 것이 좋은 것일까?

대답은 반드시 그런 것은 아니라는 것! 오히려 한국인이 어느 정도 있어야 자신이 말할 기회도 많고, 학원 분위기도 좋을 수 있다. 아무래도 한국인이 어느 정도 있다보면, 수업 시간에 주제가 자연스럽게 한국과 관련해 흘러가게 된다. 또한 한국 학생들이 근면하고, 열정적이기 때문에! 한국 학생들이 없으면, 수업 분위기가 나태해지기 쉽다. 실제로 남미 학생들 사이에서 나 혼자 한국인이었을 때, 수업 분위기는 한 마디로 혼동! 도대체 수업이 어디로 흘러가는 지 알 수가 없는 상황이었다. 하지만, 8명 중 3명이 한국인이었을 때는 수업 분위기가 안정됐다는 사실! 그래서 나는 한국인이 아예 없는 것이 무조건 좋다고 생각하지 않는다! 한국인 비율이 높은 학원이라면, 그 장점을 최대로 이용하도록 하자!

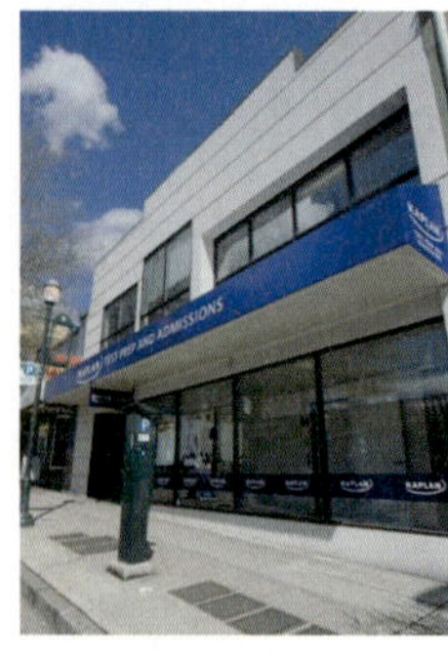

THEME 01 Seattle

01. Kaplan (카플란)

- 주소: 157 Yesler Way, Seattle, WA 98104
  (다운타운과는 10분 정도 떨어진 University of Washington 근처에 위치)
- 홈페이지: www.kaplan.to/kr-seattle
- 특징: 카플란은 미국 내에 21개의 센터가 있으며, 시애틀 센터는 University of Washington의 도서관 사용 가능
- 장점: 출국 전부터 입학 담당자가 알맞은 과정과 숙소를 선택할 수 있도록 지원

일반영어 수업 외에도 선택과목과 보충학습 제공
여가활동 담당자가 있어 다양한 액티비티 제공
24시간 긴급 지원 시스템으로 업무시간 외에도 도움이
필요하면, 지원 가능
현대식 학교 시설과 뛰어난 입지조건

- 제공하는 수업: 방학영어, 일반영어, 집중영어, 비즈니스영어, 시험준비(TOEFL, GMAT, GRE), Academic year 혹은 Academic semester
- 개강: 매주 개강
- 크기: 총 150~180명 규모
- 학급당 학생 수: 평균 12명, 최대 15명
- 한국인 비율: 다른 센터에 비해 시애틀 지역 특성상 한국인과 아시안 비율이 높다.

02. ELS 시애틀 센터

- 주소: 400 East Pine Street, Suite 100, Seattle, WA 98122
  (다운타운에 위치하며, Seattle Central Community College 근처)
- 홈페이지: www.els.edu
- 특징: 50년이 넘는 역사를 자랑하며, 미국 내에 40여개가 넘는 센터를 가지고 있는 유학원이다.

- 장점: 총 12개의 세분화된 레벨
  ELS에서 제작한 교재를 사용하며, 정기적으로 교과 과정을 보완 및 개선한다.
  각 레벨 수료 시, 수료증을 받을 수 있다.
  자원봉사 체험, 대학수업 청강 등 다양한 옵션을 제공한다.
  모든 강사들은 영어 교육을 전공한 전문 교육자들로, 대다수가 석사 학위 보유자
- 제공하는 수업: Intensive Academic, Intensive General, Semi Intensive, American Explorer, TOEFL Prep, Executive Programs
- 개강: 4주 마다 개강 (1년에 약 13회)
- 크기: 40~70 명
- 학급당 학생수: 최대 15명
- 한국인 비율: 약 6%~10%

03. ALPS Language School (알프스)

- 주소: 430 Broadway East, Seattle, WA 98102
  (시내에서 도보로 20분 떨어진 국회의사당 앞 번화가에 위치)

- 홈페이지: http://www.englishintheusa.com
- 특징: 소수정예 어학원
- 장점: 최대 8명의 소규모 클래스 운영
  정규과정에서 추가비용 없이 별도의 개인 강습을 포함
  다양한 액티비티 제공 – 매달 한 번씩은 도시를 벗어나는 여행, 한 달에 두 번 시내 투어, 마지막 주에는 바베큐 파티 등.

도서관, 리스닝 Lab, 컴퓨터 Lab을 갖춘 최신식 시설과
쾌적한 교육 환경

- 제공하는 수업: Private class, Core Speaking and
Listening, Speaking Elective, Academic Elective 등
- 개강: 매 월 1회
- 크기: 50~100명
- 학급당 학생수: 최대 8명
- 한국인 비율: 약 10%~18%

04. University of Washington (UW)

- 주소: Seattle, WA 98195-9450
- 홈페이지: http://www.outreach.washington.
edu/elp/

- 특징: UW는 시애틀에 위치한 명문 대학 ELS 과정은
워싱턴 대학교 캠퍼스와 다운타운에 2개의 센터가 있다.
- 장점: 비즈니스영어 코스 수강 후, 인턴십 기회 제공
워싱턴 대학교 학생과의 회화 파트너 프로그램

워싱턴 대학교 기숙사 사용 가능
연중내내 아름다운 풍경을 자랑하는 워싱턴 대학교 캠퍼스의 낭만을 즐길 수 있다.

- 제공하는 수업: CIEP, DIEP 등 일반영어과정, IBEP(인텐시브 비즈니스영어과정), BEIC (비지니스인턴쉽과정), BUSIP(Business for Int'l Professionals), International TEFL 등
- 개강: 연 4회 개강 1월, 3월, 6월, 9월 (10주 과정)
  연 7회 개강 (3주 단기과정)
- 크기: 약 800~900명
- 학급당 학생수: 14명
- 한국인 비율:10%~20% 내외

THEME 02 **San Francisco**

01. St. Giles (세인트 자일스) 샌프란시스코 센터

- 주소: 300, 785 Market St, San Francisco, CA 94103
- 홈페이지: http://www.stgiles-international.com/home/
- 특징: 24주 이상 장기 과정일 경우, 학비가 저렴
- 장점: 장기과정 학비 저렴하며 영국계 학교로 유럽학생 비율이 높은 학교로 샌프란시스코 최대 규모 학교
  샌프란시스코 다운타운에 위치해 교통이 편리
  최신식 시청각 자료와 교재를 완비한 자습실 제공
  대학 진학 정보를 갖춘 도서관 운영

- 제공하는 수업: 일반영어, 비지니스영어, 토익, 토플, 캠브리지 시험 준비, English for Tourism, English for Art & Design
- 개강: 매주 월요일
- 크기: 300 명
- 학급당 학생수: 최대 12명
- 한국인 비율: 10%~25%

02. Kaplan (카플란) 샌프란시스코 센터

- 주소: 149 New Montgomery Street, San Francisco, CA 94105
- 홈페이지: www.kaplan.to/kr-sanfran
- 특징: 미국 내에 21개 센터를 가지고 있으며 센터마다 학생 만족도가 다르지만, 샌프란시스코 센터의 만족도는 매우 높은 편

- 장점: 다양한 과정
  깔끔하고 모던한 건물과 편리한 위치
  24시간 긴급 지원 시스템으로 업무시간 외에도 도움이 필요하면 지원 가능
  금융권 무급 인턴십 프로그램이 우수

- 제공하는 수업: 일반영어, 집중영어, 방학영어, 비즈니스영어, TOEFL · GMAT · GRE · 캠브리지 시험준비,

Academic Year 혹은 Academic Semester, TEFL 자격증

- 개강: 매주 개강
- 크기: 150~200명
- 학급당 학생수: 평균 12명, 최대 15명
- 한국인 비율: 25%~30%

03. Embassy CES (엠바시) 샌프란시스코 센터

- 주소: 800 Market St, San Francisco, CA 94102 (가장 인기 있는 쇼핑몰, 유니언 스퀘어 근처)
- 홈페이지: http://www.embassyces.com/
- 특징: 세계적 국제교육기관인 Study Group에서 운영하는 학원
- 장점: 선생님과 직원이 친절하며, 학생관리가 잘 되는 편, 수업은 약간 타이트하지 않다. 매주 디렉터와의 면담 시간이 있으며, 원하는 때에 면담 가능. 최신식 건물

과 교실마다 스마트보드가 설치된 최신식 시설. 다운타
운 내에 위치하고 있어, 편의시설과 접근성이 좋다.

- 제공하는 수업: 일반영어, 비지니스영어, 토플, 캠브리지
  시험 준비, 1:1 수업 등
- 개강: 매주
- 크기: 100~150명
- 학급당 학생수: 12~16명
- 한국인 비율: 25%~30%

04. Intrax (인트락스)

- 주소: Rincon Center 101 Spear Street, Suite
  400, San Francisco, CA 94105
- 홈페이지: www.intrax.edu
- 특징: 비즈니스영어 과정과 인턴십 과정이 우수
- 장점: 매주 수업시간에 미국인 인턴과의 말하기 연습이
  있음(수업의 75%가 말하기중심 수업)

한 반 인원이 최대 12명으로 비교적 소규모 수업이며 친
절한 Staff, 단기 전문 수료과정 보유 (마케팅 및 광고,
프로젝트 관리, 비지니스 경영, 커리어 개발)
다양한 비즈니스영어 과정과 특히 인턴십 프로그램이 인
기가 많다. 시내에 위치하고 있어 교통이 편리하고, 다

양한 문화 체험이 가능하다. 직업 상담 및 대학 진학 상담 센터도 있다.

- 제공하는 수업: 일반영어, 토플 및 캠브리지 시험 준비, 비즈니스영어, 인턴십 과정, 전문 수료증
- 개강: 매주
- 크기: 150~200명
- 학급당 학생수: 12명
- 한국인 비율: 25%

05. Converse

- 주소: 605 Market Street, Penthouse Suite 1400, San Francisco, CA 94105
- 홈페이지: http://www.cisl.edu/
- 특징: 학비가 비싼 편이나, 한 반에 8명 정원으로 소규모 수업 제공
- 장점: 샌프란시스코 시내의 금융중심지역에 위치

  학급 인원수를 최대 8명으로 제한해, 보다 세심한 관심을 받을 수 있다.

  10단계 레벨로 학생들을 세분화 함

  40년이 넘은 역사와 전통을 자랑
- 제공하는 수업: 일반영어, 토플, 캠브리지 시험 준비, 비지니스영어, 개인레슨, 주니어영어

- 개강: 매주 월요일 (공휴일 제외)
- 크기: 100~150명
- 학급당 학생수: 8명
- 한국인 비율: 15%~20%

THEME 03 Los Angeles

01. Kings College(킹스컬리지) LA Hollywood 센터

- 주소: 1555 Cassil Place (Off Sunset Boulevard), Hollywood, Los Angeles, California 90028
- 홈페이지: kingscolleges.com
- 특징: 유럽계 어학원으로 유럽 학생들 비율이 높으며, 다양한 프로그램을 제공

- 장점: LA의 명소인 할리우드에 위치해 다양한 문화생활 가능

  학생들의 국적 비율이 다양

  테솔과 영어 교사 자격증을 가지고 있는 전문화된 강사진

  영화를 좋아하는 사람이라면, 영화 관련 수업을 들으며 영어 공부 가능

- 제공하는 수업: 집중 영어과정, 영어 디플로마 과정, 일반 영어과정, 캠브리지 FCE/CAE 준비과정,

시험 준비과정(SAT, GMAT, GRE), 영어 플러스 영화
수업 및 영화 제작, 방학 과정, 방학 플러스 영화
- 개강: 매주
- 크기: 100~150명
- 학급당 학생수: 10~15명
- 한국인 비율: 10%

02. Embassy CES (엠바시) Los Angeles 센터

- 주소: 1 World Trade Center, Long Beach, CA
  90831
  (도심에서 30분 정도 떨어져 있으며, 롱비치에 위치)
- 홈페이지: http://www.embassyces.com/
- 특징: 미국, 영국, 호주, 뉴질랜드 등 영어권 국가 20여
  개의 도시에 최신식 시설의 캠퍼스 운영
- 장점: 한국인 비율이 낮음
  최근에 리노베이션을 해서 학원 시설이 좋음
  롱비치와 가까운 곳에 위치하여, 아름다운 주변 환경
- 제공하는 수업: 비지니스영어, 단기어학연수, 무비자어
  학연수, 토플, 영어실습, 1:1영어 등
- 개강: 매주
- 크기: 70~150명
- 학급당 학생수: 14~16명

- 한국인 비율: 5%~8%

03. ELC Los Angeles 센터

- 주소: 10850 Wilshire Blvd., Suite 210, Los Angeles CA 90024
- 홈페이지: www.elc.edu
- 특징: 한국인 비율이 낮고, 다양한 국적 비율을 가진 유학원
- 장점: 한인 비율이 낮고, 유럽인 비율이 높다.
  다양한 프로그램과 영어실력에 따른 10단계 레벨로 심도깊은 수업, 명문대학인 UCLA와 5분 정도 떨어진 거리로 좋은 위치, 토플 점수없이 연계대학으로 조건부 입학 가능, 영어교육 경험이 풍부한 우수한 강사진

- 제공하는 수업: 집중 및 세미 집중 영어, 토플·토익·캠브리지 시험 준비반, 임원을 위한 영어, 주니어 영어 등
- 개강: 매주
- 크기: 대규모 (150~200명)
- 학급당 학생수: 10~12명
- 한국인 비율: 5%~10% 미만

04. UCLA Extension (University of California, Los Angeles)

- 주소: 10995 Le Conte Ave, Los Angeles, CA 90095
- 홈페이지: https://www.uclaextension.edu/alc
- 특징: 미국 내 그리고 세계적으로 조사했을 때, 상위 20위 안에 드는 UCLA 대학부설, 영어 레벨이 높은 경우, 만족도가 높다.
- 장점: 도서관, 스포츠 센터 등 대학 내 시설 이용가능 영화관, 카페, 상점, 미술관이 있는 안전하고 활기찬 대학가, 회화 파트너(Conversation Partner) 프로그램 운영으로 현지인과 만날 기회가 높고 상급 레벨 학생은 대학수업 청강 가능
- 제공하는 수업: Intensive English Communication Program, Academic Intensive English Program, American Culture and Communication Program & University Preparation Track, Global Discovery English, UCLA 여름계절학기
- 개강: AIEP (Academic Intensive English 과정) 연 6회 개강, IECP (Intensive English Communication 과정) 매달 개강
- 크기: 500~750명

- 학급당 학생수: 15~22명
- 한국인 비율: 10%~15%

THEME 04 San Diego

01. Converse (컨벌스) 샌디에고

- 주소: 636 Broadway #210, San Diego, CA 92101
- 홈페이지: http://www.cisl.edu/
- 특징: 한 반에 8명으로 구성된 소규모 수업이며, 회화 위주
- 장점: 샌디에고 다운타운에 위치하고 있어 교통과 생활이 편리

  학생들과 선생님들 간의 친밀도가 높은 학원

  학생 관리가 잘 되는 편

  소규모 수업이라 회화 실력을 늘리기 좋음
- 제공하는 수업: Standard English, Intensive, TOEFL, Cambridge Exams, Business English, Executive English, Volunteer English, Junior Programs (14~17살)
- 개강: 매주 월요일
- 크기: 150~200명
- 학급당 학생수: 평균 7명, 최대 8명
- 한국인 비율: 15%~20%

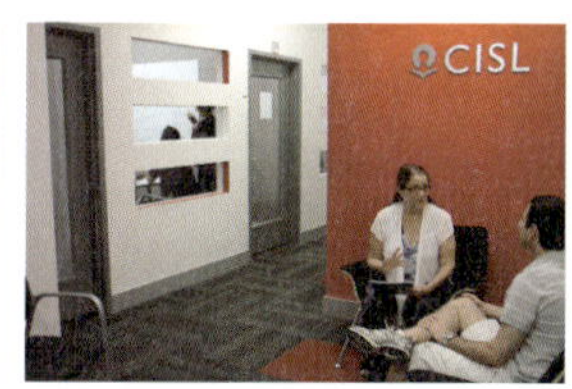

02. EC 샌디에고

- 주소: 1012 Prospect Street, Suite 200, La Jolla, CA 92037
- 홈페이지: http://www.ecenglish.com/
- 특징: 샌디에고의 부촌인 라호야에 위치한 어학원이고, 교통은 불편한 편
- 장점: 한 반에 10명 이내의 소규모 수업이라 학습 효율이 높음

  유럽계 어학원으로 한국인 비율이 낮고, 유럽학생 비율이 높음

  아름다운 주변 환경 및 지리적 조건으로 다양한 액티비티 가능

  규모가 큰 편에 속하며, 시설이 좋은 편
- 제공하는 수업: 일반영어, 집중영어, 준집중영어, 비즈니스 및 경력 개발 영어, 캠브리지 및 토플 시험 준비
- 개강: 매주
- 크기: 200~300명
- 학급당 학생수: 평균 12명, 최대 14명
- 한국인 비율: 13%~20%

03. UCSD (University of California, San Diego)

- 주소: 9600 N. Torrey Pines Rd, La Jolla, CA 92037
- 홈페이지: http://extension.ucsd.edu/
- 특징: 미국 내 최고 수준의 연구대학이며, 노벨상 수상자를 5명이나 배출한 명문 대학교,

University of California, San Diego의 부설

- 장점: 다양한 프로그램 제공

  자신의 원하는 수업을 선택할 수 있음

  4주, 10주, 20주, 30주 등 기간 선택에 융통성이 있음

  레벨이 높으면, UCSD 정규 수업 청강 가능

  UCSD 대학생들과의 튜터링 제공

- 제공하는 수업: 일반영어, 문화와 영어, 토플, 토익, 비지니스영어, 대학준비반 등
- 개강: 매 10주 개강 (연 4회), Conversation 프로그램 매달 개강
- 크기: 대규모
- 학급당 학생수: 15~20명
- 한국인 비율: 5%~15%

04. SDSU(San Diego State University) ALI

- 주소: San Diego State University, 5250 Campanile Drive, San Diego, CA 92182-1914
- 홈페이지: http://ali.sdsu.edu/
- 특징: 최고의 명성과 규모를 자랑하는 캘리포니아 주립 대학교의 부설로, 다른 대학부설에 비해 안정화된 프로그램 제공

- 장점: 커리큘럼이 좋고, 강사의 수준이 높아 어학연수 학교로 적합

  대학시설을 자유롭게 이용 가능하며, 다양한 액티비티와 다양한 선택과목이 있다. 발음 클리닉, 스포츠 및 회화 클럽 제공

  고급이상 레벨이 되면, 정규과정 수업 청강 가능

  상위 레벨 학생에 한하여, 석사 및 학사 과정으로 토플 없이 진학 가능
- 제공하는 수업: Intensive English for Communication, English for Academic Purpose, Business English, Business for Global Practices, Teacher Training, Pre-MBA, Semester at SDSU, Workplace English 등
- 개강: 연 4회 개강 (Mid Term 개강일도 있어 입학일이 자유로움)
- 크기: 약 1,400명 (학기 당 학생수)
- 학급당 학생수: 18~20명
- 한국인 비율: 4%

05. IH (International House)

- 주소: Suite 202, South-123 Camino de la Reina, San Diego, CA, 92108
- 홈페이지: http://ihsandiego.com/
- 특징: I-20이 발행되지 않아, 3개월 이내의 단기 어학 연수만 가능

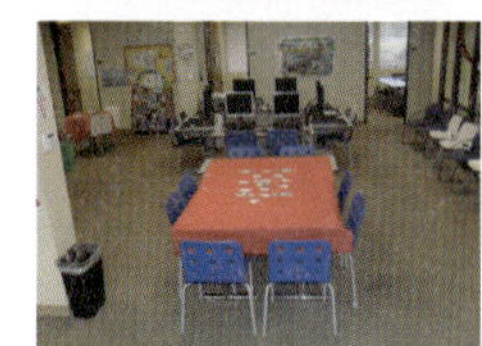

- 장점: 저렴한 학비
  다양한 국적 비율
  가족같은 분위기 속에서 편안하게 공부하고자 할 때, 최적의 어학원
  다운타운과 가까워 다양한 문화생활 가능

- 제공하는 수업: 일반영어과정, 장기영어과정, 캠브리지 시험준비 과정, 아이엘츠·토익·토플 준비
- 개강: 매주 개강

- 크기: 35~60명
- 학급당 학생수: 7~10명
- 한국인 비율: 5%~10%

America

PART 04

어서 와, 미국은 처음이지?

서부에는 뱅크 오브 아메리카!

미국에 도착해서 우선 해야 할 일 중의 하나가 바로 은행계좌 개설하기! 보통 학교에 간 첫날, 오리엔테이션 시간에 학교 주위에 있는 은행에 대한 소개를 받을 수 있다. 학교와 집 근처에 있는 은행을 선택하는 것이 좋고, 큰 은행을 선택하면 여행 시 현금인출이 편리하므로 큰 은행에서 계좌를 여는 것을 추천한다. 미국에서 전국적으로 통용되는 큰 은행에는 씨티은행(Citibank), 뱅크 오브 아메리카(Bank of America), 체이스은행(Chase Bank) 등이 있으며, 그 중에서도 뱅크 오브 아메리카(Bank of America)를 많이 이용한다. 참고로 미국 서부에서는 뱅크 오브 아메리카(Bank of America)가 대표적인 은행이고 동부에서는 웰스파고(Wells Fargo)가 대표적이다.

THEME 01 은행계좌 개설

은행계좌를 개설하려면 필요한 서류를 가지고 은행의 인포메이션(Information) 직원에게 가면 된다. 준비해야 할 서류는 여권, I-20, 집주소, 전화번호이며 경우에 따라 신용카드가 필요할 수 있다. 또한 처음 계좌를 열 때 보증금(deposit)이 필요하니, 현금을 가져가야 한다. 보통 $25 정도가 최소 deposit이다. 필요한 서류를 모두 가져가야 다시 방문해야하는 번거로움을 피할 수 있으니 서류는 꼼꼼하게 챙기자. 만약, 단기로 어학연수를 하는 경우에는 은행계좌 개설이 번거로울 수도 있으니 월마트나 세븐일레븐에서 판매하는 Prepaid Credit Card를 사용하는 방법도 있다. Prepaid Credit Card란 최소 $25에서 최대 $500까지 선불로 충전해서 충전한 금액안에서 신용카드처럼 사용하는 카드이다.

미국의 은행계좌는 크게 Checking Account와 Saving Account로 나눌 수 있다. Checking Account(당좌예금)는 한국으로 치면 수시입출금 통장으로 볼 수 있으며, 이 계좌를 통해 개인수표를 발행할 수 있고 Debit 카드를 만들 수도 있다. 여기서 Debit 카드란 통장잔고 만큼만 결제할 수 있는 카드를 말한다. Saving Account(저축성 예금)는 수시로 입출금이 가능하지만 수표 발행은 안되는 저축 예금 계좌이다.

계좌 개설이 오래걸려 뾰로통한 나

THEME 02 한국에서 미국으로의 송금

미국에서 개설한 계좌로 부모님께서 송금을 해주셔야 우리가 생활할 수 있다. 부모님이 은행에 유학생 지정을 신청하고, 유학 기간 동안 계속해서 송금할 수 있다.

★부모님께 알려드릴 정보

은행이름, 은행주소, 계좌번호, ABA NO. 또는 Routing No.(9자리 은행 고유 코드), Swift Code, 본인의 영문이름, 미국주소, 본인 전화번호

★유학생 지정을 위해 필요한 서류

여권사본, 비자사본, I-20사본

THEME 03 ATM 사용하기

한국과 마찬가지로 미국에서도 ATM(현금인출기)을 이용해 입금과 입출을 할 수 있다. ATM의 사용방법은 한국과 비슷하다. ATM은 PIN(Personal Identification

여행갔을 때 오랜만에 만난 뱅크 오브 아메리카 ATM

Number)를 알고 있어야 사용 가능하다. 카드를 집어넣고 PIN을 입력한 뒤, 입금을 원하는 경우는 Deposit을, 출금을 원하는 경우는 Withdraw을 누르면 된다. 계좌의 종류는 Saving과 Checking 중에 선택하면 된다. 그 후 원하는 금액을 선택하고 확인 버튼을 누르면 완료! ATM을 사용한 후에는 카드와 영수증을 확인하자. ATM에서 한국어도 지원하기 때문에, ATM 이용 시 실수할 것 같으면 한국어를 선택하면 된다. 그러니 지레 겁먹지 말자.

THEME 04 신용카드와 국내 은행의 해외직불카드

미국에서는 현금보다 신용카드의 사용의 보편화되어 있다. Visa나 Master 또는 American Express 등의 신용카드는 마켓 혹은 인터넷에서 물건을 살 때 사용 가능하다. 현지에서 항공권을 구입하거나, 숙소 예치금 등 작은 금액을 지불하는 방법으로도 좋다. 하지만, 적용 환율이 송금 등의 방법에 비해 다소 비싸고 수수료가 높다는 것이 단점이다. 꼭 필요한 경우가 아니면 사용을 자제하는 것이 좋다.

국내에서 사용하고 있는 현금카드를 해외에서도 사용할 수 있다. 국내의 거래 은행에서 해외의 현금출금 단말기 기계에서 인출이 가능한 Plus, Cirrus 등의 로고가 있는 해외직불카드로 바꾸면 된다. 학생들이 해외직불카드로 가장 많이 이용하는 은행은 씨티은행(Citi Bank)이다. 해외직불카드의 사용방법은 국내의 현금카드와 동일하다. 한국에 있는 가족들이 학생이 한국에서 사용하던 국내 계좌로 입금하면 된다. 한국에서 부모님이 송금할 때, 국내 계좌를 이용해 편리하다는 것이 장점이다. 단점은 미국에서 거래할 때마다 일정 수수료를 내야한다는 점이다. 또한 인출시 $1~$2 정도의 수수료를 부담해야 한다.

생필품은 어디서 사지?

나름대로 만반의 준비를 하고 도착한 미국이지만, 그래도 필요한 물품이 있다? 그렇다면 우리가 가야할 곳은 바로 미국의 마트!

THEME 01 어떤 마트들이 있나 볼까?

미국은 슈퍼마켓보다는 대형마트들이 많은 편이다. 수많은 체인점을 가진 대형마트들을 구경하는 재미도 쏠쏠하다! 우리에게 필요한 거의 모든 물품들은 대형마트에서 구할 수 있다고 해도 과언이 아니다. 과일, 과자, 빵, 주방용품, 생활용품, 옷, 신발, 학용품, DVD, 가전제품, 핸드폰, CD, 카드, 화장품, 약 등등. 대형마트에 가면, 모든 것이 해결될지어다! 미국의 대형마트는 크기도 크고, 진열된 상품의 종류도 많아서 둘러보는 데에도 한 시간이 훌쩍 넘는다.

미국에서 규모가 크고 인기있는 마트로는 Walmart, Target, Ralphs, QFC, CVS 등이 있다. 그 중에서도 월마트의 가격이 가장 저렴하다는 것이 월마트에서 일하던 나의 룸메이트 킴벌의 증언. 보통 월마트가 가장 저렴한 것은 사실이나, 다른 마트에서 몇 몇 품목을 세일하는 경우에는 세일 품목을 사는 것이 더 유리할 수도 있다. 마트를 비교해보면, Walmart와 Target은 정말 말 그대로 모든 물건을 구할 수 있는 마트이다. 그냥 쇼핑을 하면서 시간을 보내거나, 이것저것 다양한 품목이 필요한 경우에 이용하자. 그리고 Ralphs나 QFC는 식료품 위주의 마트이기 때문에, 장을 볼 때 이용하면 좋다. 마지막으로 약국 체인점인 CVS나 월그린에서도 생필품을 판매하나, 대형마트보다는 크기가 작고 품목도 제한적이다.

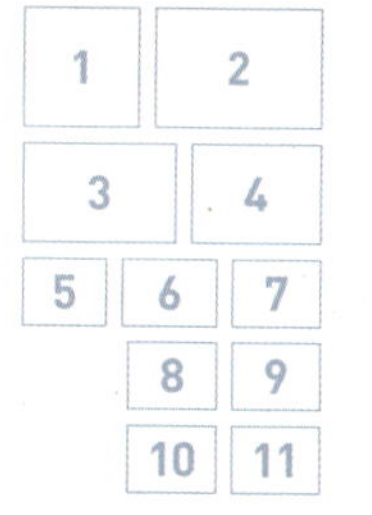

<table>
<tr><td>1</td><td>2</td><td></td></tr>
<tr><td>3</td><td>4</td><td></td></tr>
<tr><td>5</td><td>6</td><td>7</td></tr>
<tr><td></td><td>8</td><td>9</td></tr>
<tr><td></td><td>10</td><td>11</td></tr>
</table>

1 저렴한 월마트
2 식료품을 살 땐, Ralphs로 가요!
4 통조림을 살 수 있는 코너
8 둘러보는 재미가 쏠쏠
9 아동복에서 성인복까지!
3 끝도 없이 많은 상품들
10 베이커리와 고기!
11 각종 신선한 야채들

미국 마트의 쿨한 교환 환불 시스템

참고로 미국의 마트에서는 교환이나 환불이 쉽다. 나도 월마트에서 헤어 드라이기를 구입한 적이 있었는데, 두 번 정도 사용하자 고장이 나버렸다… . 그 당시엔 제일 싼 헤어 드라이기를 사서 그런가 보다하고 대수롭지 않게 생각했다. 워낙 물건을 잘 고장내는 저주받은 내 손이기에… . 헤어드라이기의 존재를 까맣게 잊고 산지 1달 정도 지났을 때쯤, 고장난 나의 헤어드라이기를 발견하고는 왜 아직도 바꾸러 가지 않았냐는 룸메이트, 킴벌의 꾸짖음!
"고장냈어도 환불받을 수 있어?"하는 물음에 "Of course!" 라고 답하는 그녀
그 다음날 바로 월마트에가서 영수증과 함께 헤어 드라이기를 환불해달라고 하자 묻지도 따지지도 않고 환불해주는 직원! 쏘쿨! 혹시 모르니 다소 비싼 가격을 지불한 물품은 영수증을 버리지 말자!

특정 종류의 상품이 필요하다면?

친구들과 샌디에고 관광을 하며, 신나게 사진을 찍던 중! 일어나서는 안되는 대참사가 일어나고 말았으니! 바로 한국에서 가져온 카메라를 떨어뜨리고 만 것! 럴수럴수 이럴수! 땅을 치며 울어봤자 나의 카메라는 더 이상 켜지지 않았으니… . 어쩔 수 없이 새로운 카메라를 사야할 수밖에! 그래서 알아보니, Best Buy에 가면 각종 전자제품을 싼 가격에 비교하며 살 수 있다고 한다. Best Buy는 우리나라의 하이마트와 비슷하다는 생각이 든다. Best Buy에서 가격을 비교해보니, 한국보다는 조금 더 저렴한 편. 결국 눈물을 머금으며, 새로운 카메라를 샀다.
미국에는 Best Buy처럼 전문화된 상점들이 있다. 대형마트처럼 여러가지 물건을 파는 것이 아니라, 한 가지 특정 종류만을 판매하는 상점이다. 예를 들면, 베스트 바이에서는 전자제품을 홈디포에서는 건축자재를 전문적으로 판매한다. 오피스 디포는 사무실에 필요한 제품을 판매하는 곳이며 베드 앤드 배스는 주방용품이나 식기용품을 판매한다.

THEME 01 꼼꼼히 따져보자

홈스테이는 미국의 일반 가정집에서 현지 가족들과 함께 사는 것을 말한다. 미국 동부는 홈스테이 만족도가 높지 않은 편이나, 서부의 경우는 만족도가 높다고 한다. 방은 혼자 쓸 수 있으며, 식사가 제공된다. 주중에는 아침과 저녁이 제공되는 것이 보통이고, 주말에는 아침, 점심, 그리고 저녁이 제공된다. 또한 미국 가정을 체험해볼 수 있고, 영어를 사용하는 환경이라는 점에서 학생들이 선호한다. 홈스테이의 단점은 개인의 자유가 조금 제한된다는 점이다. 통금이 있는 가정도 있고, 보통 식사시간이 정해져있기 때문에 그 가정의 규칙을 따라야 한다.

홈스테이를 구할 때 고려할 점은, 생계를 위해 홈스테이하는 집은 피하는 것이 좋다는 것! 내 친구가 머물던 홈스테이에서는 방이 아니라 베란다에서 살라고 했다고 한다. 홈스테이 가족들은 매우 친절했지만 밤에 너무 추워서 잠을 잘 수가 없던 친구는 한 달 후에 바로 홈스테이를 옮기고 말았다! 아무래도 생계를 목적으로 홈스테이를 제공하는 경우는 환경도 좋지 않고, 가족들과 함께 시간을 보내기도 힘든 경우가 많다. 외국인과의 교류가 목적이거나 다른 가족들과 떨어져 외롭게 살아서 홈스테이를 제공하는 가정이 바람직하다.

그렇다면! 어떤 집이 생계를 목적으로 홈스테이를 제공하는 집인지 미리 알 수 있을까? 사실 홈스테이는 복불복이라는 말이 많다. 처음 미국에 갈 때, 유학원에서 좋은 집을 소개시켜주는 것이 일반적이지만 다른 사람에게 아무리 좋은 집이라도 나에게는 안 맞는 집일 수 있다! 나 역시 유학원에서 말해주길, 미리 샌디에고에 다녀온 친구가 정말 정말 만족했던 집이라고 해서 계약했지만…. 나에게는 그냥 나쁘지 않은 집 정도였다! 하지만 미국에 가기 전 조금의 노력을 기울이면 최악의 집은 피할 수 있다. 홈스테이 가족들과 미국에 가기 전 이메일을 주고 받을 수 있는데, 그 때 궁금한 것들을 질문해보는 것이 좋다. 아이는 몇 명인지, 아이는 몇 살인지, 주소는 어디인지, 다른 외국인 친구도 살고 있는지 등등! 그리고 답장이 오는 것을 보면 그 가족의 성격을 어느정도는 예상할 수 있다. 또한 집 주소를 구글맵에 미리 검색해보는 것도 좋은 방법이다. 구글맵에서는 사진도 제공하기 때문에 집의 외관도 미리 확인해볼 수 있다! 꼼꼼히 따져보고 계약한 홈스테이더라도 미국에 가서 직접 보니 생각과 많이 다르다면, 한 달 후에 다른 집으로 옮길 수 있으니 너무 걱정하지 말자. 개인적으로 좋은 홈스테이를 구하는 방법은 현지에 도착해서 친구들의 말을 들어보는 것이다. 다른 친구들의 홈스테이 집에 놀러도 가보고, 홈스테이 생활을 들어보면서 좋은 집인데 들어갈 자리가 있다면 꿰차면 된다! 한 번은 대만에서 온 친구의 홈스테이에 놀러갔다가 정말 완벽한 집이라고 생각했던 적이 있다! 친절한 할아버지, 할머니, 으리으리한 집, 자주 여는 파티! 이보다 완벽할 수 없다!싶은 집이었지만…. 그 집에 자리가 났을 때는 내가 시애틀로 떠나야할 때였다. 처음에 자리잡은 홈스테이가 마음에 들지 않는다면, 홈스테이를 하는 다른 친구들의 말에 귀를 기울여라! 타이밍이 좋으면, 꿈에 그리던 집을 얻을 수도 있다.

 나의 첫 San Diego 홈스테이 적응기

San Diego 공항에 도착하자마자 처음 만난 사람은 바로 홈스테이 아줌마, 다이애나! 유학원에서 소개해 준 홈스테이 가정으로, 백인인 아줌마 혼자 살고있는 집이라고 했

알아보기 쉬운 특징을 알아두자!

문제의 집 앞 버스정류장

다. 미국에 도착하기 전에 몇 번 메일을 주고 받기는 했지만, 실제로 만나는 것은 처음이라 정말 두근두근! 오랜 시간동안 비행기를 타서 꼬질꼬질한 얼굴로 처음 만난 다이애나는 친절해보였다.

"Are you Joohee?"라고 물어보는 아줌마에게, "yes"라고 대답한 뒤 아줌마의 차를 타고 집으로 이동했다. 간단한 대화를 하면서 10분 정도 가자, 다이애나의 집에 도착! 아담한 1층 주택이었다. 항상 아파트에 살던 내가 미국의 주택에서 사는 생활을 얼마나 꿈꿔왔던가~ 마당에는 내 몸집만한 강아지, 듀크가 있었다. 오호! 내가 꿈꾸던 바로 그 집이야~ 첫 날은 홈스테이를 하는 또 다른 브라질 친구와 인사를 하고, 짐을 푼 뒤 바로 골아 떨어지고 말았다.

하지만, 미국에서도 나는 일을 치고 말았으니! 학교에 간

아담한 나의 홈스테이

첫째 날은 홈스테이 집으로 돌아오는 버스 정류장을 놓치고 말았다! 미국의 버스는 정류장 안내가 우리나라와는 다르다. 보통 기사 아저씨들이 정류장을 마이크에 대고 이야기해주는데, 어리버리한 나는 아저씨의 말을 제대로 듣지 못한 것! 처음이라 낯선 데다 아저씨의 빠른 말 때문에 원래 내려야하는 버스 정류장을 지나, 이상한 곳까지 다다르게 됐다. 아무리 둘러봐도 여긴 아니다 싶어 일단 버스에서 내렸다. 버스에서 내려 다이애나에게 전화를 하니, 웃으면서 반대편에서 다시 버스를 타고 돌아오라고 했다. 미국은 버스가 자주 오지도 않아, 반대편 버스 정류장에서 외롭게 버스를 기다리던 찰나 버스 한 대가 천천히 다가온다! 아싸! 기사 아저씨에게 다이어리에 적어 뒀던 주소를 보여주며, 도착하면 알려달라고 하고 맨 앞에 앉았다. 친절한 기사 아저씨가 길을 잃었냐며, 어디서 왔는지 물어봐서 이런 저런 이야기를 하다 마침내 집 근처 정류장에 도착! 정말, 미국 오자마자 험한 꼴 당할 뻔 했다. 이런 불상사를 막으려면, 미리 내려야 할 정류장 근처에 알아보기 쉬운 특징을 기억하자!

THEME 03 홈스테이 생활, 하루는 어떻게 돌아갈까?

잡지 회사에서 일하는 다이애나의 컴퓨터 타이핑 소리가 들리는 아침. 눈을 뜨고, 학교에 갈 준비를 한다. 문을 열고 나오면, "Good Morning"하며, 다이애나와 인사를 나눈다. 아침은 보통 시리얼. 부엌에서 원하는 종류의 시리얼을 골라 먹는다. 한국에서는 아침밥을 거르는 나지만, 미국에서 만큼은 아침밥을 꼭 챙겨먹기로 결심! 마당에 있는 듀크에게 인사를 하고, 콧노래를 부르며 학교로 간다. 학교 수업이 끝나면, 다시 나의 Sweet Home으로 귀가한다. 내가 머무는 집은 San Diego에서도 부촌인 Coronado 섬에 위치해있다. 코로나도로 가는 버스는 샌

다이애나와 함께

<table>
<tr><td>1</td><td></td><td>3</td></tr>
<tr><td></td><td></td><td>4</td></tr>
<tr><td>2</td><td></td><td>5</td></tr>
</table>

1 창문이 보이는 방이 나의 방
2 집 앞에 있는 산책로…
3 나의 아늑한 방! 공주침대가 내 맘에 쏙 든다.
4 옷장이 따로 없어 서랍에 옷을 정리!

디에고 다운타운에서 단 한 대 밖에 없고, 40분에 한 대씩 오기 때문에 시간을 잘 맞춰야 한다. 코로나도는 경치가 아름다워, 등하교 길에 버스에서 바라보는 창 밖 풍경은 한 장의 엽서같다. 아직도 내가 미국에서 생활하고 있다는 것이 꿈만 같다~

내가 제일 좋아하는 저녁 시간!

보통 저녁 6시에 식사를 한다. 다이애나가 요리를 하는 동안 식탁에 앉아서 재잘거리는 참새처럼 오늘 학교에서 있었던 일들을 이야기한다. 한국에서도 워낙 수다스러운 나는 미국에서도 여전히 말이 많다. 예의상 "May I help you?" (뭐 도와줄 것 없어요?)라고 물어보면, 포크와 나이프를 놓아 달라고 말하는 다이애나! 그녀가 요리하는 동안, 포크, 나이프 그리고 냅킨을 놓는 것은 나의 몫이다. 저녁 식사는 주로 스테이크, 파스타, 아니면 치킨. 벌써부터 한국의 밥이 그립다. 저녁식사가 끝나면, "Do you want me to wash dishes?" (제가 설거지할까요?)라고 물어보지만 대답은 언제나 "No Thanks." (괜찮아.) 휴우~ 천만 다행이다.

저녁 식사가 끝나면, 내가 가장 좋아하는 일은 집 앞 산책하기!
집 앞에 바로 산책로가 있어, 사람들이 자전거도 타고 가볍게 운동도 한다. 하지만 처음 산책을 나간 몇 번은 집을 찾지 못하는 바보같은 일도 일어났다. 분명히 여기 근처가 우리 집인데! 우리 집이 없다? 그렇게 20분 정도를 헤매다 어렵게 발견한 우리 집! 한국에서도 알아주는 길치인데, 미국에서도 여전히 헤매고 다닌다!

Episode #1
"주희, 너 3달 치 홈스테이 비용 먼저 내야해."
"잉? 이게 무슨 소리?"
홈스테이 집에 머무른지 3일 정도 되던 날, 아줌마가 나에게 석 달 치 홈스테이 비용을 미리 내야 한다고 말했다. 원래 한 달에 한 번씩 내는 줄 알았던 나는 어리둥절했다. 엄마에게 전화해보니, 그럼 그냥 석 달 치 비용을 한 번에 계산해주라고 했다. 그 때, 나의 한 달 비용은 $900. 나중에 친구들과 비교해서 알게 된 사실이지만 이 집은 굉장히 비싼 집에 해당했다! 친구들은 대게 $700에서 $800정도를 홈스테이 비용으로 지불했다. 하지만 그 때 당시, 당장 나갈 곳도 없고 아직 미국이 낯설었던 나는 석 달 치 비용을 한꺼번에 계산하고 말았다. 지금 생각하면, 그럴 필요가 없었던 일이다! 보통, 한 달 정도 살아보고 집을 옮길 수 있으며, 한 달에 한 번씩 내는 것이 일반적이라는 것을 나중에 친구들을 통해 알게 됐다. 그러나 이미 후회하기는 늦은 일! 어차피 이렇게 된 거 즐겁게 살자~

Episode #2
"앗! 차가워!!!"
아침에 샤워하는데, 샤워기에서 찬 물이 나온다. 맙소사! 아무리 뜨거운 물쪽으로 방향을 바꿔봐도 찬 물만 나오는 매정한 샤워기! 대충 빨리 머리를 감은 뒤, 추워서 덜덜 떨며 밖으로 나왔다.
"샤워기에서 찬물만 나와요."
울상을 지으며, 다이애나에게 말하자 곧 수리공을 불러 고쳐놓겠다고 한다. 그러나 그 다음 날도 그리고 그 다음 날도 계속해서 찬물만 나오는 것이 아닌가! 아무리 날씨가 따뜻한 샌디에고라지만, 도저히 추워서 찬물로는 씻을 수가 없다. 수리공 아저씨가 다녀간 후였지만, 집이 워낙 오래되서 뜨거운 물이 잘 안 나오는 것 같다는 다이애나! 안 돼! 난 이미 3달 치 비용을 다 냈단 말이에요. 흑흑! 결국 이런 저런 방법을 고민한 끝에, 브라질 친구가 씻기 전에 먼저 씻으면 한 5분 간은 뜨거운 물이 콸콸 나온다는 사실을 발견! 뜨거운 물을 쟁취하기 위해 브라질 친구보다 10분 정도 먼저 일어나서 화장실을 점령하는 전쟁아닌 전쟁이 시작됐다!

Episode #3

대부분 홈스테이 집에 세탁기가 있어 그 세탁기를 사용할 수 있다. 빨래를 해주는 홈스테이도 있지만, 대부분 세탁은 스스로 한다는 것이 친구들의 말. 과도하게 친절했던 나의 친구네 홈스테이에서는 심지어 친구의 속옷까지 개어주셨다고 한다! 하.지.만! 나의 경우! 세탁은 집 밖에 있는 마을 공용 세탁기를 이용하라는 청천벽력같은 소리! 잉? 이 집에는 세탁기가 없나? 아무리 둘러봐도 세탁기는 보이지 않고… 결국, 외부에 있는 세탁기에서 Wasing $1 + Dry 75cents를 주고 매주 빨래를 해야했다. 어느 날은 세탁기에 옷을 넣어두고는 깜빡 잠이 들어버렸다. 일어나보니 이미 2시간 정도가 지나있던 상황!

"으악! 내 옷"

정신을 차리자마자 헐레벌떡 달려간 세탁기에는 다행히 내 옷들이 주인을 애처롭게 기다리고 있었다. 문제는 누군가 세탁기 위에 쪽지를 남겨놓은 것! 차례를 기다리고 있으니, 빨리 정리해달라는 내용이었다~ 그래도 아무도 내 옷을 안 훔쳐가서 다행이다.

Episode #4

시간이 훌쩍 지나, 어느새 이 집을 떠나야 할 시간이 2주 정도 남은 즈음. 주말을 맞아 친구들과 Los Angeles로 여행을 떠났다가 돌아온 나. 어? 내 방에 내 물건들이 사라졌다? 진짜로 내 방에 수상한 남자의 옷과 물건들이 가득했다!

"이게 무슨 일이야?"

진짜 태어나서 제일 당황스러웠던 상황을 꼽으라면, 바로 그 날! 내가 약 3개월 동안 지내던 내 방이 감쪽같이 다른 사람의 방으로 변해있던 일이다! 정신을 차리고, 다이애나에게 전화를 해보니 깔깔깔 웃으며 잠시만 기다리라고 했다. 아니 지금 이 상황에 웃음이 나와? 내 물건을 다 가져다 판 것은 아닌지, 그동안 잘해주던 다이애나가 알고보니 사기꾼은 아니었나 이런 저런 생각을 하며 그녀를 기다렸다. 잠시 후, 돌아온 다이애나의 설명에 의하면 두 명의 학생을 더 받아서 나의 짐을 자신의 방으로 옮겼다는 것! 다이애나는 자신의 방과 연결된 작은 방에서 이틀전부터 생활하고 있다고 했다. 순간 멍해진 나! 이걸 화내야 되나 말아야 되나? 생전 처음 당해보는 일에 혼이 나간 사람처럼 멍하니 서있었다. 다이애나를 따라 그녀의 방에 가보니 정말 내 물건들이 가지런히 정리돼있었다! 이제 곧 떠날 마당에 서로 얼굴 붉히는 일은 만들고 싶지 않아서, 그냥 Okay라고 하고 다이애나의 방에서 생활하기 시작했다. 실제로 내가 살던 방보다 넓고 편했으니, 내 물건에 말 안하고 손댄것 빼고는 만족! 하지만 지금도 생각하면 생각할수록 황당한 일이 아닐 수 없다! 지금 생각해보면 그 때 바보같이 당한 일이 많은 것 같다. 다시 그 때로 돌아간다면 불편했던 점과 기분나빴던 점은 당당하게 따지고 싶다.

THEME 04 쫑알쫑알, 북적북적! Seattle 홈스테이 생활

시애틀로 지역을 옮기기로 결정한 뒤, 새로운 홈스테이 가족을 만난 나. 역시나 홈스테이 아줌마, 쉘라가 나를 데리러 공항까지 마중나왔다. 첫 만남부터 알 수 있었던 것은 아줌마는 나와 통하는 수다쟁이! 미처 알지 못했는데, 이번에는 샌디에고 홈스테이와는 다르게 아이들이 셋이나 있는 집이다. 필리피노인 홈스테이 아줌마와 아저씨가 사는 집은 다운타운에서 20분 정도 떨어진 3층 집! 외관이 예쁜 집은 아니었지만,

3층 집이라는 것이 완전 마음에 든다! 역시 아이들이 있는 집이라 그런지 집이 시끌벅적. 나 외에도 홈스테이를 하는 친구들이 3명이나 있다. 일본에서 온 유미, 중국에서 온 앤디, 그리고 한국에서 유학 온 원두와 나! 한 집에 9명의 식구들이 북적대며 사는 집이다. 나는 지하에 있는 방을 배정받고, 짐을 풀기 시작했다. 책상, 침대, 텔레비젼, 옷장! 작은 방에 갖출 것은 다 갖춘 나의 방, 지하라 조금 춥기는 하지만 전반적으로 매우 만족.

홈스테이에서의 생활은 비슷비슷한 것 같다. 아침은 보통 시리얼. 하지만, 쉘라가 아이들 도시락을 싸주곤 하는데, 그 때 학생들의 아침을 만들어주기도 한다. 빵, 소세지, 베이컨, 오물렛 등등. 아이들이 많은 집이라서 그런지 서랍을 열면, 10가지 정도의 시리얼이 차례대로 놓여져있다! 아싸! 그 중에서도 내가 제일 좋아하는 시리얼은 Lucky Charm! 시리얼을 먹은 뒤, 내가 사랑하는 필리핀 빵을 먹으면 학교갈 준비 완료! 아줌마가 필리핀 마트에서 사오는 모닝빵처럼 둥근 빵인데, 맛이 기가 막히다! 이 집을 사랑하게 될 것 같다. 아무래도 난 금사빠(금방 사랑에 빠지는 타입)인가 보다~

책상과 텔레비전

침대와 수납공간

나의 옷장! 왜 이렇게 옷이 없지?

나의 새로운 보금자리

01. 하루 일과

이 집은 딸 둘, 그리고 막내로 아들이 한 명 있는 집이다. 첫째는 초등학교 5학년, 둘째는 초등하교 2학년, 그리고 막내는 아직 7살! 아이들이 하나같이 예쁘게 생기고, 붙임성도 좋다. 저녁 시간이 되면, 막내인 쉐이든이 똑똑 노트를 한다. "Come in"이라고 대답하면, 문을 열고 "Dinner time!"이라고 소리를 지르며 윗층으로 뛰어 올라간다. 처음에는 쑥스러워서 내 방에 들어오지도 않더니, 한 달 정도가 지나자 내 방에 들어와 마음에 드는 인형을 달라고 한다! 한국으로 떠나올 때, 내가 아끼던 인형을 모두 선물로 줬던 기억이 난다.

저녁 식사시간에는 9명이 둘러앉아 밥을 먹는다.

귀여운 쉘지

집안일을 돕는 세 남매

내가 이 집을 사랑하게 된 이유는 바로 저녁 메뉴! 스테이크, 햄버거, 파스타가 아닌 밥이 나온다! 그것도 흰 쌀밥! 미국에서 생활한지 6개월쯤 지나던 나에게는 정말 꿈 같은 일이다. 식사 시간에 말이 가장 많은 사람은 둘째, 쉘지. 쫑알쫑알 떠드는 모습이 정말 사랑스럽다. 나에게 말을 제일 많이 시키는 사람도 쉘지다. 학교에서 무슨 일이 있었는지, 자기가 싫어하는 친구는 누구인지 등등 내 옆에 붙어다니면서 말을 걸던 요 아이 덕분에 내 영어실력이 많이 늘었다.

"나랑 줌바댄스 배우러 갈래?"
"나랑 쇼핑하러 갈래?"
"오늘 교회 너도 같이 갈래?"

쉘라는 어디 갈 때마다 나에게 함께 가고싶은지 물어본다. 그럴 때마다 나의 대답은 무조건 "Okay!" 쇼퍼홀릭인 쉘라와 함께 몰에 가면, 그녀는 집에 돌아올 생각을 하지 않는다! 쇼핑에 관해서는 죽이 잘 맞는 우리는 집에서 조금 멀리 떨어진 아울렛에도 자주 가곤 했다. 쇼핑할 때만큼은 체력이 대단한 쉘라와 나. 그리고, 아이들은 농구, 야구같은 다양한 스포츠 팀에 속해 있다. 그래서 가끔 응원하러 농구경기를 보러 가기도 한다. 무엇이든 함께 하자는 쉘라 덕분에 나의 여가시간은 즐겁다.

02. Party, Party!

홈스테이 아줌마의 시댁은 엎어지면 코닿는 바로 옆 옆집! 그리고 다른 가족들도 모두 근처에 산다고 한다. 그래서인지 아줌마의 집은 만남의 장소로 통한다. 거의 매주 다른 가족들을 초대해 함께 저녁식사를 하곤 한다. 그래서 주말만 손꼽아 기다리게 되는데~ 그 이유는 바로! 어마어마하게 많은 음식이 상다리가 부러질 정도로 차려지기 때문! 다른 가족들도 음식을 준비해 가져오기 때문에, 색다른 음식들도 시식할 수 있다. 그리고 새로운 사람들도 만날 수 있어 지루할 틈이 없다. 저녁 식사가 끝나면, 아이들은 게임을 하는데 나도 어린아이처럼 거기에 껴서 논다. 3층에 올라가면, 아이들을 위한 놀이방이 있는데 그 곳은 내가 이 집에서 가장 좋아하는 장소. 위(Wii)가 설치되어 있어 서로 번갈아가면서 춤을 따라 추는 게임을 한다. 몸치인 나는 주변 사람들의 놀림감이 되곤 했지만, 그래도 나는 굴하지 않아~

THEME 05 홈스테이 노하우

몇 몇 학생들은 홈스테이를 구할 때, 애완동물은 없는지, 백인 가정인지, 아이들이 없는지, 집은 좋은지 정말 수도 없이 많은 조건들을 원하는 경우도 있다고 한다. 하.지.만! 세상에 완벽한 집은 없다!

설령 그렇게 자신이 원하는 모든 조건들을 만족하는 집이 있다고 하더라도, 그런 집에서 살 수 있는 확률이 얼마나 될까? 결론은, 세상에서 나에게 딱 맞는 완벽한 집을 찾기는 어렵다는 점! 그러나 우리의 마음가짐에 따라 우리가 사는 집을 완벽한 집으로 만들 수는 있다. 가족들이 우리에게 친절하게 대하기를 바란다면, 우리가 먼저 그들을 가족처럼 대하는 자세가 필요하다. 홈스테이 가족들과 친하게 지내는 방법, 지금부터 알아보자!

01. 집안 일 도와주기

홈스테이 가정의 식모처럼 일을 하라는 것이 아니다. 홈스테이 아줌마가 식사를 준비할 때, 도울 것이 없냐고 묻는 것만으로도 우리는 점수를 딸 수 있다! 대부분 "No

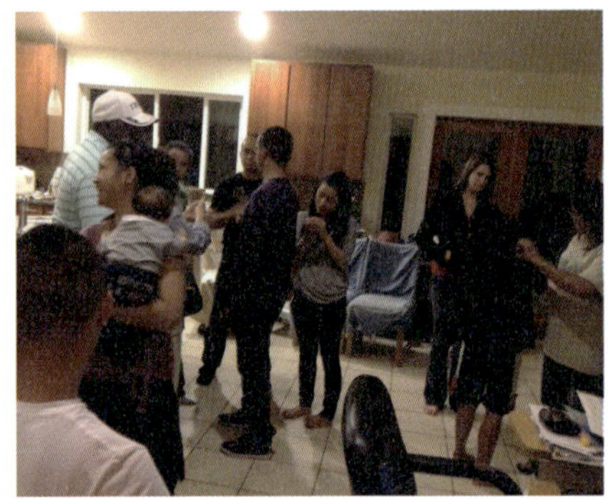

집이 항상 북적북적

요리를 좋아하는 쉘라

thanks."라고 대답하는 것이 보통이지만, 가끔은 특정한 일을 도와달라고 하는 경우가 있다. 포크를 테이블 위에 놓아달라거나, 무엇을 냉장고에서 꺼내달라거나. 이런 간단한 일들을 부탁하는 경우가 있으면, 웃으면서 도와주자.

02. 공통 관심사 만들기

홈스테이 가족들과 공통의 관심사를 공유하는 것은 서로 가까워지는 데 큰 도움이 된다. 샌디에고에서 살 때, 홈스테이 아줌마의 딸은 뉴욕에서 영화학을 공부하고 있었다. 그리고 나의 주전공 또한 영화학! 그래서인지 아줌마는 나의 학교 생활, 그리고 내가 만든 영화에 관심이 많았다. 한 번은 내가 만든 영화를 아줌마의 딸에게 보내주기도 했다. 영화라는 공통의 관심사로 우리는 자주 대화를 나누곤 했다.

03. 샤워는 짧게

미국에서는 샤워를 오래하는 것을 이해하지 못한다고 한다. 사실 한국에서 내가 샤워하는 데 걸리는 시간은 총 40분! 미국인들이 들으면, 기절할지도 모르는 긴 시간이다. 미국에서 생각하는 적당한 샤워시간은 5분에서 10분사이! 되도록 짧은 시간 안에 샤워를 끝내도록 하자. 그리고 미국은 샤워를 할 때, 꼭 샤워커텐을 쳐야 한다. 화장실에 배수구가 없어, 욕조 밖으로 물이 빠져나가지 않게 하는 것이 매우 중요하다. 샤워커텐을 치지 않고, 샤워를 했다가는 물난리가 날 수도 있으니 조심하자!

04. 미리미리 말하기

내가 살던 홈스테이는 정해진 저녁 식사시간이 없었지만, 친구들의 경우는 매일 똑같은 시간에 저녁을 먹곤 했다. 그래서 가끔씩 정해진 저녁 시간을 맞추지 못할 경우, 미리 홈스테이 가족에게 알려야했다. 밖에서 저녁을 먹고 들어가는 경우라면, 미리 가족들에게 함께 식사를 하지 못하는 것을 알리는 것이 예의라고 한다. 그리고 외출하는 경우에도, 어디간다고 이야기를 하고 가는 것이 예의라고 하니 예의에 어긋나지 않게 조심하자.

05. 먼저 물어보기

누구나 마찬가지겠지만, 자신의 물건을 다른 사람이 허락없이 사용한다면 기분이 나쁠 것이다. 홈스테이에 살면서 다른 가족들의 물건을 허락없이 만지거나 사용하지 말자! 홈스테이에 도착하면, 보통 어떤 물건은 마음대로 써도 되고, 부엌에 있는 음식은 마음대로 먹어도 된다고 이야기해준다. 사용해도 된다고 말해준 물건이 아니라면, 반드시 물어보고 사용하자! 참고로 홈스테이 비용에 전화비는 포함되지 않는 것이 일반적이라고 하니, 전화도 양해를 구하고 쓰도록 하자.

홈스테이 가격
- 시애틀
  보통 $700~$1000
- 로스앤젤레스
  보통 $900~$1200
- 샌프란시스코
  보통 $900~$1300
- 샌디에고
  보통 $700~$1000

06. 한국에 있는 가족처럼 대하기

홈스테이 가족들을 진짜 내 가족이라고 생각하고 대하면, 그들도 나를 진짜 가족처럼 여기는 것 같다. 내가 시애틀에서 생활할 때, 쉘라의 생일이었는데 함께 홈스테이 하던 친구들이 돈을 모아 목도리를 사주었다. 사실 비싼 목도리는 아니어서, 한 명당 $10불도 안되는 돈을 냈었는데 그 선물을 받은 쉘라는 감동의 눈물을 흘렸다는 것! 우리가 정성스럽게 쓴 편지를 보고는 쉘라는 계속 고맙다고 했다. 우리가 홈스테이 가족에게 조금 더 애정을 갖는다면, 조금 더 행복한 홈스테이 생활을 할 수 있을 것이다.

07. CGV 미소지기처럼

웃는 얼굴에 침 못 뱉는다는 말처럼, 항상 밝은 얼굴이라면 홈스테이 가족들이 당신을 편하게 대할 것이다. 한 때 CGV 미소지기로 일했던 경험이 있는 나는! 외국인을 만날 때, 고객을 대하는 것처럼 밝게 웃으려 노력한다. 웃으면 그들이 나를 더 친근하게 여기고, 친해지고 싶어한다. 또한 말 끝마다 Please를 붙이는 것도 기억하자. Please를 붙이면 더욱 공손한 표현이 된다는 것은 누구나 아는 사실! 매일 보는 홈스테이 가족들에게도 예의를 갖추자.

08. 친구를 초대할 땐, 미리 양해를 구하자

홈스테이 집에 친구를 데려오고 싶다면, 미리 홈스테이 가족에게 양해를 구하는 것이 좋다. 너무 자주 친구를 데려오거나 늦은 시간까지 친구가 집에 머무는 것은 실례라고 한다. 또한 친구가 왔을 때, 주인에게 간단한 인사정도는 시키는 것은 예의이다. 너무 시끄럽게 떠드는 것은 홈스테이 가족에게 방해가 될 수 있으니 조심하자!
내가 샌디에고에서 홈스테이할 때, 친구를 데려오는 것은 자유였다. 그리고 어느 날, 나의 옆 방을 쓰던 대만 친구가 한국인 친구를 데려왔다고 한다. 그리고 그가 데려온 친구는 바로 연예인 이종수! 다들 알지 모르겠지만, '이글아이'로 유명하던 한국의 연예인이다! 샌디에고에서 어학연수를 하고 있다는 사실은 알고 있었지만, 세상이 이렇게 좁을수가! 이종수가 내 홈스테이 집 소파에 앉아있다니! 미국에서 연예인을 만나다니 ☺ 이종수 오빠… 그 때는 부끄러워서 말 못했지만, 정말 반가웠어요!

기숙사에도 살아보자

딱딱했던 나의 침대

THEME 01 기숙사의 종류

기숙사의 종류는 학교 내부에 있는 기숙사와 학교 외부에 있는 기숙사로 나눌 수 있다. 학교 내부의 기숙사는 대학 부설에서 공부하는 경우 사용이 가능하다. 하지만, 현지 학생들이 방학했을 경우에만 사용할 수 있는 것이 보통이다. 학교 외부에 있는 기숙사는 여러 학교의 학생들이 모여 사는 기숙사 형태로, 여행객들이 머물기도 하는 유스호스텔과 비슷한 형태이다.

학교 내부에 있는 기숙사의 장점은 식사가 제공된다는 점이다. 학교 카페테리아에 횟수에 제한없이 출입이 가능한 곳이 많다. 또한 위치상으로 등하교하는 데 시간이 얼마 걸리지 않는 것도 기숙사가 갖는 큰 장점이다. 룸메이트와 기숙사에 함께 사는 친구들과 친해질 수 있어 기숙사 생활은 지루하지 않다.

반면, 기숙사에 사는 단점은 반복되는 카페테리아 메뉴로 인해 질릴 수 있다는 점. 거의 매주 같은 메뉴가 반복되고, 햄버거와 피자 등의 유혹을 뿌리치기 힘들기 때문에 다이어트의 적이 될 수 있다. 또한 룸메이트와 방을 공유한다면, 혼자만의 공간이 부족하다는 것이 단점이다. 룸메이트와 성격이 맞지 않거나 생활 패턴이 달라, 룸메이트를 바

"

꾸는 경우도 많다. 마지막으로, 대학 부설의 기숙사는 가격이 비싸다는 것이 단점이다.

작지만 있을 건 다 있다!

THEME 02 로망 가득! 기숙사에 입소하다

UCSD를 다니는 동안에는, 대학교 내에 있는 기숙사에서 생활하기로 결정했다. 한 번도 기숙사에 살아본 적이 없던 나는 기숙사에 대한 로망이 가득했다. 친구들과 시켜먹는 야식, 룸메이트에 대한 환상, 걸어서 등교하는 가까운 학교까지! 무거운 짐가방을 질질 끌고 도착한 Housing Office에서 기숙사 키와 안내 자료를 받아 들고, 나의 방으로 향했다! 내가 살게 될 기숙사는 총 5명이 한 집을 쓰고, 화장실, 부엌 그리고 거실은 공유하는 형태였다. 기숙사는 2층짜리 건물이 여러 채 있었는데, 내가 배정받은 집은 1층이었다. 문을 열고 들어서자, 보이는 TV, 소파, 그리고 부엌! 부엌에는 오븐까지 있어 가끔씩 브라우니를 구워 친구들을 나눠주곤 했다. 내 방에는 책상, 책장, 침대, 그리고 옷장이 있고 크기는 홈스테이 집에서 사용하던 방보다는 작은 편이었다. 나와 함께 살게 된 친구들은 일본인 2명과 스페인에서 온 친구 1명, 그리고 이탈리아에서 온 친구 1명이었다. 앞으로 잘 부탁해~

공유하는 거실

공유하는 부엌

THEME 03 기숙사에서의 생활

5명이 한 화장실을 쓰기 때문에, 아침마다 화장실 쟁탈전이다! 모두 같은 ELS 수업을 듣는 친구들이기 때문에, 수업 시작 시간이 똑같아 일어나는 시간이 비슷하기 때문이다. 그래서 보통 밤에 샤워를 미리 하는 친구들과 아침에 하는 친구들로 나눠진다. 나는 아침에 하는 편이기 때문에 다른 친구들보다 조금 더 일찍 일어나야 샤워를 하고 학교에 갈 수 있다!

다른 친구들은 카페테리아에서 아침을 꼭 챙겨먹는데, 게으른 나는 아침을 먹을 정신이 없다! 보통, 기숙사비를 낼 때, 밀 플랜에 따라 식사비도 함께 지급한다. 학생증을 제시하면 카페테리아에 들어갈 수 있는데, 학교에 따라 횟수는 제한되는 경우도 있고 아닌 경우도 있다. 보통 아침은 패스하고, 점심은 친구들과 함께 먹는다. 여기서 문제는 기숙사에 살지 않는 친구들은 카페테리아에서 점심을 먹지 않는다는 것! 카페테리아가 한 번 출입하는데 $7 정도였는데, 기숙사에 살지 않는 친구들은 비싸다며 도시락을 싸오거나 학교 매점에서 빵을 사먹는다. 나와 가장 친한 친구들은 기숙사에 살지 않았기 때문에, 점심시간에는 다른 친구들을 찾아야만 한다. 카페테리아는 부페식이고, 자신이 원하는 만큼 먹을 수 있다. 메뉴는 점심과 저녁에 다르지만, 샐러드와 음료 종류는 항상 똑같다. 피자, 파스타, 햄버거도 항상 먹을 수 있고, 매 번 밥과 반찬들만 바뀐다.

아침, 점심, 그리고 저녁까지 카페테리아에서 먹다 보면 누구나 질리기 마련! 학교 내에 3개의 카페테리아가 있었지만, 다른 2개는 내가 살던 기숙사와 너무 멀어서 포기! 그래서 가끔씩은 친구들과 외식을 하기도 한다. 밀 플랜으로 지불한 돈이 아깝지만 매일 햄버거와 피자만 먹으며 사는 것은 불가능이다!

누군가와 함께 산다는 건

"쿵짝쿵짝"
방 밖에서 들려오는 시끄러운 노래 소리. 나의 옆 방에 사는 비앙카가 또 파티를 벌인 모양이다. 나 내일 학교가야 되는데… .
공용 냉장고에는 캔맥주가 가득하고, 밖에서는 시끄러운 소리가 계속해서 들린다.
"똑똑"
빼꼼 문이 열리며, 비앙카가 함께 놀자고 한다. 피곤해서 잘 거라고 말한 뒤 침대에 누웠지만 잠을 잘 수가 없다! 도대체 이게 몇 번째야! 시도때도없이 파티를 벌이는 비앙카 때문에 살 수가 없다!
결국, 더이상 참지 못하고 어느 날 비앙카와 맞서기로 한 나!
"비앙카, 나랑 잠깐 이야기할 수 있어?"
"당연하지~ 무슨일이야?"
"너가 파티를 너무 자주 해서, 내 생활에 방해가 돼~"
그러자 정말 미안한 표정을 짓는 비앙카!
하지만 파티를 사랑하는 비앙카는 파티를 아예 하지 않겠다고는 하지 않고, 그 수를 줄이겠다고 한다. 그래서 서로 합의를 본 것이 2주에 한 번만 파티를 하기로 한 것! 그 후로는 그 약속을 잘 지켜준 비앙카이다. 나만 사는 집이 아니기 때문에 아예 파티를 하지말 라고 할 수도 없는 노릇! 그러니 대화를 통해 서로 합의점을 보는 것이 좋을 것 같다.

어학연수를 할 때, 기숙사에 살면 보통 외국인 룸메이트를 만나게 될 것이다. 서로 다른 문화에 익숙한 사람들이 24시간 붙어 있게 되면 불평과 불만이 터져나오기 마련이다. 생활패턴이 맞지 않거나 성격이 맞지 않아 룸메이트를 과감히 바꾸는 경우도 많다. 그러나 룸메이트와 친한 친구가 되면, 이보다 더 좋을 수가 없다. 룸메이트를 24시간 내내 붙어다니는 단짝으로 만들어보자!

01. 기본 매너는 지키기

룸메이트와 화장실을 공유하게 되는 경우가 대부분인데, 화장실을 사용할 때도 지켜야할 매너가 있다? 내 친구들과 이야기를 하다가 자신의 룸메이트가 가장 얄미울 때는 언제 인지를 토론하게 됐다. 그 때 가장 많이 나온 대답은 바로! 아침에 화장실 점령하고 나오지 않기! 서로 수업 시간이 비슷한데, 화장실을 오래 사용하면, 다른 사람은 수업에 늦을 수 밖에! 서로 아침에 씻는 사람과 오후에 씻는 사람을 정하는 것이 좋으며, 아침에는 되도록 빨리 화장실을 사용하는 습관을 들이자. 또한 샤워하고나서 머리카락을 치우는 것도 기본 매너 중 하나! 샤워하러 욕실에 들어갔는데, 머리카락이 수북이 쌓여 있다고 생각해보라! 생각만해도 같이 살기 싫어진다.

룸메이트와 처음에 규칙을 만드는 것도 좋은 방법이다. 잠자리에 드는 시간, 방 안에서 통화해도 되는지, 친구들을 방에 데려와도 되는지, 청소는 누가 언제 할 것인지 등. 미리 서로가 지켜야 할 규칙을 만들어 지키면 아무래도 싸울 일이 줄어든다.

02. 내가 먼저 하기

방을 공유하다 보면, 쓰레기를 버리는 일이나 방을 청소해야 하는 일이 생긴다. 쓰레기통을 각자 가지고 있는 경우도 있지만, 내가 살던 방은 쓰레기통을 함께 쓰게 돼있었다. 쓰레기통이 점점 차오르기 시작하면, 룸메이트와 서로 눈치작전이 시작된다! 쓰레기를 밖에 내다버리기 싫어 발로 꾹꾹 밟아 부피를 줄이는 것도 한계가 있다. 어느 순간에는 쓰레기통이 포화상태에 이르기 마련! 초반에는 '룸메이트가 대신 버려주면 좋겠다~'라고 생각하며 미루고 미뤘지만 아마 룸메이트도 같은 생각이었나보다! 그래서 결국 내가 먼저 나서기로 한 것! 오히려 룸메이트가 할 때까지 기다리고 눈치보는 일이 더 스트레스라 내가 먼저 하는 것이 맘 편하다. 내가 먼저 하기 시작하니까 룸메이트도 그 다음에는 자기가 알아서 척척 버리더라.

03.룸메이트와 공통의 관심사를 찾아라!

룸메이트와 친해지는 방법은 뭐니뭐니해도 공통의 관심사를 찾는 일! 나의 룸메이트였던 킴벌은 영화광! 킴벌은 친구들과 함께 영화보는 것을 가장 좋아했다. 그리고 나의 주전공 또한 영화~ 영화라는 공통의 관심사로 우리는 끈끈한 사이가 될 수 있었다! 한 달에 한 번 정도는 영화관에 가서 영화를 보고, 매일 밤 자기 전 영화를 한 편씩 보는 것이 우리의 일과였다. 영화를 보면서 함께 시간도 보내고, 토론도 하면서 친밀감 Up! Up! 영화 외에도 함께 운동을 하거나, 종교 생활을 하는 등의 공통의 취미 생활을 찾으면 룸메이트와 알콩달콩 지낼 수 있다.

04. 내꺼 써도 돼~

방을 공유하다 보면, 서로의 물건을 빌리게 되는 경우도 있다. 나는 개인적으로 다른 사람과 물건을 함께 쓰는 것을 좋아하지 않는 성격이다. 하지만 나의 룸메이트인 킴벌은 나와는 정반대로 정말 쿨한 성격의 소유자! 내가 마트에서 페브리즈를 사오자, 우리 방에 자기가 사다 놓은 페브리즈가 있는데 왜 샀냐며 나를 다그치기까지 했다! 공동으로 필요한 쓰레기 봉투나 페브리즈는 물론 필요하면 자신의 비상식량까지 먹어도 된다는 킴벌의 말에 나는 깜짝 놀랐다. 킴벌의 다정한 제안에 나 또한 나의 물건들을 써도 된다고 말했고, 우리사이는 깨가 쏟아졌다는 것.

룸을 렌트해서 생활하는 것도 가능한데, 보통 자취와 비슷한 개념이다. 룸 렌트는 여러 형태가 있지만, 재정적인 여유가 있다면 혼자 방을 빌리는 것도 가능하다. 그러나 학생들은 보통 돈을 아끼기 위해 룸메이트와 방을 쉐어하는 경우가 많다. 서블렛(Sublet)이라고해서 방 주인이 개인사정으로 몇 달간 집을 비운 사이 잠깐 방을 빌려 사는 형태도 있다. 쉐어 하우스에서 사는 장점은 무엇보다 저렴한 가격이다. 룸메이트와 방을 쉐어하면, 싸게는 $400에 방을 구할 수도 있다. 그리고 식사시간이나 통금 시간이 홈스테이에 비해 자유롭다는 것이 또 다른 장점이다. 하지만 방을 따로 구해 자취를 하는 것의 단점은 영어를 쓸 기회가 줄어든다는 점이다. 어학연수에서 현지인과 대화할 수 있는 기회는 주로 학교와 홈스테이인데, 방을 쉐어하는 친구가 미국인이 아닌 이상 영어 실력 향상을 기대하기는 어렵다. 게다가 직접 장을 봐서 끼니를 해결해야 하는데 장을 직접 보고, 요리하는 데 시간을 많이 뺏길 수도 있다.

THEME 01 자유롭지만 모든 것을 스스로! 쉐어 하우스에서의 생활

"빰빠라빠라빠라"

세상에서 제일 듣기 싫은 소리는 아마 한여름 밤에 윙윙거리는 모기소리가 아닐까? 그리고 바로 두 번째로 듣기 싫은 소리는 이 모닝콜! 아침을 알리는 모닝콜과 함께 기상! 아침은 보통 사다 놓은 베이글과 우유를 먹는다. 미국에는 아침을 전문적으로 판매하는 상점이 많은데, 미국인들의 아침은 우리가 생각하는 것보다 간단하지 않다. 베이컨, 소세지, 계란 스크램블 같은 전형적인 미국의 아침을 판매하는 곳에서 미리

수영장도 무료로 이용가능한 곳이 많다

사다놓은 아침을 먹는 경우도 있다. 자취를 하게 되면 혼자 음식을 해먹는 경우가 많은데, 아침과 저녁을 혼자 해결해야 한다! 저녁에는 마트에서 커다란 미역 하나를 사서 미역국을 끓이면 며칠은 거뜬히 견딜 수 있다! 미국은 카레 분말도 몇십인분 짜리를 판매하기 때문에, 집에 있는 야채와 함께 어마어마한 양의 카레를 만들 수도 있다. 미국에서 가장 좋은 점은 바로 미국 소고기! 친구 말에 의하면, 한우보다 더 맛있는 미국 소고기가 한 덩어리에 $8도 하지 않는다고 한다. 닭을 사서 닭볶음탕을 만들 수도 있고, 요리 실력만 있다면 자신이 원하는 모든 메뉴를 직접 요리할 수 있다. 요리를 좋아하는 사람이라면, 자취야말로 러브 하우스!

쉐어 하우스에서는 친구들을 초대하는 것도 자유롭다. 브라질에서는 손님을 초대해서 자신이 만든 요리를 대접하는 것이 예의라고 한다. 그래서 나도 브라질 친구를 집으로 초대했다. 한국음식을 맛보고는 아주 흐뭇해하는 나의 친구, 덕분에 나도 흐뭇하다! 그리고 한 번은 이탈리안 친구에게 신라면에 고추를 넣어 줬더니, 울그락 푸르락 벌개진 친구의 얼굴 ☺ 한국에서는 신라면이 국민 간식이라고 했더니 깜짝 놀란다.

THEME 02 쉐어 하우스는 어디서 구할 수 있을까?

학원 게시판, 인터넷, 신문, 부동산 등 쉐어 하우스에 관한 정보를 얻을 수 있는 곳은 많다. 학원이나 학교 게시판에는 룸 렌트나 룸메이트를 구한다는 공고가 자주 있으므로 확인해보자. 아파트나 방을 빌려주는 정보가 많은 사이트로는 www.craiglist.com이 있으니 참고하면 좋다. 또 각 지역의 한인 커뮤니티도 체크해보면 좋다. 무료로 배포되는 미국의 생활정보지도 살펴보면 좋은데, 정보지를 살펴보면 평균 렌트비도 가늠할 수 있다. 부동산의 경우는 짧은 시간 내에 많은 방을 소개받을 수 있는 장점이 있지만, 복비(일종의 수고비)를 줘야하는 단점도 있다.

시애틀	www.seattlekcr.com
샌프란시스코	www.sfkorean.com
로스앤젤레스	www.radiokorea.com
샌디에고	www.sdsaram.com
그 외의 한인 커뮤니티 사이트	www.heykorean.com

THEME 03 계약 전에 알아야 할 것

01. 보증금(Deposit)

보통 한달 렌트비를 먼저 보증금으로 지불하는 경우가 대부분이다. 처음 들어갈 때, 한 달 렌트비의 두 배를 내고 들어가게 된다. 하지만 많은 어학연수생들이 이런 사실을 모르고 한달 렌트비만 준비해갔다가 낭패를 보는 경우도 있다고 한다. 마지막 달을 보증금으로 대체하거나 아니면 나중에 돌려받을 수 있다. 가능하면 보증금은 수표나 머니오더로 지불해서 기록이 남게 하는 것이 좋다. 혹시라도 집주인이 나쁜 사람이라 현금으로 지불했을 때, 나중에 오리발을 내밀 수도 있다고 한다. 수표나 머니오더를 사용하면 누가 그 돈을 받았는지 알 수 있기때문에 상당 부분은 보호받을 수 있다고 한다.

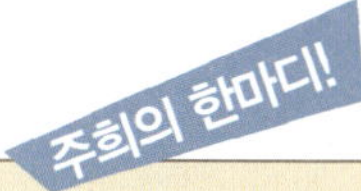

★ 머니오더란?

머니오더란 미국의 금융기관 혹은 우체국에서 발행하는 자기앞수표의 일종이다. 머니오더는 소액의 송금에 자주 이용된다.

02. 방은 내 눈으로 똑똑히 확인하자

온라인에서 방에 대한 정보를 얻은 후, 실제로 방에 찾아가 상태를 확인하는 것이 좋다. 방을 비울 때, 파손된 가구가 있거나 방이 더러우면 보증금에서 일정 금액을 제하는 경우도 있다. 그러므로 미리 방의 상태를 확인하고, 처음부터 파손된 부분이 있다면 미리 사진을 찍어두는 것이 좋다.

03. 집 주변의 환경

집세가 싸다고 해서 무작정 계약을 해서는 안되는 이유는 바로 치안상의 문제때문이다. 방이 위험지역에 위치해 밤에 나갈 수 없을지도 모른다. 실제로 내가 아는 사람도 가격이 싸다고 무턱대고 집을 계약했는데, 알고보니 밤이 되면 흑형들이 많이 다니는 곳으로 변했다고 한다. 겁에 질려 학교가 끝나면 바로 귀가하던 그 친구는 한 달을 겨우 견디고는 바로 다른 집으로 이사했다. 집이 위치한 지역이 안전한지, 교통이 편리한지, 마트는 근처에 있는지 등을 살펴보는 것도 중요하다.

04. 렌트비에 포함된 사항

렌트비에 유틸리티비(수도, 전기, 가스 등)가 포함되어 있는지, 인터넷은 유선과 무선이 되는지, 가구는 있는지, 화장실 사용은 어떻게 되는지, 세탁기는 사용할 수 있는지 등을 꼼꼼하게 살펴보는 것이 좋다. 싸다고 계약했는데, 나중에 이런저런 추가비용이 붙어서 오히려 낭패를 볼 수도 있다.

진짜 어학연수의 시작, 사설어학원

THEME 01 **학원 적응하기**

맨 처음 학원에 간 날. 원래 잘 나서지 않는 성격의 나는 말 그대로 멘붕을 경험했다. 초등학교 때 맨 처음 배정받은 반으로 들어갈 때의 설렘과 어색함이 교차하는 순간이 랄까? 쭈뼛쭈뼛 들어선 교실에는 낯선 얼굴들만 보이고… 다른 친구들은 다 서로 서로 친한 듯 보였다. 국적 비율은 스위스 친구 3명, 브라질 친구 1명, 사우디 아라비안 1명, 일본인 1명, 그리고 나를 포함해서 한국인 2명! 이 학원 뭔가 국제적이다! 첫 날 내가 수업시간에 꺼낸 말은 단 두 마디! 한 마디는 간단한 나의 소개였고, 다른 한 마디는 내 기억이 맞다면 아마 No였을 것이다. 미국에 가면 쏼라쏼라 떠들어야지!라고 야심차게 했던 나의 다짐은 어디론가 사라지고…. 목소리 크고 말하기 좋아하는 서양 친구들 앞에서 말 한 마디 꺼내기 어려운 것이 현실이었다! 분명히 다른 사람이 말할 때는 들어주는 것이 예의라고 배웠는데…. 도대체 어떻게 된 애들인지 서양 친구들은 다른 사람 말을 중간에 툭툭 끊어 먹는다!

당당하게 내 의견을 말하지 못하고 말할 기회만 살피던 날들이 계속되고…. 파리의 연인에서 박신양의 "왜 말을 못해! 이 사람이 내 사람이다 왜 말을 못하냐고!"라는 명 대사만 머리에 맴돌았다. 정말 왜 말을 못해!!! 매주 받는 성적표에서도 학급 참여율이 4점 만점에 2점! 다른 친구들의 성적표를 슬쩍 보니 거의 3.5나 4점이었다. 자존심이 상할대로 상한 주희! 도저히 이대로는 안되겠다 싶어 나의 태도를 변화시키기로 했다! '에라 모르겠다! 일단 저지르고 보자!'하는 심정으로 수업 중에 생각나는 대로 뱉기 시작했다. 문법에 맞는 표현인지 아닌지 앞 뒤 따지지 않고 우선 "I think…." 이렇게 말하고 보면! 선생님과 다른 친구들이 나를 기다려주기 시작했다. 그리고 내

**사설어학원의
수업 스케줄**

- 09:00~10:40
  오전 수업 1교시
- 10:40~ 11:00
  쉬는 시간
- 11:00~12:40
  오전 수업 2교시
- 12:40~01:30
  점심시간
- 01:30~03:10
  오후 수업 (금요일에
  는 수업 없음)

가 자신있는 주제가 나오면 누구보다 큰 목소리로 내 의견을 어필했다. 적극적인 자세로 수업에 임하다보니, 어느 순간에 모든 점수가 4점인 성적표도 받았다.

01. 학교 수업

오전반: 오전 9시에 시작하는 오전 수업. 내가 다니는 샌디에고 Converse는 8명이 정원이다. 9시가 가까워오면, 둥근 책상에 꽉 들어차는 8명의 학생들. 아침 수업은 언제나 안부 묻기로 시작한다. 주말에 있었던 일, 어제 있었던 일 등 일상적인 대화로 일종의 Warming up! 오전 수업은 1교시와 2교시로 나뉘어져있는데, 1교시에는 보통 선생님이 준비해 온 뉴스 기사를 가지고 토론한다. 동성 결혼에 대한 찬반이나 세계에서 일어나는 전쟁이나 자연재해, 그리고 연예인들에 관한 가십까지! 선생님이 준비해오는 기사는 분야도 다양하고, 이야깃거리도 많다.

1시간 40분의 수업이 끝나면, 20분의 쉬는 시간이 주어진다. 쉬는시간에는 보통 학급 친구들과 대화하거나 학원 라운지에서 코코아를 마신다. 쉬는 시간이 끝나면 다시 이어지는 2교시! 2교시는 보통 발음 교정시간이다. 문법을 공부하기도 하지만, 보통은 잘못된 발음을 고치는 데 많은 시간을 할애한다. 친구들과 책을 번갈아 가며 읽으면서 틀린 발음을 교정받는 시간. 나에게는 지옥같은 시간이다. 여기서 공부하며 알게 된 사실이지만, 나는 TIP에서 I 발음을 못한다고 한다. 그리고 브라질에서 온 잉그리드는 BEACH를 BITCH로 발음해서 문제가 됐다. (여기서 심각성을 느끼지 못했다면, 사전을 찾아보라!) 이렇게 못하는 발음을 선생님께 딱 걸리면! 말 그대로 끝없이 반복 또 반복! 제대로 발음할 때까지 TIP을 소리내어 말해야 한다! 연습과 연습 끝에 왼쪽 입꼬리를 살짝 올리면 완벽하게 TIP을 발음할 수 있다는 사실을 발견. 선생님도 나도 기쁨을 느끼는 순간이다.

점심시간: 2교시가 끝난 12시 40분부터 오후 수업이 시

작하는 1시 30분까지는 점심시간이다. 충분한 것 같으면서도 은근히 짧은 듯한 50분간의 점심시간! '오늘은 무엇을 먹을까?'가 가장 행복한 고민이다~ 함께 오전반 수업을 듣는 친구들과 먹는 점심은 꿀맛 ☺ 우리가 주로 선택하던 메뉴는 학원 근처에 있는 피자집이나 호튼플라자에서 파는 '야미야미!' 학원 근처 피자가게에서는 선택한 피자를 화로에 넣어 다시 구워줘서 바삭바삭한 맛이 살아있다. 그리고 Converse 학생들에게 인기 만점인 야미야미는 데리야끼를 파는 곳이다. 가게 앞에서 항상 아저씨가 "야미 야미"라고 외치며 시식을 권유하기 때문에 붙여진 별명이다. 점심을 먹고 나면, 오후반 수업을 듣지 않는 친구들은 모두 서핑하러 해변으로 떠나버린다. 나는 이제 오후반 수업 들으러 Go! Go!

오후반: 유럽 학생들은 오후 수업을 거의 듣지 않는다고 해서 우려했던 것과는 달리 은근히 많은 유럽 친구들이 오후 수업을 듣는다. 오후 수업은 철저한 회화 위주의 수업이다. 처음에는 위험한 스포츠를 사랑하는 용감한 Mark가 가르치는 오후반 수업을 들었는데, 토론 위주의 수업이었다. 학생들이 날마다 돌아가면서, 자신이 토론하고 싶은 주제를 가져오는 형식이었다. 가장 기억에 남는 토론 주제는 '병원에서 아이가 바뀌어, 자신이 키우던 아이가 다른 사람의 아이였다면 어떻게 할 것인가'이다. 모른 척하고 계속 키우던 아이를 키워야한다는 입장과 늦었지만 다시 아이를 바꿔야한다는 두 입장이 팽팽히 맞서 열띤 토론을 벌였다. 신기했던 것은 서양 친구들은 키우던 아이를 계속

오스틴과 함께한 몬스터 게임

괴물이라 하기엔 귀엽지 아니한가?

찰스와 현장학습을!

오스틴과 아이들!

어머! 내가 홍일점

키워야한다는 입장이었고, 동양 친구들은 아이를 바꾸는 것이 맞다는 입장이었다. 아무래도 동양에서는 핏줄이 중시되는 사회이다 보니, 이렇게 의견차이가 있는 것 같다. 이렇게 토론만 하는 수업을 1달 정도 들은 뒤, 나는 다른 선생님으로 바꿔보기로 했다. 그래서 만난 선생님은 바로 젊고 훈훈한 Austin! 20대 초반의 나이에 훈훈한 외모로 학원에 다니던 여학생들의 마음을 사로잡았던 선생님이다. 절대 오스틴의 외모에 반해 반을 옮긴 것은 아니다. 에헴. 그저, 다른 선생님들도 경험해보고 싶어 바꾼 오스틴의 수업은 토론이 아닌 게임 위주다. 날마다 다른 게임을 하는데, 이 때 배운 게임만 해도 수십가지가 넘는다. 3시 10분이 돼서 오후 수업도 끝나면, 나는 자유의 몸이다!

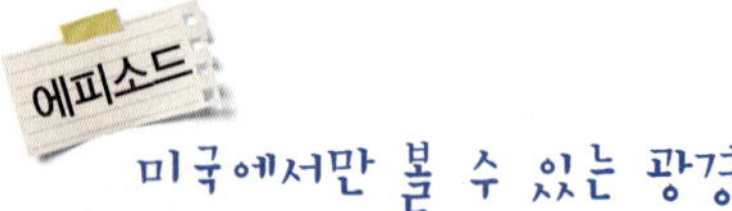

"킁킁"
유럽 친구들이 수업시간에 코를 푸는 소리이다. 한국에서는 여자가 사람들 앞에서 코를 큰 소리로 푸는 모습을 보기 힘들지만, 서양 친구들에게는 대수롭지 않은 일인 것 같다. 처음에는 스위스 친구가 코를 풀길래, '우와! 저 아이 신기하다'라고 생각했는데… 알고 보니 다른 친구들도 모두 코를 킁킁 푸는 것이 아닌가! 나에게는 일종의 문화 충격이었다.
그리고 미국에서는 누군가가 재채기를 하면, "Bless you."(축복 받으세요.)라고 말해준다. 길을 가다 모르는 사람도 당신이 재채기를 하면, "Bless you"라고 말할 것이다. Bless you 혹은 "God bless you"라고 말하는 것이 보통인데, 누군가 그렇게 말해준다면 "Thank you"라고 대답하면 된다. 수업 시간에 한창 수업이 진행될 때도, 누군가 에취하고 재채기를 하면 너도 나도 "Bless you!"를 외친다. 학생들이 재채기를 할 때마다 선생님인 찰스는 "Only God bless you"(오직 신만 너를 축복한다)라고 말하며, 장난을 치기도 했다.

THEME 02 볼링도 치고 타코도 먹고, 방과 후 활동

01. 목요일은 볼링 데이!

"오늘 볼링치러 갈거지?"
스위스 친구, 줄리아가 묻는다.
"당연하지!"

매주 목요일은 수업이 끝나고, 오스틴의 반 학생들이 볼링을 치러가는 날이다. 학교에서 10분 정도 떨어진 볼링장에 가는 길은 언제나 즐겁다. 볼링장에 가는 고정 멤버

는 한 10명쯤. 그리고 가끔씩 참가하는 친구들도 5명 정도 있다. 나는 고정 멤버! 볼링장에 도착하면, 각자 돈을 내고 신발을 빌린다. 그리고 나서는 두 팀으로 갈라 시합을 시작한다! 진 팀은 이긴 팀에게 음료수를 사줘야 하니 공 하나에도 모든 집중력을 요구한다!

그렇다면, 나의 볼링 실력은? 사실… 볼링을 거의 처음 쳐 본 나는… 총 20번 던질 수 있는 한 게임에서 고작 3점을 받았다!!! 다른 친구들은 스크라이크도 치고, 못 치면 핀이 3개가 남는 것이 정상인데… 잉? 총 20번 던져서 3점이라니!!! 공이 구멍에 빠지는 것을 거터라고 하는데, 나는 공을 던지기만 하면 거터행이다! 그래서 친구들의 개인 과외도 받아 봤으나… 그들도 곧 나를 포기하고 말았다. 그 이후부터, 나의 별명은 'Miss. 3'! 하지만, 매주 가서 볼링을 열심히 친 결과! 지금은 훨씬 나아진 실력을 자랑한다. 볼링을 치고 기진맥진한 우리가 향하는 곳은 오스틴 집 근

1 고도의 집중력을 발휘하는 중!
2 볼링 타임!
3 나를 울리던 볼링장!
4 Miss.3
5 조금은 나아진 실력!
6 매주 가던 피자 가게
7 맛없어 보이지만, 은근히 꿀맛

원샷!

처의 피자가게! 볼링을 치고, 이 곳에서 피자를 먹으며 대화도 하고, 게임도 하는 것이 우리의 목요일 일과이다. 우리가 가장 좋아하던 게임은 마피아인데, 게임을 하다 보면 2~3시간은 훌쩍 지나간다. 가끔씩은 피자 가게 근처에 있는 공원에서 공놀이를 하기도 하며 여유로운 시간을 보낸다. 장기자랑 시간도 있는데, 하루는 줄리아가 기타를 가져와 노래를 불러주기도 했다.

02. 화요일은 Taco Tuesday!

"화요일이다! 타코 먹으러 가자～"

뜬금없이 타코를 먹으러 올드타운에 가자는 반 친구들. 잉? "왜? 왜?" 라고 묻자, 화요일은 타코 튜즈데이라고 한다. 타코 튜즈데이(Taco Tuesday)? 우선, 타코는 멕시칸 음식으로 얇은 빵 위에 각종 야채와 새우, 고기 등을 얹어 먹는 음식이다. 자신의 취향에 따라 새우나 돼지고기 등을 선택할 수 있는데, 내가 가장 좋아하는 타코는 쉬림프 타코! 샌디에고는 멕시코와 국경이 맞닿아 있어 그런지

<table>
<tr><td>1</td><td>2</td><td>3</td></tr>
<tr><td></td><td>4</td><td>5</td></tr>
</table>

1 내가 가장 좋아하던 FRED'S
2 무알콜 마가리타!
3 군침도는 타코~
4 일본인 친구 미사키와 함께, 타코 튜즈데이!
5 타코와 마가리타는 환상의 짝꿍

는 몰라도 타코 전문점이 매우 많다. 매주 화요일에는 이 타코를 굉장히 싸게 파는데, $2에서 $3정도에 타코를 먹을 수 있다! 그래서 붙여진 이름이 바로 타코 튜즈데이! 타코와 함께 마가리타(알콜의 한 종류)를 마시는 것이 타코 튜즈데이를 즐기는 방법! 저녁 시간이 지나면, 타코를 팔던 음식점이 클럽으로 변하는 곳도 있으니~ 뜨거운 밤을 즐기고 싶다면 타코를 배불리 먹고, 기다리기만 하면 된다! 매주 다른 음식점에서 다양한 맛의 타코를 먹어볼 수 있으니, 이것이 화요일이 기다려지는 이유.

03. 한국 요리 대접하기

야심차게 준비한 외국인 친구들에게 불고기 요리해주기! 함께 수업을 듣던 2명의 한국 친구들과 함께 한인마트에서 어마어마한 양의 장을 봤다. 불고기, 떡, 식혜, 한국과자 등등. 오늘의 메인 메뉴는 바로 불고기! 부푼 마음을 안고, 불고기를 요리하기 위해 도착한 공원!

지글지글 익는 불고기

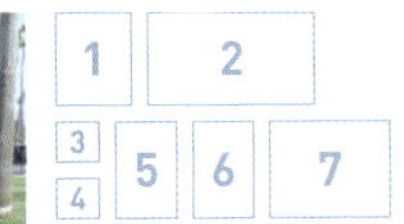

1 오늘의 손님, 안야와 줄리아
3 미국에서 맛 보는 불고기
4 쫄깃쫄깃 인절미는 인기 만점
5 남은 한 점까지 싹싹!
6 식혜와 쌀과자는 후식
7 부르게 먹고 돌아가는 길

But! 불은 어떻게 지피지?

불을 지피기 위해 챠콜을 준비해 갔지만, 어쩐 일인지 챠콜에 불이 붙지를 않는다!! 친구들이 한 명씩 돌아가면서 챠콜을 이리 흔들고 저리 흔들어 봐도… 매정한 챠콜! 우여곡절 끝에 불을 붙이는 데는 성공했지만, 우리에게는 또 다른 난관이 다가왔으니! 불고기가 익는데… 십 년이 걸릴 것 같다! 처음이라 서투른 점도 많고, 맛도 한국에서 먹는 불고기 맛은 아니었지만~ 그래도 맛있게 먹어주는 외국 친구들이 있어 뿌듯하다.

한국인들은 V를 많이 한다며, 나를 따라하는 찰스

나를 꽃에 비유하고 있는 찰스! 엄청 거대한 꽃인가 보다!

찰스와 마지막 포옹

반 친구들과 한 컷! 찰칵!

THEME 03 주희, 졸업하다

Converse에서의 잊지 못할 3개월이 지나고, 어느덧 졸업식이 다가왔다. 사설어학원은 매주 금요일마다 졸업식이 있어, 매주 친구들이 떠나면 또 매주 새로운 친구들이 들어온다. 졸업식이라고 해봤자 반 친구들과 사진 찍고 수료증을 받는 것 뿐이지만! 그래도 이제 모두 헤어져야한다고 생각하니 정말 슬프다.

내가 사랑하던 선생님, 찰스가 졸업식 날 해줬던 말이 아직도 생생하게 기억에 남는다. "주희는 처음에는 아직 피지 않은 꽃의 봉우리 같았다. 그러나 시간이 지날수록 점점 피어나더니, 결국에는 이렇게 활짝 핀 꽃이 됐다!" 지금까지 들었던 칭찬 중에 가장 멋진 칭찬이 아닐까싶다. 찰스의 이 말은 Converse에서 3개월 간 지낸 나의 생활을 정확히 표현하고 있다. 초반에는 쑥스러워서 말 한 마디 꺼내기 힘들어했던 나지만, 시간이 지날수록 자신감이 생겨 열정적으로 수업에 참여하던 나의 모습! 조금 성장한 모습으로 나는 Converse를 졸업했다.

 미국 대학교에 가다

University of California San Diego 대학부설에서 공부하는 첫 날이 밝아왔다. ELS 학생들이 모두 모이는 오리엔테이션이 있는 날이다. 대학부설의 경우는 사설어학원과 달리 조금 더 학구적인 분위기라고 해서 바짝 긴장상태! Converse를 같이 다니던 친구들도 보이고, 새로운 얼굴들도 보인다. 일본인과 한국인 비율이 제일 높고, 유학원에서 들었던 대로 유럽권 학생들의 비율은 낮은 편이다. UCSD 선생님들이 학생들을 환영하는 의미에서 흥겨운 노래를 불러주기 시작한다. 사실 노래라기보다는 랩에 가까웠는데, 한 남자 선생님이 가수처럼 랩을 잘해 깜짝 놀랐다. 생각했던 것보단 재밌는 분위기라 다행이다. 간단한 오리엔테이션 이후 반 배정 시험을 본다고 한다. 시험도 총 3가지나 본다. 리스닝, 리딩, 그리고 라이팅. Converse에서 본 반 배정 시험은 토익시험과 비슷한 형식이었는데, 이 곳에서 본 시험은 시간도 오래 걸리고 난이도도 더 높다. 며칠 뒤 받은 반 배정 결과는! 총 10개의 레벨중에 레벨 9! 예이! 생각보다 시험을 잘 찍었나 보다.

01. 학교수업

미국에서의 생활도 3개월째! 이제는 미국생활에 어느정도 적응을 완료했다. 사설어학원에서 3개월간의 회화위주의 수업 후, 나는 대학부설에서 공부하기로 결정했다. 대학부설에서는 일반영어가 아닌 조금 색다른 수업을 듣고 싶어서 나는 토플 수업을 듣기로 했다. 일반영어를 수강하는 경우, 자신이 선택할 수 있는 수업이 많은데 토플 수업을 들으면 선택할 수 있는 수업은 단 2가지! 그나마도 문법 점수가 낮아서 문

UCSD 캠퍼스

여유로워 보이는 학생들~

UCSD 캠퍼스

학생들이 수업받는 교실

처음에는 컨테이너 박스인줄 알았다!

Mon-Wed-Fri Classes

Mon/Wed/Fri 8:30 AM - 9:20 AM Room Number: Ext. 123	Advanced TOEFL Reading and Vocabulary Instructor: David Nolan	Section: A
Mon/Wed/Fri 9:30 AM - 10:20 AM Room Number: Ext. 153	Advanced Idioms/Slang II 9:30 Instructor: Debbie Inada	Section: A
Mon/Wed/Fri 10:40 AM - 12:20 PM Room Number: Ext. 112	Advanced Fluency Core 109 Instructor: Liz Kelley	Section: A
Mon/Wed 1:05 PM - 2:20 PM Room Number: Ext. 143	High Int./Adv. TOEFL Writing- Independent Task Instructor: Karen Marcus	Section: C

Tue-Thur Classes

Tue/Thu 10:30 AM - 11:20 AM Room Number: Ext. 141	Advanced TOEFL Integrated Writing Skills Instructor: Elizabeth Mariscal	Section: A
Tue/Thu 12:30 PM - 2:20 PM Room Number: Ext. 153	Advanced Grammar F Instructor: Kelly Smith	Section: 1
Tue/Thu 2:30 PM - 4:20 PM Room Number: Ext. 134	High Int./Adv. TOEFL Listening and Speaking Instructor: Mark Poupard	Section: A

대학부설 시간표

법 수업을 필수적으로 들어야 했던 나는 단 1가지 수업밖에 선택할 수 없다고 했다. 그래서 내가 선택한 수업은 미국의 속담과 숙어 수업~ 자신이 원하는 시간에 원하는 수업을 선택할 수 있다는 점에서 사설어학원보다는 자유롭고, 진짜 미국 대학교에 다니는 기분이다. 하지만 UCSD는 4번 이상 수업을 결석하면, F를 받는 무시무시한 규칙이 있다. 한 수업이라도 F를 받으면 학기가 끝나고 수료증을 받지 못한다. 자유로워 보이지만 지켜야할 규칙도 있다는 점, 잊지말자!

미국 대학교는 캠퍼스가 정말 넓은 것 같다. 내가 한국에서 다니던 한양대도 캠퍼스가 꽤 큰 편이었는데, 미국 대학교에는 명함도 못 내밀 것 같다. 캠퍼스 맵만 봐도 입이 떡 벌어지는 크기다. 요일마다 학교에 가는 시간은 다른데, 나는 월요일·수요일·금요일에는 오전 수업이 있어 일찍 일어나야 한다. 그리고 화요일과 목요일에는 오전 수업이 없기 때문에 늘어지게 늦잠을 잘 수 있다. 내가 듣는 수업은 토플 리딩, 토플 리스닝, 토플 스피킹, 토플 라이팅, 문법 수업, 그리고 속담과 숙어 수업이다. 토플과 관련된 모든 수업은 실전 토플시험에서 고득점을 받을 수 있도록 훈련하는 과정이다. 그래서인지 토플관련 수업은 재미가 없다. 내가 좋아하던 수업은 문법수업 그리고 속담과 숙어 수업이다. 사실 내 의지와 상관없이 듣게 된 문법 수업은 생각보다 흥미로웠다. 정말 헷갈리는 A를 써야하는 경우와 The를 써야하는 경우부터 시작해서 일상생활에 꼭 필요한 문법들을 배우는 시간이다. 그런데 신기했던 점은 미국인들 조차 영어 문법을 잘 모른다는 점! 미국인들은 규칙을 외우기보다는 느낌으로 문법적 오류를 아는 것 같다. 하지만 우리가 영어를 모국어로 하는 사람들이 아닌 이상… 문법은 외울 수 밖에…. 그리고 가장 흥미로운 시간은 바로 미국의 숙어와 속담 시간! 외우지 않고는 알 수 없는 숙어와 속담을 게임을 통해 익히는 수업인데, 내 UCSD 생활의 활력소 같은 존재이다.

교실 안 모습! 은근히 많은 학생들이 앉을 수 있다~
★UCSD 사진출처
blog.naver.com/unklar

THEME 02   참여 의지 솟는 미국식 수업! 완전 적응

수업마다 다르기는 하지만 보통 한 반에 15명 정도가 함께 수업을 받는다. 대학부설이라서 사설어학원보다는 읽기나 쓰기 위주로 공부하기는 하지만 그래도 선생님들이 학생들의 참여를 이끌어낸다. 선생님이 학생들에게 질문을 많이 던지는 편이고, 학생들이 열정적으로 대답하지 않으면 수업 진도를 나가기가 힘들다. UCSD에서 가장 기억에 남는 선생님은 바로 카렌(Karen)! 그녀의 수업은 학생들에 의해 진행된다고 해도 과언이 아니다. 카렌의 계속되는 질문공세에 정신을 못차릴 지경이다. 하지만 카렌이 가장 인상 깊은 이유는 바로 그녀의 리액션 때문이다! 학생들이 대답하면 방청객 못지 않은 리액션을 보여주던 것! "Sweet!", "Adorable!", "I love that!", "Awesome!" 등 다양한 형용사로 학생들의 참여를 이끌어내던 선생님~ 틀린 대답을 하더라도 리액션이 좋으니 학생으로서는 수업 참여 의지가 불끈불끈 솟는다!

리액션이 좋은 선생님, 카렌

친구들과 함께

Converse에서 공부할 때는 조금 소심한 나였지만, 이제는 미국식 수업에 완전 적응 완료! 선생님이 질문하면, 누구보다 먼저 대답하곤 했다. 그러다보니 수업 시간에 제일 말을 많이 하는 사람도 나였다. 가끔씩은 조용한 다른 학

카렌은 인기쟁이!

나의 담임 선생님과

생들때문에 나와 선생님의 1:1 수업같기도 했다. 수업에 열정적으로 참여하다보니, 선생님과 자연스럽게 친해지게 된 것 같다. 선생님과 친해지다 보니 자연스럽게 고급 영어도 익힐 수 있었다. 이제는 모르는 부분은 바로 바로 질문하고, 선생님의 질문에 누구보다 큰 소리로 대답하는 적극적인 학생으로 거듭났다! 그리고 대학부설 수업은 발표를 할 기회가 많이 주어진다. 사실 내가 이 세상에서 제일 싫어하는 일이 바로 다른 사람들 앞에서 발표하는 일이다. 발표 시작 10분 전부터 미친듯이 떨고, 발표를 할 때 염소 소리를 낸다. 하지만 미국에서 자주 발표를 하다보니 조금씩 자신감이 붙었다. 처음에는 대본을 아예 통으로 외웠지만, 막상 발표할 때는 다 까먹어서 우왕좌왕하기도 했다. 시간이 지나면 하도 발표를 많이 하다보니 대본 없이도 조금은 여유롭게 발표할 수 있었다.

THEME 03 　대학 부대시설을 이용한 방과 후 활동

01. 샌디에고를 탐험하자!

대학부설에서 공부하는 장점은 바로 대학 부대시설을 이용할 수 있다는 점이다. 학교에서 학생증을 발급해주면, 그 학생증을 이용해 헬스장, 도서관 이용은 물론 시내로 나가는 버스도 공짜로 탈 수 있다. 공짜라면 사족을 못 쓰는 나는! 당연히 버스를 많이 이용하는 것이 이익이라 생각해서 친구들과 자주 시내에 나가곤 했다. UCSD에서 친해진 친구들은 이탈리안 실비아와 일본인 에리였다. 실리와아 에리와 함께 샌디에고의 구석구석을 무료 버스로 누비기 시작했다. 샌디에고는 수많은 비치(beach)를 가지고 있기 때문에 비치도 가고, 동물원도 가고, 시내의 공원도 가며 도시를 탐험했다. 그리고 우리가 가장 좋아하던 일은 바로 다운타운에서 Bar에 가기! 여자 셋이 모이면 접시가 깨진다는 말처럼 우리는 Bar에 가서 끝도 없는 수다를 떨었다. 우리의 대화주제는 보통 연애 ☺ 실비아의 화려한 연애 경험담을 들으며 밤을 보내곤 했다. 하루는 대화에 정신이 팔려 마지막 버스를 놓쳐서 택시를 타기도 했다! 여담이지만 사실 실비아의 페이스북에서 그녀의 남자친구 사진을 본 나는 그의 긴 머리와 하얀 피부때문에 그가 여자라고 착각했다. 나는 실비아가 레즈비언이라고 굳게 믿고 있

치~이즈

우리들의 행복한 수다시간

었다. 그런데 술에 취한 내가 "너 레즈비언이니?"라고 물어보는 대형사고를 치고 만 것! 실비아가 테이블을 치고 웃으며, "왜 그렇게 생각해?"라고 물었다. 나중에 알고보니 그는 멀쩡한 사내였다! 잊지못할 해프닝이다.

실비아와 샌디에고 탐험하기!

02. 캠퍼스 산책하기

나와 함께 기숙사에 살던 친구중에 중국인인 신링이 있었다. 신링은 UCSD에 정규 학생으로 입학허가를 받은 학생이었지만, 미리 영어공부를 하기 위해 ELS에서 공부하던 친구였다. 그녀의 나이는 18살! 하지만 미국에서는 나이에 상관없이 모두 친구니까~ 함께 기숙사에 사는 신링과 나는 금세 친해졌다. 신링과 나는 밤에 캠퍼스를 산책하는 것을 좋아했다. 사실 신링은 헬스장에서 운동을 하고 싶어했지만, 운동을 정말 정말 싫어하는 나 때문에 우리는 그냥 캠퍼스를 산책하기로 합의를 봤다. 기숙사에서 기름진 저녁을 먹고난 뒤, 운동의 필요성을 느낀 우리는 광활한 UCSD를 걷곤 했다. 밤에 사람이 많이 다니지 않는 캠퍼스를 걷다 보면 무서울 때도 있었지만 우리는 둘이니까! 산책을 하면서 나이에 비해 성숙한 신링과 많이 가까워진 것 같다. 맨 처음 산책을 나간 날은 둘이 길을 잃어 같은 곳을 뱅뱅 돌기도 했지만, 밤에 보는 UCSD 풍경을 정말 아름다웠다. 특히 밤에 보는 도서관은 잊을 수가 없다!

이제 집에 어떻게 가지?

밤에도 환하게 빛나는 도서관!

Community College 에서 대학생이 되다

시애틀 센트럴 커뮤니티 컬리지
건물

자전거를 타고 등교하는 학생들
이 많다~

THEME 01 Community College에 가다!

커뮤니티 컬리지를 다녀보는 것도 영어 공부에 도움이 된다
고 해서 선택한 Seattle Central Community College!
커뮤니티 컬리지를 입학하기 위해서는 토플 점수가 필요하
다고 해서 겁먹었지만! 고득점이어야 하는 것은 아니므로
도전해볼 만하다는 유학원의 조언을 듣고 지원해 합격하는
기쁨을 누렸다. Seattle Central Community College
에 대한 첫인상은? 에게게! 시애틀 다운타운에 위치한 이
학교는 건물이 딱 하나뿐이다. 그래서 원래 커뮤니티 컬리
지는 다 크기가 작은 줄 알았는데, 나중에 알고보니 이 학
교가 유독 작은 편이라고 한다. UCSD처럼 넓은 캠퍼스에
서 공부하다 이렇게 작은 건물에서 공부하려니 답답하다.
그리고 학교에 등교하는 학생들이 대부분 아시안! 그 중에
서도 중국인 비율이 많아 중국어를 학교 곳곳에서 들을 수
있다. 미국인들도 젊은 대학생이라기 보다는 나이가 조금
든 학생들이 많다. 무엇보다 학교 앞에는 노숙자들이 텐트
를 치고 시위를 하고 있었으니! 이 학교에 대한 나의 첫인상
은 썩 좋지 않았다.

THEME 02　커뮤니티 컬리지의 수업

커뮤니티 컬리지에서는 개강일 전에 미리 인터넷으로 수강신청을 한다. 나는 American Studies라는 수료증을 받는 과정을 신청했었는데, 수료증을 받기 위해 들어야하는 과목들이 정해져 있었다. 내가 선택할 수 있는 수업들은 10개 정도였고, 그 중에서 나는 3개만 들으면 됐다. 내가 선택한 과목은 다문화 커뮤니케이션, 사회학, 그리고 미국의 역사 수업이었다. 그.런.데! '미국의 역사' 수업을 들은 첫 날, 나는 나의 선택을 후회하고 말았으니… 첫 시간부터 칠판에 쭉쭉 써내려져 가는 무수히 많은 역사적 사건들! Oh No! 이 수업을 들으면 머리가 폭발하고 말 거라는 생각이 들어, 수업을 변경하기로 했다. Office에 가서 수업을 바꾸려고 하는데, 이미 내가 듣고 싶은 다른 수업들은 수강 인원이 차서 들을 수 없다고 했다. 그래서 어쩔 수 없이 선택한 수업이 '영미문학의 이해'라는 수업. 설마 역사 수업보다는 낫겠지 하고 들었겠만, 나중에 나의 머리털을 모두 뽑게 할 정도로 어려운 수업이었다.

완성된 시간표를 보니 한숨만 나온다. 한국에서도 수강신청에 번번이 실패하는 나지만, 미국에서까지 실패할 줄이야!

★주희의 시간표 (월~금)

9:00 ~ 10:50	영미문학의 이해
11:00 ~ 12:00	다문화 커뮤니케이션
3:00 ~ 3:50	사회학

이 많은 공강시간들을 어떻게 보내야 하나! 학기를 시작할 때만 해도 도서관에서 영화를 보거나 복습을 하겠다는 야심찬 계획을 세웠으나… 항상 사람 일은 마음먹은 대로만 되지는 않는 법인가 보다. 아침 9시 수업은 아침잠이 많은 나에게 제일 힘든 시간이다. 아시안으로 보이는 친구는 이 수업에 단 한 명이었지만, 며칠이 지나자 수업

점심시간에 학생들이 모두 모이는 카페테리아

수강신청은 이 곳에서!

가격이 저렴한 학교 카페

을 나오지 않는다! 게다가 KFC 할아버지처럼 인자하게 생긴 교수님이 내주는 숙제가 많아도 너무 많다! 다음날 배울 작품을 집에서 미리 읽어오는 것이 숙제인데, 문학 작품 속의 수많은 비유와 문장 사이사이의 함축적인 작가의 뜻을 이해하기에 나의 영어실력은 한없이 부족하다. 무엇이든 안다는 네이버 블로그를 이용하여 숙제를 해보려 했지만, 인터넷에서 그 어떤 정보도 찾을 수 없다. 나를 더욱 힘들게 했던 것은 토론! 자꾸 그룹을 지어 작품에 대해 토론해보라는데……. 도대체 이해도 안가는 작품을 무슨 수로 토론을 한단 말입니까? 절망의 폭풍이 휩쓸고간 1교시가 지나면 나의 영혼은 쉬는 시간이 필요하다! 결국 이 수업은 D를 받는 수모를 겪어야 했다!

그리고 상대적으로 다른 두 수업은 재밌었다. '다문화 커뮤니케이션'은 문화의 다양성을 이해하는 수업인데, 수업 시간에 내가 말할 수 있는 기회가 많아 좋았다. 한국의 문화 그리고 동양의 문화는 내가 잘 아는 부분이기 때문에 수업 참여도가 높아지는 것이 사실! 이 수업은 팀플도 많았기 때문에 내가 사귄 친구들은 모두 이 수업에서 만난 친구들이었다. 그리고 사회학 수업은 완전 젊고 훈훈한 남자 선생님이 가르치는 수업이라 선생님이라기 보다는 친구같았다. 수업시간에 농담도 많이 하고, 뛰어난 유머 감각을 가진 이 선생님때문에 사회학 수업은 기다려지는 시간~ 딱딱하게 책으로 공부하는 것이 아니라 비디오 클립이나 게임을 이용해 사회학을 배워서 학생들에게 인기만점인 수업이었다.

팀플은 도서관에서!

내가 자주 과제하던 컴퓨터 랩!

THEME 03 커뮤니티 컬리지 200% 활용하기

01. Writing Center를 자주 가자

커뮤니티 컬리지는 대학부설과 마찬가지로 이용할 수 있는 부대시설이 많다. 도서관, 헬스장을 이용할 수 있는 것도 좋지만 무엇보다 Writing Center를 주목해야 한다. 수업시간에 에세이 과제를 받은 나는 문법이나 글의 흐름을 누군가에게 교정받고 싶었다. 그래서 홈스테이 아줌마에게 물어보니, 학교에 Writing Center가 있다는 깨알 같은 정보를 알려줬다. Writing Center는 학생들의 에세이를 교정해주는 친절한 곳이라고 한다. Writing Center에는 6명 정도의 전문가들이 있었는데, 그 중에서 내가 가장 좋아하던 사람은 바로 Zoe! 친절이 넘쳐 흐르는 Zoe가 좋아서 Writing Center를 밥먹듯이 들락날락거렸더니 그녀와 친구가 됐다. Zoe는 꼭 에세이 숙제가 아니라도 그냥 와서 대화를 해도 되니 언제든지 오라고 했다. Writing Center는 에세이를 피드백받으면서 영작실력도 키울 수 있고, Zoe와 대화하면서 회화실력도 키울 수 있었던 고마운 존재다. 나와 페이스북 친구를 맺은 Zoe는 내가 한국에 와서도 모르는 것을 질문하면 친절하게 대답해주는 천사같은 친구다.

02. 학교에서 제공하는 서비스는 넙죽 받아 먹자

커뮤니티 컬리지에서는 다양한 서비스를 제공하기때문에, 게시판을 자주 확인하는 것이 좋다. 학교에서 함께 떠나는 캠프나 현장학습도 누구나 참여가능하다. 방과 후에 학교 옆에 위치한 교회에서 저녁을 먹으며 영어 공부를 할 수도 있다. 그리고 우리가 커뮤니티 컬리지에서 제공하는 서비스 중 가장 주목해야 할 것은 바로 적성 검사! 딱히 무엇을 하고 싶은지 알 수 없어 방황하던 시기에 학교에서 무료로 받을 수 있는 적성검사는 큰 도움이 됐다. 시간만 있다면 누구나 이용가능하고, 분석된 결과도 일주일 안에 받아볼 수 있다. 커뮤니티 컬리지라 대학교로 편입하려는 학생들이 많기 때문에, 자기소개서를 첨삭받을 수도 있다. 알아보면 학교는 알고보면 우리에게 도움될 정보가 많은 노다지다.

03. 팀플은 친구를 사귈 수 있는 기회

커뮤니티 컬리지 수업은 팀플이 많다. 세명에서 다섯명 정도의 친구들과 함께 과제를 수행하게 되는데, 팀플은 친구를 사귈 수 있는 절호의 기회다! 과제를 하기 위해 자주 만나고, 대화하는 기회가 많기 때문에 팀플은 영어공부에 큰 도움이 된다. 그리고 커뮤니티 컬리지는 사설어학원이나 대학부설과는 다르게 '미국인 친구들'을 만날 수 있는 기회가 많다. 같은 팀에 속한 미국인 친구들과도 친해질 수 있다. 팀에는 보통 리더가 있고, 회의를 통해 조원들이 할 일을 나눈다. 한 번은 내 친구가 속한 조는 조원들이 아무도 자신이 맡은 부분을 준비하지 않아, 혼자 발표를 하는 굴욕을 경험하기도 했다. 그 친구는 화가 나 교수님에게 불만을 토로했고, 교수님이 조를 다시 짜는 결과를 초래했다! 자신이 맡은 일을 하지 않으면, 다른 팀원들에게 피해를 줄 수 있으니 책임감을 갖고 참여하자.

커뮤니티 컬리지에는 교수님의 Office가 따로 있다. Office Hour가 정해져있어, 학생들이 교수님을 만날 수 있는 시간이 정해져있다. 첫 수업 시간에 교수님이 자신의 Office Hour를 알려준다. 교수님을 찾아가 수업 중에 이해가 가지 않았던 부분을 질문할 수도 있고 개인적인 상담을 받을 수도 있다. 나 또한 영미문학의 이해 교수님을 여러 번 찾아갔었다. 내가 수업이 어려워서 따라가기 힘들고, 언어적 제한때문에 과제하는데 너무 오랜 시간이 걸린다고 불쌍하게 말했더니! 수업과 관련된 요약된 자료를 주시면서 도움이 됐으면 좋겠다고 하신다. 오예! 교수님들은 친절하게 학생들을 도울 준비가 되어 있기 때문에 수업과 관련된 문제가 발생하면 교수님을 찾아가면 된다.

THEME 04 　학교가 끝나면?

헬스장에서 가면 테니스를 치거나 당구도 칠 수 있다. 오랜 미국생활 끝에 돼지가 된 나는 이제부터라도 운동을 열심히해보기로 결심했다. 그리고 방과 후에 무료로 들을 수 있는 수업이 있는데 내가 자주 듣던 수업은 요가 수업이다. 바른 자세를 갖기 위해 요가 수업에 처음 들어간 날, OH MY GODNESS! 요가 선생님이 완전 바비인형 같다! 여자도 반할만한 몸매와 얼굴의 소유자! 어쩐지 요가 수업인데 남학생들도 꽤 보이는 것이 다 이 선생님 때문인 것 같다. 예쁜 선생님의 수업을 듣는 재미를 위해 태어날때부터 뻣뻣 그 자체인 나도 꾸준히 요가를 배우러 가곤 했었다. 미국에서 요가를 배우면 동작을 묘사하는 영어를 많이 배울 수 있다는 것이 포인트! 잘 못 알아듣던 나는 주변 사람들의 동작을 힐끗힐끗 보며 따라하곤 했다.

방과 후에는 홈스테이로 돌아가 쉘지와 노는 것이 가장 재밌었지만, 가끔씩은 친구들과 놀러가기도 했다. 친해진 중국인 친구들과 자주 가던 곳은 바로 노래방이었다. 샌디에고에서 한국인이 하는 노래방에 딱 한 번 가본적이 있지만, 그 외에는 노래방을 찾아보기 힘들었다. 하지만 미국에도 한국과 같은 노래방이 있다는 사실! 미국인들은 자주 가는 것 같지 않지만, 한인 타운이나 차이나 타운에서 종종 발견할 수 있다. 내가 간 곳은 중국인이 운영하는 노래방이어서 노래는 대부분 중국노래였다. 하지만, 한국의 가요들도 찾아볼 수 있었다! 내가 소녀시대의 'Gee'를 부르면서, 춤도 함께 추자 중국인 친구들도 따라추기 시작했다. K-POP이 대세는 대세인 것 같다~

 교환학생이란?

교환학생이라는 단어가 익숙해진 요즘, 교환학생을 준비하는 학생들도 상당히 많다. 교환학생이란 자신이 현재 다니고 있는 대학교에 등록금을 내고, 외국의 학교에서 한 학기 혹은 두 학기 동안 공부할 수 있는 것을 말한다. 외국 학교에서 들은 학점도 인정받을 수 있다는 것이 교환학생의 장점이다. 모든 외국 학교에서 공부할 수 있는 것은 아니고 자신이 다니는 대학교와 교류를 맺은 학교들 중에서 선택 가능하다. 각 대학교마다 교환학생을 갈 수 있는 국가와 학교는 다르지만, 외국의 캠퍼스 생활을 경험할 수 있다는 장점때문에 많은 대학생들의 로망이 되고 있다. 교환학생에 선발되기 위해서는 토플 점수와 학점 그리고 면접 스킬이 필요하다. 하지만 당락을 결정하는 것은 바로 영어 점수! 토플이 아닌 토익 점수를 보는 학교들도 있지만, 대부분의 학교들이 토플 점수를 요구한다.

THEME 02 어학연수 VS. 교환학생 전격비교!

01. 어학연수

어학연수의 가장 큰 장점은 전 세계에서 온 친구들과 어울릴 수 있다는 점이다. 학원이나 학교를 다니면서, 세계 여러나라에서 온 친구들과의 인맥 형성이 가능하다. 나의 페이스북만 보더라도 절반 이상이 외국인 친구들일 정도로 어학연수 이후 세계로 뻗는 인맥을 형성할 수 있다. 반면, 어학연수의 단점은 미국인을 만나기가 어렵다는 점이다. 미국에 가면 미국인과 하루종일 대화할 수 있을 것이라는 예상과 달리! 실제로 나에게 시간을 내주는 미국인은 선생님 아니면 홈스테이 가족들이 대부분이다.

또한 어학연수가 갖는 또 다른 장점은 바로 여유로운 시간! 어학연수를 위해 학교나 학원을 다닐 때는 과제가 거의 없다고 해도 과언이 아니다. 대학부설의 경우에는 과제가 있긴 하지만 사설어학원은 과제라고 해봤자 프린트 한 장 풀어오기 정도이다. 따라서 한국에서의 생활과는 다르게 여유롭게 시간을 보낼 수 있다. 이 시간을 이용해서 여행을 하기도 하는데 견문을 넓힐 수 있는 좋은 기회이다.

02. 교환학생

교환학생은 어학연수와 달리 미국인과의 교류가 많다는 것이 가장 큰 장점이다. 룸메이트, 학교 수업, 봉사활동, 특별활동 등 어디를 가도 미국인이 대다수이다. 따라서 마음만 먹으면 정말 영어의 늪에 풍덩 빠질 수 있는 것이 바로 이 교환학생이다. 교환학생으로 지내면서 많은 미국인 친구들을 사귈 수 있었고, 그들과 가까이 지내다보니 미국의 문화를 온몸으로 체험할 수 있었다.

교환학생의 또 다른 장점은 바로 미국의 캠퍼스 생활을 즐길 수 있다는 점이다. 어학연수를 할 때, 대학부설이나 커뮤니티 컬리지에서 공부한 학생이라면 '미국의 캠퍼스 생활은 나도 즐겼는데?'라고 생각할 수도 있지만! 교환학생은 더 많은 자격을 부여받을 수 있다. 다양한 동아리 활동도 할 수 있고, 대학에서 제공하는 여러 프로그램도 참여할 수 있다.

THEME 03　주희의 University of North Dakota 교환학생 생활

미국에서 어학연수를 마치고 나서 든 생각은 "다시 미국으로 가야겠다!"였다. 조금 더 생활밀착형 영어를 배우기 위해 내가 선택한 것은 바로 교환학생! 내 동기 중 한 명도 스웨덴으로 교환학생을 다녀왔는데, 다시 돌아오고 싶지 않다고 했을 정도로 교환학생 생활이 즐겁다고 했다. 학점과 토플 점수를 보는 1차 시험을 무사히 합격한 뒤, 면접도 일사천리로 통과한 나는 University of North Dakota에 교환학생으로 가는 영광을 얻었다! North Dakota? 문제는 공부하는 주가 바로 North Dakota였다는 것! North Dakota는 미국의 중부에 위치하며, 겨울에는 영하 40도를 웃도는 엄청난 추위를 자랑하는 곳이다. 문제는… 내가 이 지역이 이렇게 추운 지역인지 전혀 몰랐다는 점! 내가 찾아본 기사에서는 분명 North Dakota가 미국에서 가장 살기 좋은 도시 1위로 선정됐다고 하던데…. 기대를 안고 도착한 North Dakota는 온통 눈으로 덮여있다. Oops! 나 에스키모가 된 기분이다!

시골이라 그런지 다행히 친구들은 모두 친절하다. 학교 수업에서도 말을 걸어주는 친구들이 많고, 교수님들도 나에게 많은 관심을 보인다. 특히 내가 교환학생을 갔을 때는 싸이의 강남스타일이 미친듯이 인기를 구가하고 있을 때였기 때문에 한국인인 나에게 쏠리는 관심은 매우 컸다. 수업 중에 싸이가 예시로 나오는 경우도 많았고, 그 때마다 관심은 또 다시 나에게 쏠렸다. 확실히 어학연수때와는 다르게 대학 정규 수업은 조금 난이도가 있는 편이었다. 나는 주로 경영학 수업을 들었는데, 여러번 멘붕을 경험했다. 슬프게도 미국의 대학교 수업은 시험을 많이 보는 편이다. 한국에서는 중간고사와 기말고사만 있는 것이 보통인데, 미국에서는 시험 4번은 기본이고 교수님에 따라 매주 퀴즈를 보는 경우도 있다. 오리엔테이션 때 수업계획표를 받아든 나는 이제 망했다 싶었다. 그러나 신기하게도! 미국 학생들을 시험 기간에 도서관에서 찾아볼 수 없다? 나도 도서관을 자주 간 것은 아니지만, 시험을 하루 앞두고 간 도서관은 텅텅 비어있었다! 다 집에서 공부하나? 싶었는데 이 친구들 공부를 열심히 하지 않는 것 같다! 왜냐하면 내가 시험을 볼 때마다 1등이었기 때문! 한국에서처럼 시험보기 며칠 전부터 책을 달달 외운 것도 아닌데, 시험을 볼 때마다 상위권을 유지했다. 내 룸메이트만 보더라도 나는 그녀가 책을 읽는 것을 본적이 딱 두 번정도 있다. 내가 내린 결론은 교환학생으로 학점 잘 받는 일이 어렵지는 않다는 것!

미국 대학교 생활이 즐거운 또 한 가지 이유는 바로 다양한 교양수업! 한국에 비해 다양하고 많은 교양수업을 선택할 수 있다. 모든 운동 종목에서부터 합창단수업에 이르기까지! 제2의 신아람선수를 꿈꾸며 펜싱 수업을 신청했던 나는 생각보다 무거운 펜싱 검과 어려운 규칙 때문에 바로 다른 교양으로 바꿨다! 내가 바꾼 교양은 바로 여자 코러스! 50명 정도의 여학생들이 함께 노래를 하는 수업이다. 고백하자면 나는 악보를 읽을 줄 모르는데, 교수님이 좋다는

제2의 신아람을 꿈꾸며!

나의 교환학생 생활

<table>
<tr><td rowspan="2">1</td><td>2</td><td>4</td></tr>
<tr><td>3</td><td>5</td></tr>
</table>

1 평화로운 미국 생활~
2 학기가 끝나고 휘핑크림 파티!
3 미국인 친구 집에 초대받다!
4 여자 합창단 수업
5 미국에서 맞은 나의 생일

친구의 말을 듣고 막무가내로 신청해버렸다. 그래서 다른 친구들이 부르는 음정을 따라 부르다가 가끔씩 음이탈이 나기도 했다. 이 수업을 들으면서 콘서트도 3번 정도 가졌 는데, 그 때마다 예쁜 드레스를 입고 노래를 불러 내가 사랑하던 교양이다. 교수님이 가끔씩 집에서 요리를 해 학생들과 함께 먹는 시간을 갖고 했는데, 확실히 미국의 교수님들은 학생들과 친구같은 관계를 유지하는 것 같다.

나는 나와 같은 기숙사에 사는 친구들과 친해졌는데, 시골인 North Dakota에서 우리가 할 수 있는 여가활동은 단 두 가지뿐이었다. 첫 째, 방에서 영화를 본다. 둘째, 24시간 운영하는 월마트를 간다. 날씨가 추워 밖에서 운동을 할 수도 없는 우리는 단 두가지의 선택사항밖에 없었다. 방콕하는 학생들을 위해 기숙사에서 함께 미드보기, 체스 게임 하기, 에어로빅 배우기 등 다양한 활동을 제공하기는 하지만 우리의 무료함을 충족시키기에는 2% 부족하다. 나는 교환학생으로 지내는 동안, 평생 볼 영화를 다 봤다고 할 정도로 매일 두 편 이상의 영화를 봤다. 신기했던 점은 영화학이 전공인 나보다도 미국 친구들이 더 많은 영화를 안다는 것! 미국인들은 자신이 좋아하는 영화를 DVD로 소장하는 것을 좋아한다고 하는데, 나이 룸메이트만 하더라도 책장에 책은 없고 온통 DVD뿐이었다. 내가 한국으

드레스 입고 콘서트 중!

로 교환학생을 마치고 돌아오는 5월 쯤, North Dakota 의 날씨가 좋아져 많은 야외활동을 할 수 있었지만! 나의 대부분의 교환학생 생활을 실내에서 보냈다. 여기서 잠깐 조언을 하자면 어학연수 지역을 정할 때, 이것만은 피하자! 날씨가 정말 추운 곳과 시골!

THEME 04   교환학생은 합법적으로 일할 수 있다?

어학연수를 갈 때 받는 비자는 F-1으로 미국 내에서 일하는 것은 불법이다. 반면, 교환학생이 받는 비자는 J-1으로 캠퍼스 내에서 일하는 것이 합법이다. 일을 얻기 위해서는 '소셜 시큐리티 넘버(Social Security Number)'가 필요하다. 소셜 시큐리티 넘버는 필요한 서류를 갖추고 학교 근처 소셜 시큐리티 오피스에 가면 발급받을 수 있다. 교환학생으로 지내는 동안 학생들이 용돈을 벌기 위해 학교 내에서 일하는 경우가 많다. 나 역시 구내 식당에서 일했는데, 돈도 벌고 친구도 사귈 수 있는 좋은 경험이었다. 학생들이 하는 일은 간단한데, 주로 음식을 준비하고 나눠주는 일, 접시를 식기세척기에 넣는 일, 식당을 청소하는 일을 한다. 시간도 자유롭게 조정가능한데, 원하면 하루에 3시간씩 짧게 일하는 것도 가능하다. 미국의 시급은 한국보다 조금 높은 편으로 한 시간에 7,200원 정도를 받을 수 있다. 교환학생 신분이라면, 미국에서 일해보는 것도 추천한다.

Check

Social Security Number를 받기 위해 필요한 서류

- 고용자의 레터
- 학교 레터
- DS 90 (어학연수의 I-20와 같은 개념)
- 여권

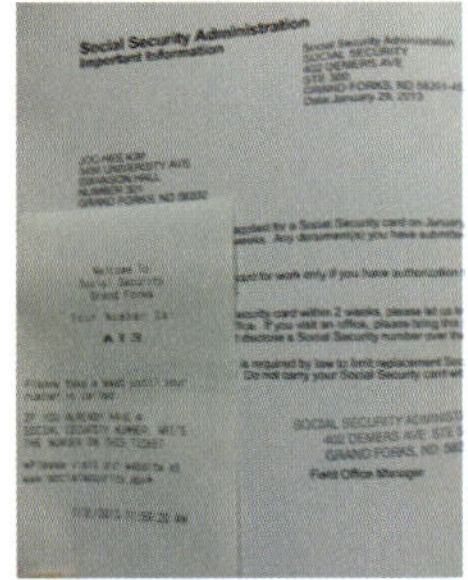

Social Security Number 받기!

윙바에서 일하는 날, 내 인기는 비욘세 급!

열심히 일하는 나

인턴십 지원하기

THEME 01 인턴십이란?

인턴십에는 유급인턴십과 무급인턴십이 있다. 학생비자로는 유급인턴십을 얻는 것이 불법이므로, 현실적으로 무급인턴십을 경험해야 한다. 무급인턴십은 어학원을 통해 신청할 수도 있고, 인터넷에서 정보를 얻어 지원할 수도 있다. 몇몇 어학원에서 인턴십 과정을 수강하면, 인턴십 지원을 위한 이력서 작성을 도와주고, 자신이 원하는 분야의 회사에 고용될 수 있도록 도와준다. 지원할 수 있는 회사로는 영화, 호텔, 병원, 여행 관련 회사 등 다양하다. 인턴십은 영어 공부뿐만 아니라 실무 능력도 키울 수 있는 좋은 기회이므로, 인턴십에 관심을 가져보는 것도 좋다.

인트락스에서 인턴십 과정을 수강한 K양. 그녀의 솔직한 후기를 들어보자!

"인트락스에서는 이력서쓰는 법을 가르쳐주고, 자신이 원하는 회사에 지원할 수 있도록 도와준다. 그러나 반드시 자신이 원하는 회사에서 인턴을 할 수 있는 것은 아니다. (본인은 호텔에서 일하고 싶었으나 여행사에서 일하게 됐다는 K양.) 인턴에게 큰 역할이 주어지는 것은 아니고 간단한 일정도를 한다. 주로 했던 업무는 광고포스터 만들기, 아이들 인솔하고 사진 찍어주기 등. 업무를 소화하는 데 큰 어려움은 없었다. (참고로 학원 수업은 이력서쓰는 법만 배우는 것은 아니라고 한다.) 생각보다 영어를 활용할 기회가 적어 아쉽긴했지만, 미국에서 일해볼 수 있었던 좋은 경험이라고 생각한다."

나의 또 다른 한국인 친구는 일단 들이대고 보자는 정신으로 무급 인턴십을 얻기도 했다. 자신이 전공하는 물류 분야의 회사에 찾아가서 공짜로 일해도 되니까 일 좀 시켜달라고 우겼다는 J군! 처음에는 한 회사에 가서 물류 관련 인턴십을 얻고 싶다고 하니, 자리가 없다고 했단다. 하지만 친절한 직원이 다른 관련 회사를 소개시켜줬다고 한다. J군이 일할 수 있었던 회사는 바로 현대차 해외법인 관련 물류회사였다. 회사의 사장님은 한국인이지만 직원은 멕시코인과 한국인 등 다양한 국적 비율을 가졌다고 한다. J군이 인턴으로 하게 된 일은 시스템에 정보를 입력하는 간단한 일! 자신이 해야할 일만 하면 끝나는 일이라 다른 직원과의 교류나 영어를 말할 기회는 적었다고 한다. 비록 월급도 받지 않고 일했지만, 인턴 경험을 통해 한국에 돌아와 좋은 회사에 취직했다. 현재 그는 현대기아차그룹의 신입사원으로 당당히 합격해 일하고 있다. 그러니 자신이 관심있는 분야의 회사의 문을 당당하게 두드려보라! 두드리면, 열릴 것이다!

THEME 03　미국의 이력서 쓰는 법

★이력서 작성시 Checklist!

01. Contact Information – 연락처

- 이름과 성(미국에서는 이름을 먼저 쓴다), 주소, 연락이 닿을 수 있는 전화번호, 전문적인 이메일 주소는 이력서의 제일 위에 명시되어야 한다.
- 이름은 14~16 포인트가 적당하다.

02. Objective(optional) – 목표(선택적)

- 직업적 목표를 회사에 보다 명확히 알릴 수 있어 이력서에 도움이 된다고 생각할때만 추가한다.

03. Education – 교육

- 가장 최근에 다닌 학교 순서로 쓴다.
- 공식적인 학위명을 쓴다. 예를 들면, Bachelor of Science in Mechanical Engineering, Bachelor of Arts with major in English.
- 전공, 부전공을 서술한다.

• 학교의 정확한 명칭(Full name)과 학교가 속한 도시와 주를 자세히 서술한다. 예를 들면, University of California, San Diego, Los Angeles, CA.
• 평점이 3.0 이상일 경우, 이력서에 명시하라.
• 졸업 날짜, 예상되는 졸업 날짜. 혹은 학위가 수여되지 않는 프로그램이라면 참석한 날짜를 명시하라.

04. Experience (경험)

• 가장 최근에 한 경험부터 언급하라.
• Relevant Experience(지원하는 일과 관련된 경험) 그리고 Additional Experience(추가적 경험) 같은 머리글을 사용하면 이력서가 더 정리된 느낌을 준다. 그리고 가장 중요한 경험부터 언급하라.그러나 이 사항은 선택적이다.
• 직책명, 회사 이름, 회사가 있는 도시와 주 순서대로 언급하라.
• 일을 시작한 날과 끝마친 날을 지속적으로 써라.
• 굵게 혹은 이탤릭체, 그리고 밑줄 효과를 사용하라.
• 자신이 가진 기술, 성취, 그리고 특정 책임감을 묘사하라. 모든 문장은 Action verb로 시작하며, "I" statement는 이력서에 쓰지 않는다. 자주 쓰이는 Action verb으로는 demonstrate, diplay, maintain이 있다.
• 과거의 경험에는 과거 시제를 현재 진행 중인 경험은 현재 시제를 사용하라.
• Honors and Awards (선택사항) – 수상경력
  관련있는 상의 정확한 이름, 상을 수여한 기관, 수상한 날짜(월/년)를 구체화하라.

05. Activities – 활동

• 알맞은 기관의 이름(약어를 사용하지 말 것), 리더십 역할, 활동한 날짜를 나열하라. 그리고 간략하게 활동에 대한 소개를 action verb를 이용하면 좋다.

06. Skills – 기술

• 간략하게 컴퓨터 기술을 서술하라. 예를 들어, Word, Excel, PowerPoint, QuickBooks 등이 있다.
• 구사가능한 언어와 능숙한 정도를 서술하라.
• 해당사항이 있다면, 이 외에도 추가적인 능력을 언급하라. (Laboratory Skills 혹은 Field specific skills)

07. Additional Information - 추가정보

- 사진, 혼인 여부, 생년월일, 소셜시큐리티넘버(미국의 주민등록번호와 같은 개념), 시민권 소유 여부, 성별, 인종, 종교는 절대 이력서에 포함하지 않는다!
- 추천서는 이력서에 포함되지 않는다.

08. Layout and Design - 배치와 디자인

- 읽기 쉽게 정형화된 글자체와 크기를 사용하자. 본문 부분의 글자 크기는 10~12 포인트 정도가 적당하다.
- 이력서에는 오타가 허용되지 않는다.
- 이력서는 눈에 보기 좋아야 한다.
- 밑줄, 굵게 하기(Bold), 기울기 중 두 개 이상을 동시에 사용하지 말자. 예를 들면, not **two or three** at once.

★주희의 이력서 엿보기

JOOHEE KIM

joohee.kim@my.und.edu | Swanson Hall #301 | University of North Dakota | Grand Forks, ND 58202 | (701) 215 9121

EDUCATION

Bachelor of Film	February 2014
Bachelor of Business Administration	February 2014
Hanyang University, Seoul, South Korea	Overall GPA 4.11/4.5
• 3 years Merit~based Scholarship Recipient	
Exchange Student	Spring 2013
University of North Dakota (UND), Grand Forks, ND	
American Studies Certificat	Fall 2011
Seattle Central Community College, Seattle, WA	

RELATED EXPERIENCE

Movie Director – Film Production   2009 ~ 2012
Hanyang University, Seoul, South Korea
• Demonstrated strong leadership and organizing skills directing short movies while gaining knowledge of the film industry
Customer Service – Movie Theater   Summer 2012
Gangnam CGV, Seoul, South Korea

• Displayed communication skills and crisis management abilities resulting in high customer satisfaction amongst cinema customers

LEADERSHIP EXPERIENCE

Mentor   2010 ~ 2012

Hanyang University, Seoul, South Korea

• Gained leadership experience in an intercultural environment by helping international students to adapt in a new environment while maintaining an open~ mind to understand cultural differences

Honorary Ambassador   Fall 2012

Ministry of foreign Affairs and Trade, Seoul, South Korea

• Demonstrated team building and leadership skills in online promotion with notable success in attracting over 100,000 viewers to team blog

• Displayed creativity and communication skill in producing video clips resulting in being awarded from minister

OTHER EXPERIENCE

Line Server   Spring 2013 ~ Present

University of North Dakota, Grand Forks, ND

• Greet guests and build rapport through efficient, prompt, and friendly style

• Maintain passionate and enthusiastic work ethic in providing a nice dining experience to guests

SKILLS

Computer Software:	Microsoft Office (Word, Excel, PowerPoint)
Graphic Software:	Final Cut Pro
Language:	Korean (Fluent), English (TOEFL 105, TOEIC SPEAKING 8)

VOLUNTEER / COMMUNITY INVOLVEMENT

Server, San Diego Rescue Mission, San Diego, CA   Summer 2011
Tutor, Samjun Community Relief Center, Seoul, South Korea   Spring 2012

[THEME 04] **Cover letter는 이렇게 쓰자!**

이력서와 함께 Cover letter를 함께 제출하는 것이 일반적이다. Cover letter는 고용자에게 쓰는 편지와 같은 개념이고 정해진 형식은 없다. Cover letter의 예시는 다음과 같다.

JOOHEE KIM   Phone: (701)215.9121

Swanson Hall #301, University of North Dakota, Grand Forks, ND 58202
E~mail: joohee.kim@my.und.edu

Subject : 2013 Summer Internship

To whom may it concerns

I am writing to apply for the Production Management position (2013 Summer Intern). I am currently enrolled at the University of North Dakota as an exchange student for the 2013 spring semester and looking for an opportunity to train with employers this summer. The goal of this initiative is to increase my future employability by gaining hands-on experience in a professional setting. I am completely ready to become an asset to your company and appreciate your time in reviewing my enclosed resume.

With my valuable experiences, I feel I bring the attributes and skills you desire to your company. Given that I am double major in Film and Business, I have necessary knowledge on the film industry. Moreover, I am able to work with a team and independently when needed. I have excellent organizational skills, effective communication skills and the ability to interact with individuals. Additionally, I am an enthusiastic and passionate person who is able to quickly learn new tasks. Finally, as an international student, I am open~minded and good at understanding cultural differences. Therefore, I am a good candidate for this opening.

I am confident that you will be pleased with the skills and experiences portrayed in the accompanying resume. I hope to speak with you further about the Production Management Internship and, how I qualify. I will be looking forward to hearing from you. Of course, feel free to call (701-215-9121) or e-mail (joohee.kim@my.und.edu) me to discuss any questions you may have.

Thank you in advance for your time and consideration.

Sincerely Yours,

JOOHEE KIM

Enclosure

America

PART 05

알고 보면 재미있는
영어 공부

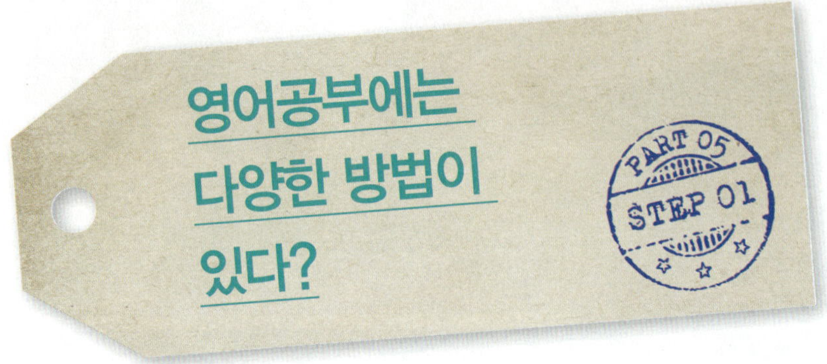

내가 제일 처음 영어 알파벳을 배운 때는 바야흐로 7살! 15년이 넘는 길고 긴 시간동안 영어를 공부해왔겠만… 내 영어실력은 왜 한결같이 이 모양? 나름 영어 실력에 자부심을 갖고 있던 나였지만, 미국에서 망신 망신 대망신을 당하는 날이 하루이틀이 아니었으니! 지금부터 주희의 콩글리쉬 에피소드를 들으며 마음껏 비웃으시라!

THEME 01 지긋지긋한 콩글리쉬

Episode #1

룸메이트인 킴벌이 입고 있던 바지가 정말 편해보여서 나도 하나 장만해야겠다 싶어!
"Kimber, where did you buy the training pants?" (킴벌, 그 트레이닝 바지 어디서 샀어?)라고 물었으나 전혀 알아듣지 못한다. 그 바지!! 니가 입고 있는 그 바지!! 그제서야 알아들은 킴벌이 "Are you talking about this sweat pants?" (너 이 sweat pants 말하는 거야?)라고 한다. 두둥! 그렇다! 우리가 한국에서 자주 사용하는 Training pants는 완전 한국식 영어였던 것! Training pants가 아닌, Sweat Pants라고 해야한다.

Episode #2

기숙사 복도에서 컴퓨터를 하던 중, 배터리가 없으니 충전을 하라는 알림이 떴다! 그래서 재빠르게 방에서 코드를 가지고 나와 콘센트를 찾아봤으나 보이지 않는다! 옆에 있던 킴벌에게 콘센트 어딨냐고 묻자, 콘센트가 뭐냐고 묻는 킴벌! 풉! "너 콘센트 몰라? 그 구멍 뚫려있어서 코드 꽂는 곳!" 그러자 갑자기 웃기 시작하는 킴벌과 친구들! 나는 그 이유를 몰라 어리둥절하게 코드를 든 채 서 있었다. "그거 콘센트아니야. 그거 아울렛이야!"라고 말하는 친구들! 잉? "Outlet?" 그거 물건 싸게 파는 아울렛 몰 말하는 거 아니냐고 물었다가 더 큰 망신만 샀다! Consent가 아니라 Outlet이라니, 럴수럴수 이럴수!

Episode #3

일하던 중 발을 다쳐 깁스를 하게 된 킴벌. 깁스를 하고 저 멀리서 쩔뚝쩔뚝 걸어오는 킴벌을 보고, "너 왜 깁스했어?"라고 물었더니! 이젠 나의 콩글리쉬를 알아듣는 일이 쉬워졌는지 킴벌이 "이건 깁스가 아니라 캐스트(cast)야!"라고 대답한다. 아! 나의 콩글리쉬의 끝은 어디일까!

Episode #4

친구에게 헬스장에서 가서 운동을 하러 가자는 메세지를 보내던 중, 친구가 어떤 운동을 하고 싶냐고 묻길래 아무생각 없이 'Running machine!'이라고 했다가 또 한 번 굴욕을 맛보고 말았다. 헬스장에서 쉽게 볼 수 있는 뛰는 기계! 그거 Running machine 아니야? 하는 사람이 많을 것이다! 알고보니 Running machine이 아니라 Treadmill(트레드밀)이 맞는 표현이라고 한다. Treadmill보다 Running machine이 어떤 기구인지 이해가 더 잘 되는 것 같은데….

Episode #5

학교 앞에 있는 카페에서 샐러드와 음료 주문을 하던 나! 직원이 샐러드를 시키면 사과나 바게트 빵을 선택할 수 있다고 한다. 오호! 그렇다면, 나는 바게트 빵으로 하겠어! "바게트 주세요~"라고 당당하게 말했으나 알아듣지 못하는 직원… 내 목소리가 작았나싶어, "바게트 달라니까~ 사과 말고 난 바게트!"라고 더 큰 소리로 말해보지만… 여전히 못알아들은 것 같다. 그러더니 직원이 "혹시 너 베겟 말하는거야?"라고 묻는다. 베겟? 뜨엇! 바게트가 아니라 베겟이라고 발음해야 맞는 것이라니! 파리바게트때문에 망신을 당했다며, 괜히 애꿎은 파리바게트만 미워진 날이었다.

자! 이 책을 읽고 있는 독자도 미국에 가면 나와 비슷한 상황을 많이 겪게 될 것이다. 당연히 맞는 표현이라고 생각하고 자신있게 말했으나! 미국인은 전혀 알아듣지 못하는 대략 난감한 상황! 같이 영어를 제 2 외국어로 공부하는 친구들은 찰떡같이 알아듣는 경우도 있지만! 이런 콩글리쉬는 일반 미국인들은 전혀 이해할 수 없다는 안타까운 사실… 하지만 벌써부터 좌절하기는 이르다! 콩글리쉬에서 벗어나기 위해 영어 공부는 어떻게 해야 할까? 영어의 도사가 될 수 있는 여러가지 방법을 파헤쳐보자.

THEME 02   재밌는 표현으로 영어에 흥미 갖기

미국에서 지내면서 한국말처럼 재미있게 감정이나 상황을 표현할 수 있는 언어도 없는 것 같다는 생각을 자주 했다. 그래서 한동안 한국어에 대한 향수에 푹빠져 살던 때도 있었다. 하지만 알고보면 영어에도 흥미로운 표현이 많다는 점! 예를 들어, "너네 정말 잘 어울린다~" 이 말을 어떻게 표현할 수 있을까? 미국인 친구에게 물어보니, "Two peas in the pod."이라는 표현을 쓴다고 한다. 한국말로 해석하자면, 콩깍지 안에 든 두 개의 콩 같다는 말이다. 의역하자면, 콩깍지를 열었을 때 나란히 사이 좋게 붙어있는 두 개의 콩 같다는 말일 것이다. 정말 귀여운 표현이 아닐 수 없다. 지금부터 영어의 숙어와 속담을 알아보며, 영어에 흥미를 붙여보자!

★ 영어의 숙어와 속담

Let the cat out of the bag	비밀을 누설하다
Rain cats and dogs	비가 억수같이 쏟아지다
Not my cup of tea	내 취향이 아니야
Out like a light	침대에 눕자마자 바로 잠들다
Bury the hatchet	싸움을 그만두다 혹은 화해하다
Cross that bridge when you come to it	공연히 미리 걱정하다
By the skin of one's teeth	가까스로 해내다
Draw the line	~을 거부하다
Green with envy	몹시 샘을 내는
End of my rope	한계에 다다르다
At the drop of a hat	즉시, 주저하지 않고
Back seat driver	운전자에게 계속 잔소리하는 사람, 참견하기 좋아하는 사람
Eighty-sixed	(식당이나 카페에서) 음식 혹은 음료 제공을 거부 당하다
To get over it	극복하다
Hit the sack	잠자리에 들다
In the buff	알몸의 (naked like a jaybird 혹은 in one's birthday suit도 같은 뜻으로 쓰인다)
Loose cannon	어디로 튈지 모르는 사람, 예측불허의 행동을 자주 하는 사람
Pigged out	돼지처럼 많이 먹다
Under the weather	몸이 좋지 않은
Don't judge a book by its cover	겉만 보고 속을 판단하지 말라
Have an ax to grind	불평·불만이 있다
To break a leg	행운을 빌다
A cup of joe	커피 한 잔
Bend over backwards	비상한 노력을 하다
Flip someone the bird	모욕의 의미로 가운데 손가락을 보이다
Be in the bag	거의 확실한, 따놓은 당상인
Kitty-corner	대각선상의
Out of the blue	갑자기

put a sock on it	(다른 사람에게)입 다물어 혹은 조용히 해
Rise and shine	Good morning 대신 쓸 수 있다
To hit the books	열심히 공부하다
Go the extra mile	(~을 위해) 특별히 애를 쓰다
Jaywalk	무단횡단하다
Kick the bucket	죽다
Keep one's chin up	용기를 잃지 않다
You are what you eat.	당신이 먹은 음식이 곧 당신이다. 건강한 음식을 먹으면, 건강해진다는 말
There is a method to my madness.	자신이 하는 일에 이유가 있음을 나타내는 말
Not playing with a full deck	제정신이 아닌
Last but not least	마지막이지만 중요한 것
On the same page	의견이 일치하다

THEME 03 주변 환경을 200% 이용하라

우리가 영어를 공부하기 위해 먼 미국까지 간 이유는 딱 하나! 영어를 사용하는 환경에 우리를 노출하기 위해서이다. 옷깃만 스쳐도 인연이라는데, 우리의 영어 실력을 한 단계 UP 시켜줄 인연을 찾는 것이 포인트! 학교 선생님, 홈스테이 가족은 물론 다른 미국인과 친밀한 관계를 맺으면 자연스럽게 영어 공부를 할 수 있다. 학교가 끝나면 바로 홈스테이로 귀가해 가족들과 함께 시간을 보내면 이상적이지만, 가족들도 그들의 생활이 있는 법! 약속도 없고, 홈스테이 가족들도 집을 비운 날이라면! 집에서 혼자 뒹굴뒹굴하는 것보단 나가서 사람을 찾는 것이 백 번 낫다는 생각이 들었다. 그래서 내가 선택했던 방법은 집 앞 카페에 가거나 장 보기! 내가 살던 홈스테이 앞에는 타겟과 스타벅스가 있는 커다란 상점가였다. 미국의 카페에서 일하는 바리스타들은 한국과는 달리 손님들과 친근한 관계를 유지한다. 한국에서는 커피를 주문하고, 기다리는 동안 바리스타와 아무런 대화가 오고가지 않는 것이 보통이지만, 미국의 카페는 조금 다르다. 항상 "How are you today?" (오늘 기분어때?) 라고 물으며 대화를 시작하는 미국의 바리스타들. 미국의 바리스타들은 손님들과 날씨, 안부같은 주제로 시작해 개인적인 일까지도 솔직하게 털어놓는다. 손님들 역시 자신들이 이야기를 먼저 꺼내기도 한다. 내가 집 앞 스타벅스에 가면, 자주 보이던 직원이 있었는데 나를 단골로 생각한 모양인지 대화를 자주 걸곤 했다. 어디에서 왔는지, 학교 생활은 어떤지, 미국의 어떤 점이 마음에 드는지 등등! 나는 커피를 시키고 주문하는 곳 근처에

미국에서 쉽게 찾을 수 있는 스타벅스! 직원과 친구가 되자 / 마트도 영어를 공부할 수 있는 좋은 장소

심심해 보이는 사람을 공략해보는 건 어때?

앉아 바리스타와 손님의 대화를 듣는 것을 즐겼는데, 은근히 듣기 실력 향상에 도움이 되는 것 같다. 그리고 한 번은 스타벅스에서 내 컴퓨터의 와이파이가 잡히지 않아 바리스타의 도움을 받으려 했는데… 그 날 따라 사람들이 너무 많아 도저히 물어볼 수가 없는 상황이었다. 그래서 할 수 없이 옆에 있던 아저씨에게 "Could you please help me to use Wifi?" (나 와이파이 잡을 수 있게 도와줄 수 있어요?) 라고 물었더니 친절하게 컴퓨터를 손봐줬다. 와이파이를 잡는 데 시간이 조금 걸렸는데, 그 동안 우리는 대화를 하기 시작했다! 내 컴퓨터는 되는데 왜 니 컴퓨터는 안 되지? 컴퓨터로 뭐 하려고 하니? 어떤 과제니? 끝도 없는 아저씨의 질문들! 결국 상냥한 아저씨 덕분에 와이파이를 잡는데 성공했다. 또 나는 심심할 때마다 집 앞 타켓에서 윈도우 쇼핑을 하는 것도 좋아했다. 그냥 물건들을 살펴보는 것이 아니라 물건 이름, 재료나 성분이 쓰여진 것을 보면서 암기하곤 했다. 그러다보면 가끔씩 내가 모르던 영어를 배우게 되는 기쁨을 맛볼 수 있다. 미국에서는 스킨 로션이라는 말대신 토너라는 말을 사용한다는 것부터 면봉은 cotton swab, 화장솜은 cotton beauty라고 하는 것까지! 은근히 윈도우 쇼핑을 하다보면 돈을 들이지 않고도 새로운 단어를 많이 알게 된다. 그러니 집 안에 머무르기 보다는 밖으로 나가서 미국에서 공부하는 장점을 최대한 활용하는 것이 어떨까?

★ 카페 직원: Good afternoon. Are you ready to order?
좋은 오후입니다. 주문할 준비되셨나요?

★ 주희: Yes. I'll have caramel macchiato, hold the whip.
네. 카라멜 마키야또, 휘핑크림 빼고 주세요.

★ 카페 직원: Would that be hot or cold for your coffee?
아이스 커피, 혹은 뜨거운 커피 중 어떤 걸 원하세요?

★ 주희: Hot, please 혹은 Cold, please.
뜨겁게 해주세요 혹은 차갑게 해주세요

★ 카페 직원: What size? 사이즈는 어떻게 해드릴까요?

★ 주희: Small would be fine. 작은 걸로 주세요.

★ 카페 직원: Would you like anything else with your coffee?
커피 말고 다른 건 필요하지 않으신가요?

★ 주희: Hmm.. Do you have tiramisu?
티라미슈 케익 있어요?

★ 카페 직원: I am so sorry, but we just ran out of it
죄송합니다만, 티라미슈는 다 떨어졌습니다.

★ 주희: Then, I will just have coffee.
그럼 그냥 커피만 마실게요.

★ 카페 직원: Will that be all? 주문 다 하신건가요?

★ 주희: Yes, that's it. 네, 그게 다입니다.

★ 카페 직원: The total is $5. 총 $5 입니다.

THEME 04 과제는 선택이 아닌 필수

사설어학원은 대학부설이나 커뮤니티 컬리지에 비해 과제량이 적다. 보통 1시간이 채 걸리지 않는 과제들이 많으므로 과제를 하는 데 큰 어려움이 없을 것이다. 하지만 문제는 대학부설이나 커뮤니티 컬리지! 대학부설은 미리 문제를 풀어오거나 발표 준비를 해야하는 숙제가 많다. 큰 프로젝트 외에도 매 수업마다 자잘한 과제들이 많이 있으므로 잊지 않고 기억하는 것이 중요하다. 대학부설이나 커뮤니티 컬리지는 사설어학원처럼 한 가지 수업만 듣는 것이 아니어서, 여러 수업에서 한꺼번에 과제폭탄을 맞으면 정신을 차리기 힘들다. 나처럼 금방 금방 까먹는 성격이라면, 다이어리에 과제를 적어 두는 것이 좋다. 개인적으로 과제를 따로 적어놓지 않고, 과제인 책 페이지를 접어 놓는 나는 자주 과제의 존재를 잊어버리곤 한다. 과제가 선택이 아니라 필수인 이유는 과제를 해야만 학교 수업을 주도할 수 있기 때문이다. 한 번이라도 미리 읽어보고, 과제를 한 학생들의 수업 참여도와 이해도가 높을 수 밖에 없다. 과제를 한 날은 자신감도 높아지고, 수업도 잘 이해가 되는 반면 과제를 하지 못한 날은 수업이 재미없고 다른 친구들이 이야기하는 것을 바라만 보게 되는 경우도 있다. 또한, 과제를 하다보면 영어실력도 함께 향상된다는 것! 과제의 유형에 따라 책 읽기 과제는 독해실력을 향상시키고, 작문 과제는 쓰기실력을 쑥쑥 늘게한다. 그러니 과제를 단순히 해야하는 일이라고 생각하지말고 영어공부를 위한 투자라고 생각하면, 의욕이 불끈 생길것이다. 과제를 하면서 모르는 부분은 과제할 때 체크해두고, 그 다음 날 선생님께 물어보면 나중에 기억이 새록새록 난다. 그러니 과제는 잊지말고 꼬박꼬박 하는 습관을 들이자.

THEME 05 나만의 수첩을 만들어라

미드, 영화를 볼 때 좋은 표현이 나오거나 수업시간에 선생님이 하신 말씀 중 나중에 써먹으면 좋겠다 싶은 영어, 혹은 친구들과 이야기하다가 모르는 표현이 나온다면! 다이어리나 작은 수첩에 적어두는 것을 추천한다. 친구들과 이야기하는 도중 수첩을 꺼내 받아 적는다면 상대방이 부담스러울 수도 있으니 나는 핸드폰 메모에 몰래 적어 놨다가 나중에 수첩에 옮겨 적곤 했다. 수첩을 따로 가지고 다니는 것이 불편하다면, 핸드폰 메모 기능을 이용하는 것도 좋다. 이렇게 실생활에서 배운 영어 표현을 수첩에 써 가지고 다니면서, 버스에서 이동할 때나 시간이 남을 때 틈틈이 읽어보면 좋다. 수첩에 써놓은 영어를 나중에 실제로 완벽한 타이밍에 사용할 때 느끼는 그 쾌감은 말로 표현할 수 없다.

★주희의 수첩 훔쳐보기

My whole life collectively	지금까지 살면서 혹은 내 삶을 통틀어서라는 뜻. 미국인 친구 트레비스와 이야기하다 나온 말로, "지금까지 살면서 중 가장 열심히하고 있어"라고 말할 때 사용했다.
I hate bananas! Me too!	부정문으로 말하는 경우, 대답은 Me neither나 Me either인줄 알았는데! 부정의 의미를 가지는 hate를 사용할 때, 대답은 Me too!(나도 싫어!)라서 놀랐다.
Cuddle	껴안다라는 뜻. 룸메이트와 그녀의 남자친구가 꼭 껴안고 있을 때 사용한 표현
Your text amused me greatly.	너의 문자 메세지가 날 매우 즐겁게 했어라는 뜻
Thumb's up	최고야! 엄지손가락을 척 올린다는 의미

Not a big deal	별거 아니야라는 뜻. 내가 잘못해서 Sorry라고 할 때마다 내 룸메이트가 하던 말!
Eating disorder	식이장애를 뜻하는 말. 미국인 친구가 한국인들도 Eating disorder가 있냐고 물어봐서 사전을 찾아봤던 기억이 난다.
Tear on your eyes	눈물이 그렁그렁 맺히다라는 뜻. 학교 선생님이 과제를 많이 내주고는 너네 눈에 눈물이 그렁그렁하다고 표현함
Get into government	공무원이 되다 혹은 정부를 위해 일하다 정도로 해석할 수 있을 것 같다. 중국인 친구가 공무원 시험을 준비하고 있다고 할 때, 썼던 말!
Stay out of my way	내 길을 막지마라는 뜻. 지나가려고 하는데, 앞에 친한 친구가 있는 경우 장난식으로 많이 쓰는 것 같다.
By all means	반드시라는 뜻
Time's up	시간이 다 됐다라는 뜻으로 수업 시간에 많이 사용된다.
Get contact lenses out	콘텍트 렌즈를 빼다라는 뜻
She's retarded	그녀는 약간 모자라다라는 뜻으로 부정적인 뜻이다.
Come up back with me	생생하게 표현하자면, 뒷골목으로 따라와 정도? 내가 트레비스를 계속해서 놀렸더니, 이렇게 말했다!
Knock it off	그만해라는 뜻. 친구가 자꾸 놀리거나 짜증나게 할 때, 자주 쓴다.
I can't risk it.	나는 위험을 감수할 수 없어라는 뜻
How late were you up?	얼마나 늦게 일어났니?라는 뜻. 캐나다 친구, 케이티가 못 알아듣는 나를 위해 무려 5번이나 반복해서 물어봄!
Sucks to suck	진짜 최악이다!라고 할 때 많이 쓰는 표현
That's not for me to tell you.	그건 내가 말해줄 수 있는 게 아니야라는 뜻. 내가 제 3자의 비밀을 계속 말해달라고 조르자, 친구가 그건 말해주기 곤란해라는 의미로 한 말
Do I ever?	내가 언제 그런 적 있어?라는 뜻. 내가 트레비스에게 이것 좀 도와줘라고 부탁했더니, 내가 언제 너 도와줬던 적이 있어?라며 장난식으로 말함
Where were you? 혹은 Where have you been?	너 어디있었어? 어디에서 오는 길이야?라는 의미. 내가 너 어디 있었어를 "Where are you from?"으로 물었더니, 친구들이 이해하지 못했다!
Extra brownie credit	추가점수
Tooth pick	이쑤시개. 개인적으로 정말 귀여운 표현이라고 생각한다.
Going away party	송별 파티. 내가 한국으로 떠날 때, 주희를 위해 going away party를 해주자고 해서 감동받았던 기억이 새록새록
I am rubbed.	나 사기당했어라는 뜻. 내가 인터넷 쇼핑몰에서 지갑을 구입했는데, 3일 뒤 그 웹사이트가 없어져 멘붕을 경험하던 때 배웠던 영어! Joohee is rubbed!
Kick one's butt	매우 힘들다는 뜻. 내가 요즘 학교 어때?라고 물었더니, 케이티가 너무 힘들다면서 쓴 표현

We are on number 2.	우리 지금 2번하고 있어요라는 뜻. 교수님이 수업 중에 우리 지금 어디할 차례지?라고 물을 때, 쓸 수 있는 표현
May I have two servings of – ?	학교식당에서 더 많은 양의 음식을 배급받고 싶을 때, 사용하면 좋은 표현
We are out of it.	지금 그거 다 떨어졌어라는 표현. 음식이나 재고가 없을 때 쓰는 말
Clean out one's desk.	해고당하다라는 무서운 뜻
Go for it.	계속해라는 뜻. 피자가 마지막으로 한 조각 남았을 때, 누군가 "내가 이거 먹어도 돼?"라고 하면 친구들이 "Go for it"이라고 대답한다.
Bounce off	튕겨 나가다라는 뜻. 휴지통에 농구선수처럼 휴지를 던졌으나 휴지통을 맞고 나왔을 때 쓸 수 있는 표현
I love at here.	나 여기 좋아라는 뜻. 간단해 보이지만 I love here로 쓰기 쉬우니 주의
Catch my breath	나 숨 좀 돌리고라는 뜻. 내가 친구에게 "어떻게 됐어? 빨리 말해줘!"라고 재촉하자 친구가 기다리는 의미에서 한 말
Purge 혹은 puke	토하다라는 뜻. 술 마실 때 자주 등장하는 말
Find me gas station close by	내 근처의 주유소를 찾아줘라는 뜻. 길을 찾아주는 앱에 대고 친구가 한 말
Bad with names	이름을 잘 외우지 못할 때 쓰는 말
Alone together	단 둘이서라는 뜻
See in a while	조금 있다가 보자라는 뜻
Become motivated	동기부여가 되다라는 뜻
I have nothing on my agenda.	나 오늘 할 일 없어라는 뜻. "너 오늘 바빠?"라고 물었을 때, 나 오늘 한가해라는 의미로 쓰인다.
Choose her over me	나 대신 그녀를 택했어라는 뜻
Couch potato	게으른 사람
Live in Swanson	어느 기숙사에 살다를 말할 때는, 전치사 in을 쓴다.
Live on third floor	기숙사 몇 층에 살다를 말할 때는, 전치사 on을 쓴다.
I am majoring in 혹은 I am a film major	전공을 이야기 할 때 여러가지 방법이 있다!
We are on different pages	서로 다른 말을 할 때 쓸 수 있는 말
Beat someone up	누군가를 두들겨 패다라는 뜻. 킴벌이 기분이 안 좋았을 때, 오늘 누군가를 패버릴지도 몰라라는 의미로 사용
Proxy for	–을 대신하다. 킴벌 대신 회의에 참가했을 때, "I am proxy for Kimber".이라고 말함
I love them all to death.	그들을 정말 사랑할 때 하는 말. 그들을 위해 죽을 수도 있어 정도로 해석할 수 있다.
We are in the middle of nowhere.	주변에 아무것도 없을 때 쓰는 말
You have bigger eyes than your stomach.	음식을 많이 가져다 놓고, 먹지 않아 남길 때 쓸 수 있는 말

Sunny side up	식당에서 주문할 때, 계란 노른자를 익히지 않은 것을 뜻함. 노른자 위만 살짝 익히는 것은 over easy라고 표현
Paper cut	종이에 베였을 때 쓸 수 있는 표현
Expect too much out of me	나한테 너무 많은 걸 바란다.
I am not bed time tired yet.	나 아직 잘만큼 피곤하지 않아.
Sleep talk	잠꼬대

THEME 06 영화 속 주인공이 되자

누구나 자신이 좋아하는 영화나 드라마의 캐릭터가 있을 것이다. 영어 공부를 할 때, 영화나 미드 속 주인공을 따라하는 것이 큰 도움이 된다고 한다. 말투나 행동까지도 자신이 좋아하는 영화 속 주인공을 따라해보는 것은 어떨까? 캐릭터의 말투를 따라하다 보면 자연스럽게 미국인의 억양과 발음도 익힐 수 있다. 게다가 캐릭터의 행동을 따라하다 보면 조금 더 자연스럽게 영어를 구사할 수 있다. 여기서 한 가지! 무엇보다 자신의 성격에 맞는 캐릭터를 찾아내는 것이 중요하다. 자신이 좋아한다고 해서 무작정 따라하면 오히려 역효과가 날 수도 있다는 사실! 개인적으로 내가 가장 좋아하는 캐릭터는 "How I met your mother"에 나오는 로빈인데, 나와 로빈의 성격은 전혀 맞지 않다고 한다. 로빈은 겁나 쿨하고, 남자같은 성격인데 반해 나의 실제 성격은 전혀 그렇지 않았던 것! 나의 성격과 맞지 않는 로빈을 따라하려다 보니 오히려 영어가 더 꼬이는 것 같다~ 그러니 자신의 실제 성격과 비슷한 캐릭터를 찾아보자.

우리가 중국인 친구들의 영어를 들으면, 알아 듣기 힘들고 영어를 잘 못하는 것처럼 느껴진다. 하.지.만. 미국인들은 오히려 중국인 친구들이 한국인보다 영어를 더 잘한다고 느낀다. 내가 버터를 3개 정도 먹은 것처럼 혀를 굴려가며 발음을 해도 알아듣지 못하던 내 미국인 친구가! 중국인 친구가 정직하게 발음하는 영어는 찰떡같이 알아듣는다. 뭐가 문제일까 생각해봤더니 우리의 문제는 바로 억양! 중국어에는 4성이 있어 음의 높낮이가 있고, 억양을 정확하게 표현하기때문에 미국인은 더 알아듣기가 쉽다고 한다. 그러니 우리에게 주어진 과제는 강세와 노래하듯이 영어에 높낮이를 주는 것! 이 과제는 미드의 주인공을 따라하면서 해결할 수 있다. 실제 영어를 모국어로 하는 사람이 어떤 톤으로 이야기하는지 어떤 곳에 강세를 주는지를 그대로 따라하는 것이다!

미국에만 가면 저절로 말문이 트이고, 영어 실력이 쑥쑥 느는줄 알았것만⋯ 왜 말 한 마디 꺼내기가 이렇게 힘들걸까? 유럽 친구들은 수업시간에도 말이 굉장히 많은데, 아시안 친구들은 상대적으로 조용하다. 사실 유럽 친구들은 아시안 친구들보다 영어를 훨씬 잘하는 것처럼 들리지만 자세히 들어보면, 문법적 오류를 굉장히 많이 범한다. 그럼에도 불구하고 그들은 전혀 신경쓰지 않고 자신이 하고 싶은 말을 한다. 문법적으로 맞지 않는 표현이지만 리듬을 타서 말하는 서양 친구들의 영어는 굉장히 유창하게 들린다. 그리고 문법적으로 맞지 않는 표현이라도 선생님을 포함한 다른 친구들은 의미를 이해할 수 있다. 여기서 우리가 얻을 수 있는 교훈은? 복잡한 문법을 생각하기 전에 입 밖으로 뱉으라는 것! 우리가 말을 해야 선생님이 우리의 틀린 문법을 고쳐줄 수도 있고, 틀린 점을 알아야 영어 실력이 향상될 수 있다. 나도 처음에는 말 한 마디 꺼내기 전에 머리 속에 완벽한 문장을 만들려고 노력했으나! 그렇게 생각하는 동안 주제는 이미 다른 주제로 흘러가버린 지 오래⋯. 이미 머리 속으로 생각한다는 것은 말할 주도권을 뺏긴다는 것과 같다. 홈스테이 가족들은 내가 말할 때까지 기다려줄지 모르지만, 학교 수업은 서로 먼저 말하려는 전쟁과 같다는 것! 한국말에 목소

일본, 브라질, 대만 친구들과 함께! 국제적인 인맥~

리 큰 놈이 이긴다는 말이 있듯이 일단 자신감있게 말을 시작하자. 수업 시간에 목소리가 커질수록 배우는 것도 많아질 것이다.

THEME 08 친구는 내가 고른다

어학연수를 하는 동안 우리가 대부분의 시간을 함께 보내는 사람들은 누굴까? 선생님? 홈스테이 가족? 내 생각엔 바로 학교 친구들이다. 친구들과는 학교에서도 수업을 함께 듣고, 방과후에도 함께 다양한 액티비티를 즐기게 된다. 많은 시간을 함께 보내기 때문에 우리가 어떤 친구를 사귀는가는 매우 중요한 문제이다. 어학연수를 할 때 보면 한국인 무리에서 한국말만 쓰는 친구들도 있고, 혹은 외국인 친구들과만 어울리려고 노력하는 친구들이 있다. 내가 생각했을 때 가장 이상적인 경우는 물론 외국인 친구들하고만 노는 것이겠지만, 현실적으로 어려운 경우가 많다. 그래서 한국인 친구들과 외국인 친구들을 섞어 함께 노는 것이 바람직하다. 외국인 친구가 무리에 섞여 있다면, 아무래도 영어를 써야하는 환경이기 때문이다. 외국인 친구들과 한 무리에서 놀다 보면, 나중에는 한국인끼리만 있어도 자연스럽게 영어를 쓰게 된다. 개인적으로 나는 한국인과는 아예 어울리지 말아야지하고 생각했었지만… 현실은 또 그렇게 녹록하지만은 않다! 미국에서 처음 학교에 간 날부터, 한국인을 만나니 그렇게 반가울수가 없다! 우리가 여기서 마주하는 문제는 '한국인에게는 영어로 말해야할까? 아니면 한국말로 해야할까?'일 것이다. 나는 영어만 쓰기로 한 나 자신과의 약속을 지키기 위해 한국인에게도 영어로 말을 걸곤 했다. 한국인 친구가 한국말로 말을 걸어도, 영어로 대답하기도 해 서로 뻘쭘한 상황이 연출되기도 했다. 몇 몇 한국 친구들은 이런 나를 아니꼽게 본 것 같다. 그래서 나를 싫어하는 것으로 추정되는 무리들도 있었지만, 나와 마음이 맞지 않는 친구들은 신경쓰지 않기로 했다. 그리고 나와 마음이 맞아 영어로만 대화하려고 했던 친구들과는 좋은 관계를 유지했다. 한 가지 전해주고 싶은 것은 우리의 삶이 선택의 연속이듯이 친구를 사귈 때도 선택이 필요하다. 미국에서 한국말을 하며 친하게 지내는 이 친구와의 우정이냐 아니면 외국인 친구와 사귀면서 영어를 선택할 것인가? 자신이 생각했을 때, 옳다고 생각하는 선택을 하면 된다.

THEME 09 선생님을 공략하라

나 조차도 이해할 수 없는 영어를 이해할 수 있는 사람은 바로 학교 선생님! 선생님은 고급 영어를 구사하고, 외국인이 구사하는 이상한 영어도 잘 알아듣는 유일한 미국인이다. 그래서 우리가 공략해야 하는 사람도 바로 선생님! 선생님과 친해지기 위해서 우리가 할 수 있는 일은 간단하다. 수업에 10분 정도 일찍 가는 것이다. 하루에 10분 정도 일찍 일어나는 일, 어렵지 않아요~ 선생님들이 보통 수업이 시작하기 전에 교실에 도착해 수업 준비를 한다. 그 때가 선생님과 대화할 수 있는 최적의 타이밍! 선생님과 간단한 대화를 하는 것은 돈을 버는 일이나 마찬가지다. 그리고 미국에서는 선생님이 학교가 끝난 후 함께 놀러가자고 제안하는 경우가 많다. 나도 반 친구들과 선생님을 따라 바에 가서 함께 춤을 추기도 했다. 그리고 가까운 공원으로 피크닉을 가기도 한다. 이럴 때마다 반드시 참석하고, 선생님의 옆자리를 꿰찰 것! '선생님과 가까운 자리는 항상 나의 것!'이라는 생각을 갖자.

게으른 내가 일찍 와서 놀란건가?

일찍온 학생들을 격하게 반기는 찰스

THEME 10 Tutoring도 좋은 방법이다

아무리 열심히 노력해도 영어가 제자리걸음이라고 느낀다면, Tutoring을 받아보는 것은 어떨까? 학교 게시판을 보면, 한국어를 배우고 싶어 언어교류를 하고 싶다는 학생들도 더러 있기는 하다. 그런 학생들에게 연락을 해 한국어를 가르쳐주고, 영어를 배우는 것도 좋은 방법이다. 내가 다니던 UCSD에서 학기 초에 언어 교류를 희망하는 정규 학생들의 이메일 주소를 보내주기도 했다. 한 50명 정도의 연락처가 있었는데, 그 중에 한국어를 배우고 싶다는 학생은 한 5명 정도였다. 그리고 그런 친구들과 연락한 한국인 친구들은 정말 많았으니! 내 친구는 그 중의 한 명과 연락이 닿아 3:1의 과외를 하기도 했지만, 내가 연락을 했던 친구는 졸업을 하고 직장을 얻은 뒤라 나와 언어교류를 하기 힘들 것 같다고 했다. 그래서 내가 선택한 것은 바로 Tutoring! 한국으로 치면 개인과외와 같다. 내가 다니던 UCSD가 아닌, 다른 대학교에서 선생님을 하고 있는 켈리(Kelly)라는 예쁜 과외 선생님이었다. 나는 혼자 하기에는 가격

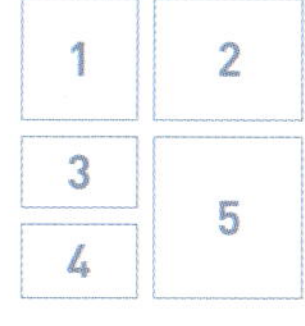

이 조금 부담스러워 내 친구와 함께 과외를 받기로 했는데, 친구가 다니던 학교의 선생님이었다. 우리 두 명의 과외비는 하루에 $50이고, 한 시간 반씩 수업이 진행됐다. 각자 $25씩을 내고 과외를 받은 셈이다. 처음 만난 날, 어떤 분야에 대해 공부하고 싶냐는 켈리의 질문에 우리는 주저없이 발음이라고 대답했고, 우리는 그 이후로 발음 연습에 올인했다. 문장을 읽을 때 어떻게 읽으면 자연스러운지와 정확하게 단어를 발음하는 것이 우리의 목표였다. 과외를 받으면서 미국의 발음 체계가 굉장히 복잡하다는 것을 느낀 나는 또 여러번 머리털을 뽑아야 했다! 그래도 이 발음 수업 덕분에 내 정체불명의 영어 발음이 나날이 좋아짐을 느꼈다.

돈을 지불하고 과외를 받는 것이 부담스럽다면, 공립 도서관을 공략하라! 공립 도서관에서는 영어를 제 2외국어로 공부하는 학생들을 위해 그룹 영어 과외를 제공하기도 한다. 시애틀 공립 도서관은 일주일 2번, 1시간 30분씩 외국인 학생들을 위한 수업이 있었다. 한 번에 20명 정도가 참여하는데 별도의 예약없이도 이용할 수 있다. 처음에는 둥그렇게 둘러 앉아 간단한 자기소개를 한다. 그리고 그룹을 나누게 되는데, 보통 4명이 한 그룹을 이룬다. 그리고 각 그룹마다 자원 봉사자 한 명씩이 배정되고, 특정한 주제를 공부하는 형식이다. 나라별 옷의 종류, 나라별 음식, 나라별 문화 등. 문화적 다양성에 바탕을 둔 주제들이 많고, 이야기할 기회가 비교적 많은 편이다. 자신이 공부하고 있는 도시에 공립 도서관이 있다면, 도움을 받을 수 있는지 확인해 보자!

주희는 이랬다

 노래로 배우는 영어

노래를 들으면서 가사를 이해하기는 정말 어려운 일 같다. 영어 노래를 들었을 때 무슨 말인지 이해하기 어렵지만 막상 또 쓰여진 가사를 보면 이렇게 쉬울 수가 없다! 왜 안 들리는 것일까, 왜! 가사를 이해하기 어려운 영어 노래이지만, 노래로 영어를 공부하는 재미도 쏠쏠하다. 한 번은 캐나다로 여행을 가던 중, 라디오에서 노래가 흘러나오고 있었다. 가사 중에 Tough action이라는 말이 나왔는데, 갑자기 앞좌석에 앉아 있던 수지가 뒤를 돌아보며 "Tough action이 무슨 뜻인지 알아?"라고 묻는다. 그걸 내가 알 턱이 있나! 내가 무슨 뜻이냐고 묻자, 수지의 대답은 다음과 같았다. 가수가 무대에 설 때, 앞서 공연한 사람이 공연을 정말 잘하면 부담감 때문에 공연을 잘 하지 못하는 것을 Tough action이라고 표현해~ 그런데 이 걸 연애에 적용해 보면! 내가 너랑 사귀면서 너를 많이 사랑했기 때문에 아마 다음 여자를 사귀기 힘들 것 같다는 뜻이야~ 어때? 멋지지? 순간, 진짜 멋있는 비유라는 생각이 들었다. 이렇게 노래를 들다보면, 멋진 비유적 표현을 배우게 되는 순간이 있다. 자신이 좋아하는 가수나 좋아하는 노래를 흥얼거리며 가사를 외워보자! 그리고 언젠가 누군가에게 고백할 때 써먹으면 어떨까?

아래 소개된 나라별 친구들의 특성은 각 나라의 친구들을 인터뷰하면서, 그리고 직접 경험하면서 얻은 결론이다. 하지만 모든 친구들이 이 특성에 반드시 부합한다는 100% 보장은 없다. 세계에는 정말 다양한 사람들이 살고 있고, 그 사람들의 고유한 성격을 그들의 국적만으로 구분하는 일은 불가능에 가까울 것이다. 한국 사람이라고 해서 모두 김치를 좋아하지는 않는 것과 마찬가지라고 할까? 그러니 아래의 나라별 친구들의 특성은 외국인 친구를 사귈 때 참고하는 정도로만 사용하자!

THEME 01 인터뷰를 통해 알아본 나라별 친구 특성

01. 스위스에서 온 줄리아가 말하는 스위스 사람

스위스 친구들의 특징	스위스 친구들은 처음에는 내성적이고 차분해보일 수 있으나 한 번 알아가기 시작하면 깊고 오래가는 우정을 키울 수 있어~ 그리고 스위스 사람들은 정리정돈을 잘 한다는 인상을 받을거야.
관심 분야	젊은 사람들은 여가시간에 보통 음악을 들어~ 좋아하는 음악 장르가 비슷하다면, 스위스 친구들과 가까워지기 더 쉽겠지? 우리는 sports에도 관심이 많은데 축구, 발리볼, 스키, 스노우보드 타기 등을 즐겨! 정치에도 관심이 많은 편이고, 세계적인 이슈에 대한 정보도 꾸준히 얻으려고 노력해~
좋아하는 대화 주제	우리가 좋아하는 대화 주제는 일상, 일, 파티 정도? 그리고 남자친구나 여자친구에 대해 이야기하는 것도 좋아해. 특히 우리는 외국 문화에 대해 관심이 많은데, 스위스 문화에 대해 이야기하는 건 더욱 좋아~

Julia

피해야할 대화 주제	음~ 지나치게 개인적인 질문은 하지 않는 것이 좋아! 연애, 일, 학교 생활에 관해 물어볼 때, 사생활을 침해한다 싶은 질문들 있잖아? 그런 주제들은 불편해~ 스위스 사람들은 사생활을 굉장히 보호받고 싶어하거든! 그리고 돈과 관련된 질문도 피하는 게 좋아!

02. 이탈리아에서 온 실비아가 말하는 이탈리안

Silvia

이탈리아 친구들의 특징	내가 봤을 때, 이탈리아 사람들은 욱하는 성미가 있어~ 약간 다혈질이라고 해야 할까? 그리고 모든 일에 열정적이고 사교적이야! 말하는 것을 매우 좋아해~ 가족들을 소중하게 생각하고, 종교적으로 신앙심이 깊은 사람들이 많아.
관심 분야	이탈리아 사람들은 축구를 좋아해~ 그리고 요리하는 것도 좋아하지! 해변에 나가서 썬텐을 하거나 서핑을 하는 것도 매우 좋아해. 그리고 다양한 장르의 음악도 사랑해~
좋아하는 대화 주제	아무래도 관심 분야에 대해서 대화하다보면 이탈리아 친구들과 친하게 지낼 수 있지 않을까? 축구, 요리, 해변, 그리고 음악같은 대화 주제를 가지고 이야기해봐~
피해야할 대화 주제	이탈리아 사람들이 이야기하고 싶어하지 않는 주제는 죽음이야~ 죽음이나 전쟁같은 대화 소재는 피하는 것을 좋을 것 같아!

03. 브라질에서 온 베아트리즈가 말하는 브라질 사람

Beatriz

브라질 친구들의 특징	많은 외국인들이 브라질하면 축구와 카니발을 떠올리더라고! 그렇다면 브라질에 대해 정확히 알고 있는 거야! 브라질 사람들은 열정적이고, 축구와 축제에 관해서는 환장해~ 우리는 여가 시간에 보통 바베큐 파티를 하거나 비치에 놀러 나가 ☺
관심 분야	브라질 사람들이 가장 관심있는 분야는 뭐니뭐니해도 바로 축구지! 브라질에는 훌륭한 축구선수들이 많은데, 특히 유럽에서 활약하고 있는 선수들도 많아! 예를 들어, 네이마르같은 선수가 있지~ 축구에 관심이 많다면, 브라질 친구들과 금세 친해질 수 있겠지?
좋아하는 대화 주제	누구나 그렇듯 자신의 문화나 나라에 대해 말하는 것을 좋아해~ 브라질에서는 상파울로가 가장 큰 도시고, 인구 밀도도 높지만! 외국인들에게는 리오네자이로가 가장 유명하더라고~ 외국인들이 제일 많이 찾는 도시는 리오네자이로야!

피해야할 대화 주제	요즘 브라질은 정치적으로 혼동상태야~ 국민들이 현재 정치에 대해 매우 불만족해서 대모를 하고 있어! 그래서 브라질의 정치적 부패는 조금 민감한 주제가 아닐까?

04. 사우디아라비아에서 온 미샤리가 말하는 사우디아라비안

사우디아라비아 친구들의 특징	사우디아라비아 사람들은 서두르지 않고 느긋한 것 같아~ 그리고 가부장제 문화이기 때문에 여자에게 제약이 많은 편이야~ 여자는 운전하는 것도 금지되어 있지! 그런데 미국에서 공부하는 사우디아라비안 여자가 운전하는 것은 본 적 있어. 사우디아라비안 여자에게 말을 시키거나 만지는 것은 금지되고, 사진을 찍는 것도 안돼~ 그리고 우리는 대가족인 경우가 많은데, 나도 내 위로 누나가 10명 있어! 이렇게 말하면 친구들이 많이 놀라더라구~
관심 분야	남자라면 스포츠에 관심이 많아~ 그리고 남자들은 물담배라는 것을 피는데, 너도 한 번 피워볼래?
좋아하는 대화 주제	스포츠, 가족, 학교생활
피해야할 대화 주제	이슬람교를 믿는 우리는 태어날 때부터 깊은 신앙을 가지고 있어. 그렇기 때문에 이슬람을 비난하는 것은 피해주면 좋겠어~ 그리고 돼지고기를 권하는 것도 안되겠지? 코란에 따라 돼지고기를 먹는 것이 엄격히 금지되거든!

사우디아라비안 친구와

5. 일본에서 온 코지가 말하는 일본인

일본 친구들의 특징	일본인들은 친절해서 누구나와 금방 친해질 수 있는 것 같다데쓰~ 일본인들은 약속시간을 잘 키는 편이고, 늦는 일이 거의 없어! 그리고 직설적으로는 잘 이야기하지 않는 편인것같아~ 그리고 일본인 남자들은 무뚝뚝한 편이라고들 많이 하는데, 여자에게 예쁘다는 말을 잘 안해
관심 분야	일본인들은 외국의 문화에 관심이 많은 것 같아~ 여행하는 것도 좋아하고!
좋아하는 대화 주제	일본인 여자들이 좋아하는 대화 주제는 끝도 없어! 여자들은 점괘, 연애, 카페나 쇼핑같은 주제를 좋아해. 그리고 남자 여자 할 것없이 좋아하는 대화 주제들은 여행, 외국 문화, 영화, 연예인이 아닐까 싶네?
피해야할 대화 주제	보통 사람들은 정치에는 크게 관심이 없어서 정치에 관한 이야기는 별로 하고 싶지 않아~

Koji

Pann

중국 친구들의 특징	중국 사람들의 가장 큰 특징은 그룹을 나눠서 논다는 점 같애! 내가 봤을 때 한국인들은 잘 모르는 사람들과도 함께 어울려 노는 것 같더라고~ 그래서 단결이 잘 된다는 느낌을 받았는데, 중국인들은 서로 알고 인사도 하는 사이일지라도 같은 그룹에 속해있지 않으면 절대 어울리는 법이 없어! 그냥 만나면 인사만 하고 지나가는 정도랄까? 그렇다고 내 그룹이 아니라고 배타적인 것은 아니야~ 언제든지 새로운 친구를 사귈 준비는 돼 있어!
관심 분야	아무래도 남자들은 농구에 관심이 많은 것 같애! 그래서 중국인 친구를 사귀고 싶다면, 농구장에 가는 것을 추천할게! 농구 말도 다른 운동도 좋아하지만, 농구는 중국인에게는 절대적인 인기 스포츠지~ 그리고 여자들은 쇼핑을 좋아해~
좋아하는 대화 주제	아무래도 관심 분야에 대해 이야기하는 것을 좋아하겠지? Sports나 shopping! 그리고 여자들은 쇼핑을 함께 가는 것을 매우 좋아해! 쇼핑할 때 취향이 같으면 더 금방 친해지는 것 같더라~
피해야할 대화 주제	한국인들도 돈에 대해 이야기하는 것을 꺼려하는 것 같던데, 중국인들도 마찬가지야~ 우리도 돈이 많고 적고 이런 이야기는 별로 하고 싶어하지 않아! 그리고 중국인들에 대한 좋지 않은 편견이 있더라구~ 그런 부정적인 이야기도 별로!

Ring

대만 친구들의 특징	한국 사람들은 굉장히 빠릿빠릿한 것 같애! 대만 사람들은 한국 사람들처럼 빠르지는 않지만, 그렇다고 너무 느긋하지도 않아 ☺ 그리고 대만 사람들은 부지런해! 대만에서는 차를 자주 마시는 편이라 술집보다는 다방이나 카페가 더 많아~ 젊은 사람들은 한류에 관심이 많고, 외국 문화도 잘 포용하는 편이야! 참고로 대만 남자들은 외모에 크게 관심이 없어.
관심 분야	대만 여자들은 다이어트나 패션에 관심이 많아~ 그리고 요즘에는 한류가 인기라서 한국 가수들을 좋아하는 친구들도 많아! 그리고 남자들은 야구, 농구, 영화, 온라인 게임, 그리고 일본 만화책에 관심이 많은 것 같애! 그리고 대만 사람들은 외국에 관심이 많은 편인데, 외국인이면 좋게 봐주는 성향이 있는 것 같애!
좋아하는 대화 주제	대만 사람들은 주로 학교 생활, 여행, 그리고 자신이 현재 느끼는 감정을 솔직하게 이야기하는 편이야~ 연애에 관한 이야기도 자주 해.
피해야할 대화 주제	대만이 중국에 속해있는 나라라고 생각하는 사람들이 은근히 많은데, 대만 사람들이 제일 듣기 싫은 말이 바로 중국인이냐는 말이야! 대만과 중국이 같은 나라라고 생각했다는 말은 죽기보다도 듣기 싫어!

미국 친구들의 특징	동양인을 좋아하지만 동양인에 대한 편견을 가지고 있어~ 독립적이며, 각자 계산하는 것에 익숙하지! 하지만 가족끼리 외식할 때는 부모님이 계산하는 것이 일반적이야~
관심 분야 & 여가시간에 하는 일	사람마다 다르겠지만 보통 골프, 농구, 야구, 풋볼과 같은 스포츠를 즐겨. 그리고 미국에서는 여가시간에 볼링을 많이 쳐~ 영화를 보거나 술을 마시는 것도 매우 좋아하지. 엑스박스나 플레이스테이션 같은 비디오 게임, 인터넷 서핑이나 페이스북도 우리가 시간을 보내는 방법이야! 연세가 있는 노인의 경우, 뜨개질을 하며 시간을 보내기도 해~
좋아하는 대화 주제	우리가 좋아하는 주제들은 최근 개봉한 영화, 세계에서 일어나는 놀라운 사건들, 맛집이나 음식~ 그리고 서로에 대해 이야기하는 것을 좋아하는데 주로 연애나 자신이 경험한 재밌는 일들에 관해서야.
피해야할 대화 주제	우리가 이야기하기 꺼려하는 주제들은 죽음? 그리고 개인의 성적 이야기는 피해야해~ 많은 사람들이 우리가 성관계에 대해 이야기하는 것을 좋아한다고 생각하는데, 실제로 우리는 좋아해! 그렇지만 누구와 성관계를 가졌는지에 관한 이야기는 사생활이기 때문에 비밀이지~ 그리고 몸무게에 관한 질문도 피해줘~

Shelby

THEME 02 주희가 만나본 여러 나라의 친구들!

01. 스위스 친구들

유독 샌디에고에는 스위스 친구들이 많았는데, 그들의 첫 인상은 '조용하다?' 혹은 '차분하다?'였다. 수업시간에도 다른 친구들의 말을 잘 들어주고, 딱 말해야 하는 것만 말한다는 느낌이랄까? 그래서 처음에는 친해지기 조금 힘들겠다고 생각했는데, 함께 어울리는 시간이 많아질수록 말도 많아지고 장난도 많이 친다! "뭐 함께 할래?"라고 물어보면 거절하지 않는 것이 스위스 친구들의 특징인 것 같다. 다른 나라 친구들과 적극적으로 어울리려고 하고, 활동적인 친구들이라는 생각이 들었다. 그리고 신기했던 점은 보통 서양 친구들이 그렇듯이 스위스 친구들 또한 매우 독립적이라는 것! 나의 친구 줄리아도 미국에서 공부하는 데 필요한 모든 돈을 자신이 직접 번 것이라 했다. 아직 어린 나이에도 불구하고 스위스에서 일을 해서 번 돈으로 미국에서 공부하고 있다니! 부모님 돈으로 풍족하게 어학연수하던 내가 부끄러워지는 순간이었다! 스위스 친구들은 의리파라는 생각도 든다. 내 친구가 최근에 스위스로 여행을 가게 됐는데 그 때 미국에서 만났던 스위스 친구가 기차를 타고까지 와서 가이드를 해줬다고 한다. 또 줄리아는 2달 전쯤 샌디에고가 그리워 다시 다녀왔다고 한다. 샌디에고에서 선생님이었던 찰스도 만나고, 아직 남아있는 다른 친구들도 만나고 돌아왔다고 하니 스위스 친구들이 정이 깊다는 것을 알 수 있다.

02. 이탈리아 친구

이탈리아에 가면 거지도 장동건처럼 생겼다고 하는데~ 그만큼 훈남이 많다는 이탈리아! 스위스 친구들에 비하면 미국에서 만난 이탈리아 친구들의 비율은 낮은 편이었다. 이탈리아를 비롯해 유럽 친구들은 수업 시간에 매우 자유분방한 것이 특징인 것 같다. 수업 시간보다 늦게 나타나는 것은 물론, 수업 시간에 앉아 있는 자세도 매우 건방지다(?)고 해야할까? 한국에서라면 버릇없다고 생각될 수 있는 행동들이지만, 유럽이나 미국에서는 크게 문제되지 않는 것 같다. 내가 가장 친하게 지냈던 친구는 실비아였는데, 그녀는 사교계의 여왕이었다. 이탈리아 친구들은 활동적이고 붙임성이 좋은 것 같다. 같은 수업을 듣는 나에게 먼저 말을 걸어온 것도 이탈리아 친구, 실비아! 실비아는 모든 친구들과 친밀한 관계를 유지했는데, 먼저 다가가는 것을 전혀 꺼려하지 않았다. 그리고 이탈리아 친구들은 이탈리아에 대한 자부심이 정말 대단하다. 내가 "이탈리아에 가본 적 있었는데, 로마가 정말 멋있었어~"라고 하자 실비아가 로마보다 아름다운 도시가 훨씬 많다며 계속해서 이탈리아의 아름다운 문화유산에 대해 이야기했다. 사진까지 보여주며 열정적으로 이탈리아의 아름다움을 설명하던 실비아가 신기했다.☺ 하지만 자신의 문화만 좋다고 생각하고, 다른 문화는 배척하는 것은 아니다. 내가 한국에 대해 이야기하면, 연신 신기하다고 하면서 계속 꼬리에 꼬리를 무는 질문을 해 나를 당황시키기도 했다. 내가 한국음식을 만들어 대접했을 때도, 파스타만큼은 아니지만 정말 맛있다고 하면서 접시를 싹싹 비웠다. 한국 음식 중에 부침개가 제일 맛있다고 했으니, 이탈리아 친구를 사귄다면 부침개를 요리해주자!

03. 브라질 친구

내가 처음 만난 브라질 친구는 같은 수업을 듣던 잉그리드라는 친구였다. 브라질하면, 잉그리드가 가장 먼저 생각나는데 나는 아직도 그녀를 잊을 수가 없다! 내가 정말 예쁘다고 생각했던 친구인데, 까무잡잡한 피부에 탄력있는 바디라인을 가진 잉그리드는 말이 많아도 너무 많았다. 잉그리드는 정말 한시도 입을 다물고 있지 않았다고나 할까? 하루는 1시간 정도를 자신의 휴가 이야기를 하는 통에 수업이 정상적으로 진행되기 힘든 적이 있을 정도였다! 같은 수업을 듣는 한국인 친구들은 혼자 말을 너무 많이 하는 잉그리드를 썩 좋아하지는 않았다. 그런데 잉그리드를 보고, 브라질 사람들이 매우 활동적이고 수다스러운 줄 알았던 나는 다른 브라질 친구들과 지내면서 깜짝 놀랐다. 함께 수업을 듣던 다른 브라질 친구, 베아트리즈와 가브리엘라는 매우 조용했기 때문이다. 그래서 잉그리드만 약간 별종인 걸로 판정! 그리고 남자인 브라질 친구들은 개구쟁이같은 느낌이랄까? 유머 감각이 뛰어나고, 장난을 많이 치는 편이다.

내가 브라질 친구들을 보면서 가장 신기했던 점은 피부색이 모두 다르다는 점이었다. 잉그리드를 포함한 몇 몇 친구들은 피부색이 까무잡잡한 편이었는데, 베아트리즈와 가브리엘라를 포함한 몇 몇 친구들은 백인처럼 피부가 하얗기 때문이다. 얼굴이 정말 백지장처럼 하얘서 "너 스위스 사람이니?"라고 물어봤더니, "나 브라질 사람이야!"라고 대답해 나를 당황하게 한 친구도 있었다. 그리고 많은 한국 친구들이 했던 말이 브라질 사람을 직접 만나기 전에는 동양인과 비슷한 성격을 가지고 있을 줄 알았는데, 직접 겪어보니 서양 친구들과 더 비슷하다는 것이었다. 개방적인 성격이 유럽 친구들과 비슷하다. 참고로, 브라질의 치안은 매우 위험하니 여자끼리는 절대 브라질에 놀러 오지 말라는 것이 브라질 친구들의 조언!

04. 주희가 본 사우디아라비아 친구

친구를 사귈 때 어떻게 보면 가장 신경쓸 것이 많은 친구들이 바로 사우디아라비아 친구들인 것 같다. 사우디아라비아를 비롯해 아랍권 친구들은 이슬람교를 철저히 믿기 때문에, 종교적으로 피해야하는 것들이 많다. 내 친한 친구인 미샤리 또한 일상생활에서 지켜야할 규칙이 많았는데, 그 중에 하나가 돼지고기를 먹을 수 없다는 것이었다. 그래서 점심 메뉴를 고를 때마다 까다로운 미샤리였다. 우리가 한국 음식을 대접했을 때도 제일 먼저 물어본 것이 "이 안에 돼지고기 들어갔니?"였다. 한 번은 내가 잘 모르고 돼지고기가 든 음식을 권했다가 미샤리에게 꾸중아닌 꾸중을 듣기도 했다. 또한 인상깊었던 점은 바로 라마단 기간. 해가 떠 있는 시간에는 금식을 하는 한 달 정도의 종교적 수행이라고 하는데, 미샤리 또한 다른 친구들이 점심을 먹을 때 굶었던 기억이 난다. 개인적으로 미샤리가 글씨를 오른쪽에서부터 왼쪽으로 쓰는 것이 신기했는데, 아랍어는 신비하면서도 매력적인 글씨라는 생각이 든다.

만약 여자 친구인 경우에는 제약이 더 많은 것 같다. 졸업식 날, 그동안 함께 공부하던 룰루에게 함께 사진을 찍자고 했지만 정중하게 거절당했다. 사진이 찍혀 페이스북 같은 곳에 올라가면 안 된다는 이유였다. 그리고 여자인 사우디아라비아 친구들은 히잡이라고 해서 얼굴에 천을 감고 다니는데, 나는 볼 때마다 '덥지 않을까?'하는 생각을 하곤 했다. 음식을 먹을 때, 천을 들고 먹는 것을 보고 상당한 문화 충격을 받기도 했다. 그리고 사우디아라비아 친구들은 어린 나이에도 결혼한 친구들이 많다. 나와 함께 수업을 듣던 사우디아라비아 친구에게 "오늘 끝나고 쇼핑갈래?"라고 물었더니, 남편이 학교가 끝나면 데릴러 오기로 했다고 한다. 그리고 수업이 끝나고 우연히 만난 그녀는 남편과 무려 세 아이들과 함께 있었다! 참고로 여자인 사우디아라비안 친구들은 남편이 아닌 다른 남자와 이야기하는 것이 금지되어 있기 때문에, 당신이 남자라면 사우디아라비아 여자에게 말을 걸 때 조심하라! 수업시간에 두 명씩 짝을 이뤄 게임을 할 때, 선생님들이 사우디아라비아 여자 친구들을 배려해 여자와만 짝을 지어주곤 했다. 얼마전에 사우디아라비아에서 너무 잘생겼다는 이유로 남자 3명이 추방된 것만 봐도 알 수 있겠지? 사우디아라비아 여자에게 말을 걸었다가 무시를 당하더라도, 그것이 그들의 문화임을 이해하자.

05. 일본인 친구

일본인 친구들은 정말 말그대로 친절해서 쉽게 어울릴 수 있다. 내가 생각했을 때 일본인들의 특징은 다른 사람에게 피해를 끼치는 않는다는 점 같다. 일본인 친구때문에 기분이 나빴거나 피해를 본 기억이 없다. 여자 친구들은 말투에서부터 애교가 철철 넘쳐 흐르고 자주 웃는다. 여자 친구들은 무슨 이야기를 하면 반응도 좋고, 무엇을 함께 하자는 제안을 항상 흔쾌히 받아 들인다. 또 한국 음식을 좋아하는 친구들이 많아서, 한국 요리를 해 주면 정말 맛있게 싹싹 비우는 모습이 사랑스럽다. 반면, 남자 친구들은 대놓고 사근사근한 성격은 아니지만 뭐든지 부탁하면 잘 들어주는 편이랄까? 일본인 여자 친구들이 일본 남자들은 무뚝뚝하다고 불평하기도 했지만, 그것도 사람에 따라 다른 것 같다. 학교에서 만난 밤부는 스시를 요리해 친구들에게 시식켜주기 좋아하는 다정다감한 남자였고, 코지도 잘 웃고 친절한 남자였다. 샌디에고에서 알고 지내던 코지는 나중에 캐나다로 워킹 홀리데이를 떠났는데 내가 캐나다에 놀러갔을 때 3일 동안 친절히 가이드를 해주기도 했다.

그런데 일본인 친구들과 지내다 보면 이 친구가 무슨 생각을 하고 있는지 가늠하기가 어려울 때도 있다. 항상 모든지 좋다고만 하니, 정말 좋은 것인지 아니면 그냥 좋다고 하는 것인지 구분이 잘 안 갈 때도 있다. 시애틀에서 살 때, 함께 살던 유미와 여행을 가기로 했는데 유미가 뭐든지 내가 원하는대로 하라고 말했다. 잉? 내가 가격이 가장 저렴한 호텔을 찾아 "여기서 머물까?"라고 물었더니, "응! 좋아 좋아!"라고 대답하는 유미. "오늘 여기 구경갈까?"라고 물으면 "응! 좋아 좋아!"라고 대답한다. 내가 봤을 때 일본인들은 쉽게 거절을 못하는 것 같다. 일본인이 차갑다고 생각하는 사람도 은근히 많은데, 내 생각에는 일본인들도 정이 많은 것 같다. 한 달 전 쯤, 내가 어학연수에서 알고 지내던 한국인 오빠가 결혼식을 올렸는데 일본인 친구들이 그 결혼식에 참석하기 위해 한국까지 찾아왔다. 축의금까지 내며 결혼식을 축하해주는 모습에 나는 감동을 받았다!

06. 중국인 친구

중국인 친구들의 가장 큰 특징은 중국에 대한 자부심이 아닐까 싶다. 특히, 베이징이나 상하이같은 큰 도시에서 온 친구들은 "Where are you from?"(너 어느 나라 사람이니?)라는 질문에, "I am from Beijing."(나 베이징에서 왔어.)라고 대답하는 경우가 많다. 그리고 함께 지내다보면 중국의 문화에 대해 이야기하는 것을 매우 자랑스러워한다는 것을 느낄 수 있다. 중국 음식을 대접하는 것을 좋아하고, 중국의 발전에 대해 이야기하는 것도 매우 좋아한다. 중국 친구들은 중국인끼리 노는 모습을 자주 볼 수 있는데, 미국에서 공부하는 중국인이라도 영어가 아닌 중국어를 말하는 것이 보통이다. 중국 남자들은 굉장히 자상하고 다정다감한 편이다. 중국에서는 남자들이 요리하고, 집안일을 하는 것이 당연하다고 한다. 그래서인지 함께 놀 때마다 요리, 설거지는 남자가 하고 여자들은 떵떵거리며 아무 일도 하지않는 모습을 볼 수 있었다. 개인적으로 나와 제일 잘 맞는 친구들은 중국 친구들이라고 느꼈는데, 그들은 수다스럽고 친근하다. 남자인 중국 친구들은 실제로 여가시간에 운동을 하는 것을 좋아한다. 나와 같은 집에서 홈스테이를 하던 앤디도 틈만 나면 학교에서 배드민턴을 치곤 했다. 학교에서 발표할 때, 중국인이 가장 좋아하는 스포츠는 농구라고 하던데, 실제로 농구 코트에 가면 중국 학생들을 많이 볼 수 있다. 개인적으로 나는 중국인에게 돈을 많이 쓰고, 명품 가방만 들고 다닐것이라는 편견을 가지고 있었다. 그런데 이게 웬일? 오히려 한국 친구들이 명품 가방에 더 관심이 많은 것 같다. 사치스럽고 명품 가방만 들고 다니는 중국 친구를 실제로 만난 적이 없다. 중국 친구들은 매우 의리있는데, 내가 시애틀에서 한국으로 돌아오는 날 공항까지 마중나온 친구들도 중국 친구들이었다. 마지막 인사를 할 때, 나에게 한 보따리의 선물을 안겨줬다. 내가 완전히 사라질때까지 손을 흔들어 주던 모습을 생각하면, 인연을 소중히 생각하고 한 번 친구가 되면 오랫동안 그 관계를 유지하는 사람들인 것 같다.

이잉과 함께

"너 중국인이니?"라고 물으면, 학을 떼며 싫어하는 친구들이 바로 대만 친구들이다. 대만과 중국은 별개의 나라라고 항상 말하고 다니며, 중국 사람들을 싫어한다. 그런데 중국 친구들에게 물어보면 아직 대만은 중국에게 속한 나라라고 생각하는 것 같다. 대만 친구들 중에 한국에 관심이 많은 친구들이 꽤 있는데, 한국 연예인에 대한 관심이 높다. 대만 친구들은 한국인뿐만 아니라 외국인을 좋아하기 때문에 먼저 다가오는 경우가 많다.

대만 친구들 중 가장 기억에 남는 친구는 바로 이잉! 이잉을 만난 건 바로 학교 앞 버스 정류장이었다. 버스를 기다리고 있는 내게 다가와서는 어떤 동전이 25cent인지를 물었다. 가장 크기가 큰 동전이 25cent라고 말해주고는 내가 타야하는 버스에 올라탔다. 그런데 그녀도 나와 같은 버스에 타는 것이 아닌가? 나란히 앉은 우리는 어느새 서로 대화하고 있었다.

"중국 사람이니?"

항상 느끼는 거지만, 중국 사람들이 나에게 중국인이냐고 자주 묻는다! 중국인처럼 생겼나?

"아니! 나 한국인이야~"
"너도 어학연수 온거야?"

알고보니 미국으로 2개월의 짧은 어학연수를 온 이잉! 나와 같은 동네에 살고 있고, 홈스테이에서 지내는 점도 비슷해서 금세 친해질 수 있었다. 그리고 다음 날. 우리는 버스에서 다시 만났다! 둘 다 동시에 "어!"라고 반가워서 소리를 질렀다. 알고보니 나와 같은 시간에 등교하는 이잉! 나는 얼굴만 보고, 나와 비슷한 또래인 줄 알았는데 알고보니 서른 살이 넘었다고 했다! 대만에서 간호사고 의사인 남자친구가 있는데, 그가 매일 술을 먹을까봐 걱정하는 귀여운 언니였다. 이잉이 자신의 대만 친구들을 많이 소개시켜줬는데, 나를 항상 신경써줬다. 나의 생일도 함께 보내고, 언니가 자신의 집에 파티가 있을때마다 나를 초대했다. 다른 사람을 배려할 줄 알고, 항상 나눌 줄 아는 친구들이 바로 대만 친구들이다.

08. 미국인 친구

미국 친구들도 중국 친구들만큼이나 미국인이라는 사실에 대단한 자부심을 느끼는 것 같다. 한 번은 중국인들 중에 부자가 많다는 이야기를 하고 있었는데, 벤이라는 미국인 친구가 "나는 백만장자이면서 중국인인 것보다 미국인인 것이 더 좋아!"라고 말해서 신기했다. 헐리우드 영화만 봐도 알 수 있듯이 미국인이 미국에 대해 갖는 애정과 자부심은 실로 엄청난 것 같다. 그리고 미국인 친구들은 동양인에 대한 편견을 갖고 있다. 동양인들은 머리가 똑똑하고 부지런하다고 생각하는 친구들이 많다. 내가 시험을 코앞에 두고 공부를 하고 있을 때도 "주희 넌 동양인이니까 공부안해도 돼~"라고 농담삼아 말하곤 했다. 그리고 내가 시험을 잘 봤다고 자랑하면, "넌 동양인이니까 당연한거야~"라는 식으로 말했다. 동양인에 대한 편견을 산산조각 내 준 사람이 바로 나였으니! 나는 굉장히 게으른 편이어서 주말에는 12가 넘어서 일어난다. 내가 잘 때마다 친구들이 "주희, 아직도 자?"라고 물으며 혀를 끌끌 찼다. 동양인이라고 모두 부지런한 것은 아니라는 것을 깨달았을 것이다.☺

미국인 친구들과 함께 지내면서 느꼈던 점은 그들이 은근히 자기주관이 뚜렷한 것은 아니라는 점이었다. 저녁 메뉴를 고를때나, 보고싶은 영화를 정할 때에도 강력히 자기 주장을 펼치는 친구들을 보기 어려웠다. 가끔씩 정말 보고 싶은 영화가 있으면 "나 이 영화 정말 정말 보고싶어. 이거 봐도 돼?"라고 묻는 모습에 놀랐다. 사실 미국인들은 자기 주장이 강하고 이기적일 것이라고 생각했는데 나의 예상과는 조금 다른 모습이었다. 또 다른 특이한 점은 자신이 좋아하는 것에는 돈을 아끼지 않는다는 것이었다. 평소에는 돈을 헤프게 쓰지 않는 내 룸메이트도 영화를 좋아해서 영화 DVD만해도 몇 상자를 가지고 있었다. 또 다른 친구는 콘서트를 보는 것을 좋아해서 비싼 콘서트 티켓을 구매하는 데는 돈을 아끼지 않았다!

내가 봉사활동했던 교회 앞에서!

THEME 01 · 어쩌다가 봉사활동을?

봉사활동! 나에게는 전혀 어울리지 않는 단어라고 할 수 있다. 대학교에서 졸업을 하기 위해 의무적으로 해야했던 봉사활동을 제외하고… 내가 봉사활동을 했던 적이 있던가? 이런 내가 미국에서 봉사활동을 시작했으니! 바야흐로 샌디에고에서의 평온한 3개월이 지났을 때 쯤, 뭔가 특별한 경험을 하고 싶다는 생각이 들었다. 3개월 정도 지나니 학교 생활도 어느 정도 적응이 되고 친구도 많이 사귀고 나니 학교, 매일 보는 친구들, 홈스테이 가족들이 아닌 새로운 사람과 신선한 만남을 갖고 싶었다. 그 때 마침, 봉사활동을 해보지 않겠냐는 친구의 제안! 오호! 봉사활동? '나 영어 잘 못하는데 봉사활동을 할 수 있을까?'하는 생각도 들었지만 일단 가보기로 했다. 내가 도착한 곳은 샌디에고 다운타운에 위치한 한 교회! 이 곳은 노숙자들을 위한 쉼터가 마련돼있으며, 그들이 재활할 수 있도록 돕는다고 한다. 1층 안내 데스크에 가서 봉사활동을 할 수 있는지 물어보니, 누구나 다 Okay란다! 처음에는 노숙자를 위한 봉사활동이라고 해서 무섭기도 한 것은 사실이었으나, 이 봉사활동을 시작하면서 미국 생활의 새로운 활력소를 얻게 됐다.

나에게 주어졌던 일은 바로 노숙자들을 위해 점심을 배식하는 일이었다. 교회에 3시쯤 도착하면 미리 그 날 제공될 음식들이 책상 위에 정리돼있다. 손에는 비닐 장갑을 끼고 머리에는 망을 써서 위생은 철저히 해야한다. 그리고 3시 15분쯤 되면, 노숙자들이 한 분, 두 분 점심 식사를 하러 식당으로 온다. 그 때, 그냥 내가 맡은 음식을 나눠주기만 하면 되는 간단한 일이다. 과일, 케익, 파스타, 빵 등등. 그 날 그 날 내가 배식하고 싶은 음식을 정하고, 식판 위에 음식을 올려주기만 하면 되는 누구나 할 수 있는 일이었다. 식사 시간이 끝나면 식기도구와 그릇들을 정리하는데, 이 일은 담당하는 분들이 따로 계셔서 내 도움이 필요하지 않다고 했다. 그냥 배식만 하기에는 봉사활동이 아닌 것 같아 테이블을 행주로 닦고, 의자를 정리하는 등의 뒷정리를 돕곤 했다. 이 교회는 매우 가족적인 분위기라 시간이 지나면서 나를 기억해주시는 사람들도 많아지고, 안부 인사를 건네는 사람들도 많아져 즐겁게 봉사활동을 했던 기억이 난다. 내가 어쩌다 가지 못하는 날이면 나를 찾는 분들도 계셨다고 하니, 감동이다! 노숙자지만 언제나 밝고 환하게 웃던 그 모습이 그 곳을 자주 가게 했던 것 같다. 시애틀로 지역을 옮기기까지 한 3개월 동안 꾸준히 시간날 때마다 해오던 봉사활동. 내가 누군가에게 도움이 된다는 사실은 굉장히 기분좋은 일인듯하다. 미국에서의 어학연수 생활동안 누군가에게 웃음을 주고, 도움이 됐다는 사실이 뿌듯하다.

봉사활동을 담당하는 매니저

THEME 03　봉사활동이 남긴 것

봉사활동 마지막 날! 그동안 정들었던 사람들과 작별인사를 하고 나오는데, 담당자 분께서 봉사활동 인증서를 주시겠다고 한다! 매일 봉사활동을 시작하기 전에 종이에 이름

갈 때마다 반갑게 맞아주었다

을 적어내곤 했는데, 그것을 계산해 봉사활동 시간을 주신다고 한다. 일하면서 영어 공부도 하고, 좋은 사람들도 많이 사귀었는데! 봉사활동 인증서까지 주시겠다니! 주신다는데 안 받을수도 없고…. 허허! 내 지난 3개월 간의 노력이 증서로 남은 것 같아서 기분이 좋구나~

<table>
<tr><td>1</td><td>3</td><td>6</td></tr>
<tr><td>2</td><td>4</td><td>7</td></tr>
<tr><td></td><td>5</td><td>8</td></tr>
<tr><td></td><td></td><td>9</td></tr>
</table>

1 완전 사랑스러운 강아지 발견!
2 집에 데려가 키우고 싶다~
3 데이비드의 집
4 데이비드의 친구들과 함께하는 피자파티!
5 마쉬멜로우 구워먹는 중
7 피자를 굽기위해 만든 화덕
6 능숙하게 피자를 만드는 데이비드
8 화덕안에서 익고있는 피자, 기다릴 수가 없어
9 완성된 피자! 대박!

그리고 무엇보다 봉사활동에서 만난 소중한 인연, 데이비드! 데이비드는 과거 군인이어서 한국에도 다녀온 경험이 있다고 한다. 데이비드 역시 나와 같이 봉사활동을 하다가 알게 된 사이인데, 가끔씩 자신의 집에 초대해 놀러가곤 했다. 데이비드 집에는 자신이 직접 만든 화덕이 있었는데, 손님이 왔을 때 피자를 만들어 대접하기 위함이라고 한다. 나 역시도! 그가 직접 만든 피자를 맛보는 행운을 얻었는데! Yammy yammy!

THEME 04   봉사활동은 어디서 할 수 있을까?

봉사활동을 통해 새로운 사람들도 만나고, 영어 공부도 할 수 있기때문에 추천하고 싶다. 그렇다면, 봉사활동에 관련된 정보는 어디서 얻을 수 있을까? 보통 학교 게시판에서 봉사활동 관련 공고를 볼 수 있다. 하지만 봉사활동의 종류가 다양하지 않고 정기적이지 않은 경우가 많다. 각 도시에 위치한 공공도서관에서도 봉사활동을 할 수 있는 기회가 많다. 자신이 다니는 학교나 살고 있는 집 근처에 공공도서관이 있다면, 봉사활동을 할 수 있는지 확인해보자. 아니면 인터넷을 통해 봉사활동을 찾아볼 수 있는데, 담당자에게 먼저 메일을 보내 봉사활동을 할 수 있는지 물어보는 것이 좋다.

★ 봉사활동을 찾아주는 웹사이트

http://www.volunteermatch.org/	미국 내의 다양한 봉사활동을 찾을 수 있는 간단한 사이트이다. 우편번호와 자신이 원하는 봉사활동을 검색하면, 해당하는 봉사활동 목록을 확인할 수 있다. 자신이 원하는 활동을 찾으면, 사이트에서 바로 봉사활동 담당자에게 메세지를 보낼 수 있다.
http://www.idealist.org/	봉사활동을 찾는데 유용한 또 다른 사이트이다. idealist.org의 장점은 다양한 카테고리를 선택해서 자신이 정확히 원하는 봉사활동 종류만 보여준다는 점이다. 하루에 일하는 시간, 일할 수 있는 요일, 스케줄 조절 여부 등을 선택할 수 있다. 외국 학생들을 위한 봉사활동도 제공한다. 봉사활동뿐만 아니라 인턴십과 직업에 관련된 정보도 있으니 한 번 들러보는 것이 좋겠다.
http://www.handsonnetwork.org/	다른 사이트들과 마찬가지로 원하는 봉사활동 종류와 자신의 위치를 입력해 봉사활동 목록을 볼 수 있다. 위의 두 사이트들에 비해 제공하는 봉사활동 종류는 적은 편이다. 그러나 이 사이트의 장점은 Action Centers라는 기능으로 Action Centers에 연락해서 자신이 살고 있는 지역 봉사활동 정보를 얻을 수 있다.

교회에 가면 영어의 길이 보인다

 기독교 신자가 아닌 내가, 교회를 추천하는 이유

기독교 신자가 아닌 나는 한국에서 교회를 가본 적이 없다. 그러나 어렸을 때, 엄마를 따라 성당에는 몇 번 갔었던 기억이 난다. 사실 미국의 교회에 가보겠다고 결심한 것은 교회에서 새로운 친구들을 만나기 위해서였다. 나는 어학연수를 할 때는 성당에 다녔었고, 교환학생으로 지낼 때는 학교에 있는 교회에 다녔었다. 내가 다니던 성당은 크기가 작은 성당이어서 신부님이 내가 처음 간 날 인사를 해주며 앞으로도 자주 오라고 하셨다. 미국의 성당은 한국과 비슷했는데 신부님의 말씀을 듣고, 헌금을 내고, 신부님께서 주는 성체를 먹는 순서였다. 성가대가 있는 것도 비슷했는데, 그들의 노래를 듣고 있으면 마음이 힐링되는 기분이었다. 한국 성당에서도 주변 사람들에게 "평화를 빕니다"라고 서로 축복해주는데 미국에서도 역시 "Peace be with you."라고 말하며 서로에게 인사를 했다. 조금 특이했던 점은 한국과는 달리 악수하고 포옹해주는 사람들이 많았다는 점이다. 나도 얼떨결에 옆에 있던 사람과 포옹을 했던 적이 있다. 반면, 미국의 교회는 콘서트장같은 느낌이 들었다. 이게 무슨 소리냐고? 사람들이 교회 앞에서 춤을 추고 노래를 하는데 신나는 노래가 많아서 절로 어깨를 들썩이게 된다. 내 친구가 다니던 교회는 샌디에고에서 가장 큰 교회였는데, 교회에 가서 노래를 부르는 것이 정말 재미있어서 매주 일요일만 기다린다고 했다. 친구가 다니던 교회는 Rock Church라는 교회였는데, 목사가 흑인으로 챠져스 풋볼 선수 출신이라고 한다. 목사님의 설교가 재밌어서 시간가는 줄 몰랐다고 한다. 이 교회는 규모가 워낙 커서 예배를 놓쳤다면, 인터넷을 통해 설교를 다시 들을 수 있다고 하니 놀랍다. 미국에는 가톨릭 신자가 많기 때문에 홈스테이 가족들 중에 매주 일요일마다 교회를 가는 집이 많을 것이다. 매주 일요일마다 교회에 함께 가면, 가족들과 즐거운 시간도 보낼 수 있고 영어도 배울 수 있으니 종교에 상관없이 좋은 경험으로 남을 것이다.

 미국 교회에서 할 수 있는 것

교회에 꼭 예배를 드리러 가지 않더라도, 교회에서 제공하는 여러가지 프로그램에 참여할 수 있다. 그 중에 하나가 바로 영어를 가르쳐주는 수업이다. 내가 다니던 Seattle Central Community College 바로 옆에는 아담한 교회가 있었는데 매주 외국인 학생들을 위한 무료 영어 수업이 있었다. 교회에서 저녁도 제공해주고, 미국인 봉사활동자들과 함께 대화할 수 있는 시간을 가질 수 있다. 반드시 교회를 다녀야 갈 수 있는 것이 아니라 모든 학생들이 환영받을 수 있는 곳이었다. 하나님을 믿으라고 강요하지도 않고, 중간에 기도를 하는 시간이 짧게 있지만 원하지 않으면 하지 않아도 된다고 말하는 쿨한 미국의 교회이다. 보통 게임을 하거나 대화를 하게 되는데 이 곳에서 많은 친구들을 사귈 수 있다. 자신이 원하면 음식을 준비하는 봉사활동에도 지원할 수 있다.

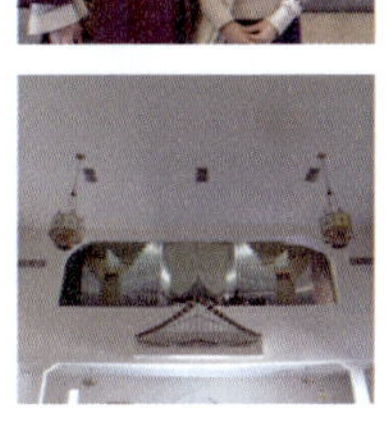

<table>
<tr><td>1</td><td>2</td><td>3</td></tr>
<tr><td>4</td><td rowspan="2">6</td></tr>
<tr><td>5</td></tr>
</table>

1 주희, 미국 성당에 가다!
2 미국의 성당은 이런 모습!
3 성당에서 세례받는 천사같은 아이들
4 인자한 신부님과 함께, 찰칵!
5 성가대가 노래부르는 곳
6 조는 거 절대 아님!

THEME 01 **내 친구는 모두 한국인?**

학생들이 선호하는 어학연수 지역은 비슷비슷하기 때문에, 학교에 가면 생각보다 한국인의 비율이 높을 수도 있다. 좋다고 소문난 학교일수록 한국인의 비율은 더 높을 수밖에! 나도 처음에 컨버스에 갔을 때, 생각보다 높은 한국인 비율에 놀랐다. 내 반에는 단 한 명의 한국인밖에 없었지만 학원 전체에는 꽤 많은 한국인 친구들이 있었다. 처음 학교를 다니기 시작하면 아직 친구도 없고 미국 생활에 적응도 안 된 상태이기때문에 한국인 친구들과 자주 어울리게 될 것 이다. 나도 반 배정 시험을 본 날 만난 한국인 오빠와 친해져서 매일매일 붙어다니곤 했다. 외국에서 만나는 한국인은 그렇게 말이 잘 통하고 든든할 수가 없다! 그런데 문제는 한국인 친구 한 명을 사귀면, 그 친구를 통해 수많은 다른 한국인 친구들을 소개받게 된다. 소개받기가 꼬리에 꼬리를 물어 한국인들과 지나치게 친해지다 보면 자연스럽게 한국말만 하게 된다. 어느새 자신도 모르게 자신의 주변에 한국인만 있고, 한국말만 하고 있다면 영어 실력은 제자리걸음일 것이다. 그렇기 때문에 이렇게 한국인 친구들과만 어울리는 생활이 오래가서는 안 된다는 것! 다른 외국인 친구들도 폭넓게 사귀고, 너무 많은 한국인 친구들을 알게 되는 것은 피하는 것이 좋다. 또한 한국인 친구들과도 영어로 말할 수 있도록 노력하는 것이 좋다.

THEME 02 **집에 콕! 방콕**

내가 한국에서 알고 지내던 친구중에 나와 비슷한 시기에 어학연수를 떠난 친구가 있다. 그 친구는 자신이 원해서가 아니라 부모님께 등을 떠밀려 미국으로 쫓겨났다. 친구는 동부로 어학연수를 갔는데, 연락을 할 때마다 항상 집에 있다고 했다. 홈스테이가 아닌 기숙사에 살았는데, 집에 있는 것이 가장 편하다고 했다. 한국에서도 집에서 게임하는 것을 제일 좋아하는 친구는 미국에서도 집에서 게임을 하고 있었다! "밖에 나가기 귀찮아.그냥 집에서 뒹구는 게 제일 편해"라는 나의 친구! 본인의 의지가 없었기에… 어학연수 이후 결과도 썩 좋지 않았다. 이렇게 집에만 방콕!하며 다른 사람들과 어울리지 않는다면, 영어 실력은 하나도 늘지 않을 것이다. 학교-집, 학교-집 이렇게 한국에서처럼 쳇바퀴 도는 생활은 영어에 하나도 도움이 안 된다. 난 집에서 문법 공부 열심히 하는데? 난 집에서 예습이랑 복습 다 하는데? 난 집에서 미드 보면서 공부하는데?라고 생각한다면 큰 오산! 미국인과 직접 대화하면서 배우는 영어와 집에서 책으로 배운 영어는 다르다는 사실! 집에서 문법 공부하고, 책으로 공부하고, 미드나 영화를 보는 일은 한국에서도 모두 가능한 영어 공부방법이다! 한국에서도 공부할 수 있는데, 왜 굳이 먼 미국까지 와서 사서 고생이란 말인가. 자신이 원해서이든 아니면 부모님께 떠밀려서 멀고 먼 미국에 왔다면, 피부로 직접 느낄 수 있는 영어 공부를 해보자. 자신이 노력하지않으면 시간과 돈만 낭비하는 어학연수가 될 가능성이 크다!

THEME 03 나 다시 집에 돌아갈래

내가 어학연수를 미국으로 떠나면서 가장 기대했던 점은 바로 부모님으로부터의 해방! 부모님이 들으면 분노하실지도 모르는 일이지만, 나는 부모님과 떨어져 혼자 사는 것이 정말 정말 기대됐다. 엄마의 잔소리와 꾸중으로부터 벗어난 나의 완벽한 삶! '이게 바로 내가 원하던 삶이야! 야호!'라고 생각하고 미국 땅을 밟았지만… 현실은… 가족들이 너무 보고싶다. 하지만 한국과 가족에 대한 그리움은 오래가지 않았다. 친구들을 사귀고 미국 생활에 적응해가면서 집은 전혀 생각이 나지 않았다는 것! 엄마가 매일 전화해 "넌 집 생각도 안 나냐?"라고 물었지만, 정말 집 생각이 안 날 정도로 아름다운 미국 생활을 즐기고 있었다. 하지만 내 친구는 한국이 너무 그립다며 지금이라도 당장 한국으로 돌아가고 싶다고 했었다. 내 친구가 어머니한테 울며 불며 전화를 했지만… 쿨한 어머니는 약속이 있다며 전화를 매정하게 끊어 버리셨다고 한다…. 이해할 수 없지만 다시 한국으로 돌아가고 싶다고 하는 친구들이 더러 있다. 하지만 이미 미국에 온 이상, 빼도 박도 못하는데 어쩌겠는가. 성공적인 어학연수를 마치고 한국으로 금의환향하는 모습을 상상하며, 미국 생활을 즐기려고 노력해보자.

지금까지 다양한 영어공부 방법을 알아보았는데, 자신에게 딱 맞는 방법을 찾았을까? 아직도 영어공부에 대한 감이 오지않는다면, 직접 학생들을 가르쳐본 영어 선생님이 주는 팁을 들어보는 것은 어떨까? 지금부터 미국인 선생님이 말하는 효과적인 영어공부 방법을 알아보자! 미국인 선생님은 라디오 듣기, 유튜브 이용하기, 광고나 잡지 보기 등을 통해 실생활에서 영어와 가까워지라고 조언한다. 다소 길다고 느낄 수 있는 선생님의 영어 편지이지만, 지금부터 영어공부 하는 셈치고 읽어보자☺

There are many fun and easy ways to learn English. English does not have to be something people fear to learn. Here, one will find out many new and fun ways to learn English.

The first way to learn English is by finding an English radio station. There are tons of English stations and podcasts that cover all topics imaginable these days like: entertainment, politics, news and many more. A good way to find an English station to search for a station that peeks ones interest and listen to that station in your car, bus or train. This way you'll train your ear to listen to how English sounds making it easier to understand and follow along.

A second way is by checking out funny sites on YouTube. There are many hilarious posting so one will forget that they are studying English. Also by reading the comments one will become familiar with sentences one is not familiar with. My only warning is that there are some bizarre postings online so be careful on what one chooses to watch.

The third way of learning English is by talking and singing to oneself in English. This way one will not be self conscious on how they might sound to others. One will feel freer to say and sound how they want. Singing a song in English or by talking to oneself about any topics will drastically improve one's pronunciation. This is a fun and easy way to improve one's pronunciation with out the concerns of how one might sound to others.

Pay attention to billboards, advertisement, sign and magazines that are written in English. Look and think about what the ad is trying to say and the meaning behind the ads. By doing this one will start to make up meanings and sentences in English and will improve their way of thinking in English. By reading magazines in English is an easy way to improve ones reading. Magazines are less intimidating than reading a novel in English so, it is easy to approach.

If one loves listening to music then listen to ones favorite song in English with the lyrics. Watch a video clip with lyrics and sing along. Read the translation this way one will build up their vocabulary. By listening and reading the lyrics one will begin to understand what the song is about and learn vocabulary the fun and easy way.

One of my favorite and best advices on learning English is by watching TV. Most people frown upon this idea because it doesn't seem like one will be learning or studying English but in conclusion one is being exposed to many vocabularies, sentence structures and even American culture. Find ones favorite TV show and start watching them with the translations on the bottom. As one become more and more exposed to English one will become familiar and comfortable with English. After several months of watching one will be able to understand English without looking at the translations. By watching TV shows one will become more exposed to American culture. This is very important in learning English because like many cultures English vocabulary changes with society. A word might mean something different from its original meaning. By learning and understanding this one will find it easier to understand not only the TV shows but when talking with foreigners.

The last advice would be to force oneself to speak English. No matter how shy or how much one does not understand English force oneself to speak English. If one sees a tourist lost then go up to them and help them out. They do not mind a native helping them out. By making opportunities and speaking English one will gradually learn and gain confidence in learning and speaking English. If one is going to school to learn English then approach ones teacher and ask them what one can do to improve on. Try to expose oneself to English as much as possible. A little goes a long way. Do not feel stressed or shy towards English. Learning another language is a difficult thing to do. It is not something to one can perfect in a short time.

There are many ways to learn English so try them all to find out what works for you. It is important to be exposed to English as much as possible; it is the only way to shake the fear of English and to become more comfortable towards English. Be creative and have fun learning English can be an easy and fun process. Good luck!

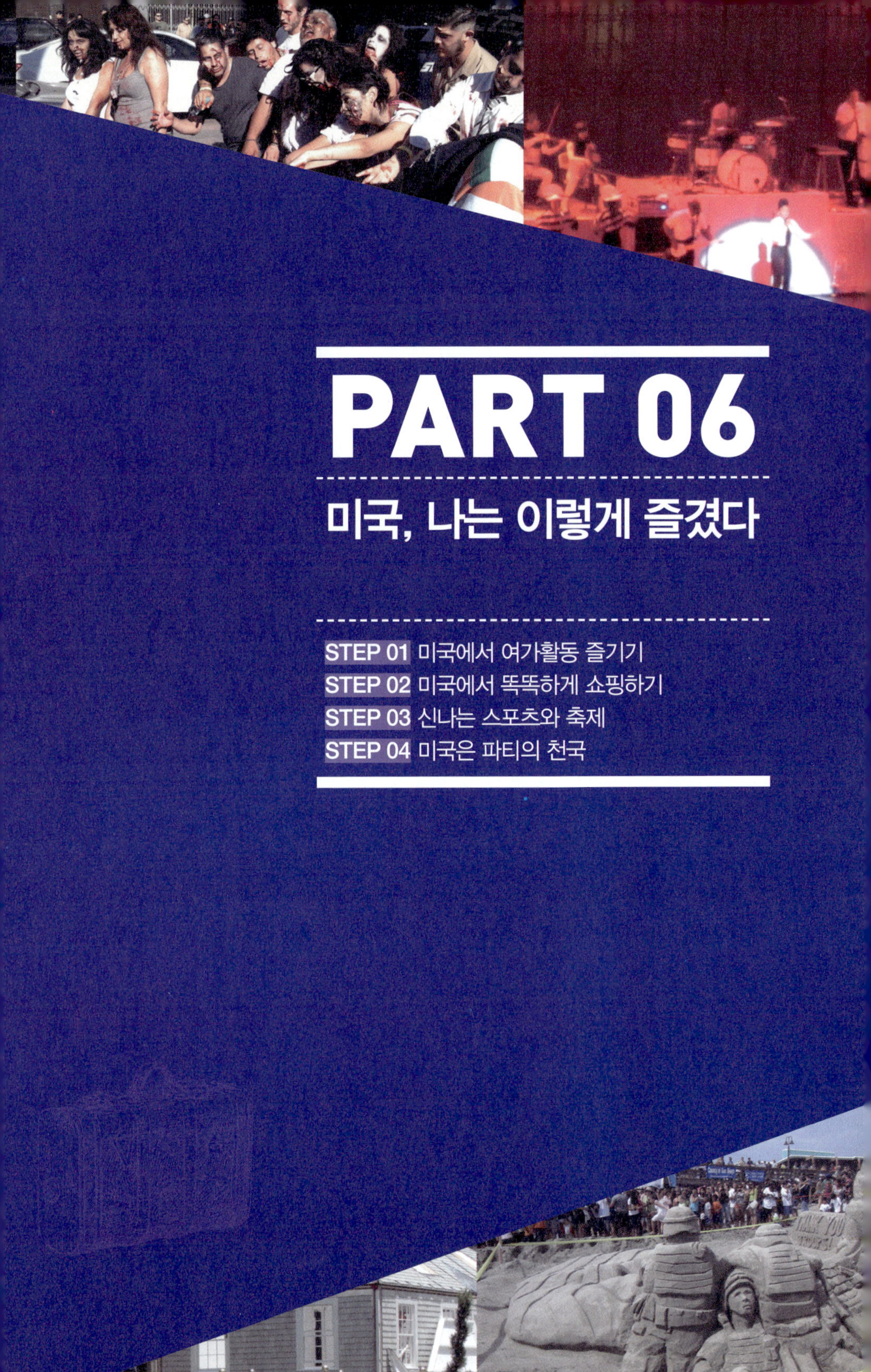

PART 06

미국, 나는 이렇게 즐겼다

미국에서 여가활동 즐기기

미국에서 여가시간은 어떻게 즐기는 것이 좋을까? 처음 미국에 도착했을 때는, 미국에는 여가시간에 할 일이 전혀 없는 지루한 나라라고 생각했다. 도대체 미국인들은 여가시간을 무엇을 하며 보내는 걸까? 그러나! 알고보니 미국에는 즐길 수 있는 여가활동이 상당히 많다. 대부분의 미국인들은 여가시간에 운동을 하는 것이 보통인데, 그래서인지 학교에서도 다양한 운동 프로그램을 무료로 제공하는 경우가 많다. 미국인들에게 인기있는 운동은 테니스, 농구, 서핑 등이 있다. 운동을 배우거나 헬스장에 가서 친구를 사귀게 되는 경우도 많으니 여가시간에 헬스장에 가보는 것은 어떨까?

THEME 01 다양한 운동! 서핑부터 줌바댄스까지

01. 주희의 서핑 배우기

"캘리포니아에 왔으면 서핑을 배워야지!"
잉? 서핑? 설마 그 영화에서만 보던 보드 위에 올라가서 균형잡는 그것?
"절대 못해!"

사실 어렸을 때, 물에 빠져서 죽을 뻔한 경험이 있는 나는 물을 굉장히 무서워한다. 그런데 발만 담그고 첨벙첨벙하는 소꿉놀이 수준이 아니라 서핑을 배우자고?! 그랬다가는 나 심장마비로 죽을지도 몰라.
이렇게 생각하고 서핑 배우기를 포기하고 있던 나에게 서핑을 배우기 시작한 친구들이 정말 재미있다며 한 번 보기나 해보라고 한다. 친구들의 끈질긴 꼬드김에 넘어간

프로처럼 서핑하는 사람들

나는 결국 그들은 지켜보기로 하는데…. 서핑보다 내 눈에 먼저 들어온 것은 바로! 구릿빛 피부의 멋진 남정네들. 야호! 서핑말고 남자구경하면 안될까?

얼마 후 정신을 차리고 친구들을 보니, 바다 위에서 어설프게 서핑을 하는 모습이 우습기만 하다. 그런데 친구들의 서핑하는 모습을 보고있자니 은근히 재미있어 보인다! 나의 옆에서 구경하던 중국인 친구, 신링이 우리도 한 번 해보지 않겠느냐고 나를 꼬드긴다.

'넘어가면 아니되느니라! 절대 아니되느니라!'라고 나 자신에게 주문을 걸어봤지만…. 우리는 이미 서핑 보드를 빌려주는 곳을 향하고 있었다. 서핑보드를 빌려주는 곳에서 발견한 바디보드. 일반 보드 크기의 절반정도 되는 크기였다. "이 작은 보드는 뭐에요?"라고 주인아저씨에게 묻자, 누구나 탈 수 있는 보드라고 한다. '오호! 이건 날 위한 보드다!'라는 생각이 들어 바로 바디보드를 1시간동안 대여했다. 바디보드는 보드 위에 균형을 잡고 서지 않아도 되고, 그

신링과 함께 서핑

서핑 연습하는 중!

제법 탈 줄 안다?

냥 배를 깔고 보드 위에 누워있으면 둥둥 뜬다고 한다. 신링도 이 바디보드를 빌리기로 하고, 우리는 샌디에고의 하얀 백사장을 지나 바다로 향했다! 풍덩!

그런데 쉬울 줄만 알았던 이 바디보드 타기다 생각만큼 쉽지가 않다. 자꾸 보드가 파도에 떠밀려서 보드 위에 제대로 자세를 잡아 눕기가 힘들었다. 하지만 한 두번 하다보니 굉장히 중독성이 있다! 이거 이거 재미있는데? 그 이후로 나는 100% 리얼한 서핑은 아니지만 바디보드를 이용한 짝퉁 서핑은 자주 하러갔다.

02. 암벽 등반에 성공하다

아웃도어 광고에서나 나올 법한 암벽 등반! 학교 체육관에서 한 달에 한 번씩 무료로 암벽 등반을 체험해볼 수 있다고 하는 소식을 듣고, 눈이 번쩍! 여학생에게만 특별히 주어지는 기회라고 하니, 기쁜 마음에 암벽 등반을 시도해보기로 했다.

"저 암벽등반하러 왔어요~"

신나서 말하자, 신발 사이즈를 묻고는 암벽등반용 신발을 가져다주는 어시스트. 신발을 신고 무턱대고 암벽등반을 시도해봤지만…. 이런! 바위 위에서 한 걸음 떼기조차 힘들다. 내가 허둥대고 있는 모습을 측은하게 본 어시스트가 안전장치를 가지고 온다. 나는 '오호! 안전장치가 있다면 해 볼만 하지!'라는 근거없는 자신감을 가지고 암벽등반을 다시 시도했다. 그러나 안전장치가 모든 것을 해결해줄것이라는 것은 큰 오산! 도저히 팔의 힘을 이용해서 암벽 등반을 하기란 쉽지가 않은 일이었다. 어시스트의 말에 따르면 사실 암벽등반은 팔의 힘만을 이용해 오르는 것이 아니라 팔과 다리의 힘을 동시에 사용해서 위로 올라가는 운동이라고 한다. 그래서 두 가지 힘을 동시에 사용해야 하기때문에 생각보다 훨씬 어려웠다. 그리고 발을 디딜만한 돌을 찾는 것도 내게는 쉽지 않은 일이었다. 보다못한 어시스트가 밑에서 "왼쪽에 있는 노란 돌!", "오른쪽 빨간 돌!" 이런식으로 소리치기 시작했다. 정상을 향해 절반쯤 올라갔을 때,

정상을 향해 응차!

암벽등반을 이렇게 하는 거구
나 하는 깨달음을 얻었다! 중
반 이후부터는 성큼성큼 정상
을 향해 오르기 시작해 결국
정상까지 올라가는 쾌거를 이
루었다! 정상이라고 해봤자…
그렇게 높지도 않았으나 혼자
무척이나 뿌듯했다. 문제는 내
려오기! 정상에서 아래를 내려
다보니 너무 무서워서 "나 못
내려가겠어요." 라고 울자 "몸
을 L자로 만들어 천천히 줄을
잡고 내려와"라고 말하는 어
시스트. 천천히 줄을 잡고 내
려오자 생각보다 무섭지 않다!
안전히 바닥에 착지하자 그렇

게 자랑스러울 수가 없었다. 야호! 암벽등반도 별 거 아니네~

03. 현란한 줌바댄스

요즘은 한국에서도 줌바댄스를 가르쳐주는 곳이 많지만, 나는 미국에서 줌바댄스를
처음 알게 됐다. 홈스테이 아줌마인 쉘라가 "줌바댄스 배우러 가자~"라고 해서, 줌
바댄스가 뭐냐고 물어보니 에어로빅과 비슷한 운동이라고 한다. 에어로빅? 그 쫄쫄
이 입고 온 몸을 흔들어대는 그 운동? 나는 설마싶어 인터넷에 줌바댄스를 검색해봤
다. 춤과 피트니스가 적절히 결합돼 건강뿐만아니라 다이어트에도 좋은 것은 바로 줌
바댄스라고 한다. 오호! 나도 한 번 해봐? 그래서 시작하게 된 줌바댄스. 몸치인 나는
떨리는 마음으로 줌바댄스 수업에 참여했다. 줌바댄스 클래스 시작 전, 예쁘게 생긴
여자가 다가와서 "너 중국인이니?"라고 중국말로 묻는다. 이런! 간단한 중국어를 배
운 나는 그녀의 말을 알아듣고, "나 한국인이야!"라고 대답했다. "너 참 예쁘다."라고
말하는 그 중국인 친구. 어머! 나 줌바댄스 수업 매일 올래!

첫 수업부터 기분이 UP! 신나는 노래를 크게 틀어놓고, 선생님의 동작을 따라하기만
하면 되는 간단해 보이는 수업이지만…. 이게 은근히 따라하기가 어렵네? 45분 동안
격렬하게 움직이는 선생님을 따라하다 보면 땀이 비오듯 흐른다. 거울을 보면서 춤을

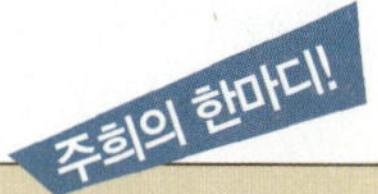

추는데 땀에 흠뻑 젖은 내 모습이 매우 우스꽝스럽다. 그래도 신나게 줌바댄스를 한 시간 추고 나면, 살이 쭉 빠지는 기분이 든다.

> 　　미국에서 다른 친구들과 함께 운동을 배우고 싶다면, 학교 체육관 게시판을 확인하는 것이 가장 좋다. 학교에서는 'Group Exercise'로 요가, 줌바 댄스, 힙합 댄스같은 다양한 프로그램을 무료로 제공한다. 게시판이 아니면, 체육관 인포메이션 센터에 가서 'Group Exercise'에 대한 정보를 물으면 자세한 정보를 안내받을 수 있다.
>
> 　　학교 친구들뿐만 아니라 더 다양한 친구들과 여가시간을 보내고 싶다면, www.meetup.com을 이용해보자! 운동을 비롯해서 커피, 애완, 사진, 여행과 같은 공동의 관심사를 가진 사람들을 만나볼 수 있다. 자신이 살고 있는 주변에서 다가오는 모임에 대한 정보를 알려주는 사이트로 미국에서 공통의 취미를 가진 친구들을 만날 수 있는 절호의 기회를 제공한다.

04. 미국에서 자전거를 타다

"너 자전거 탈 줄 몰라?!!!"

내가 자전거를 타는 법을 모른다고하자 깜짝 놀라는 미국인 친구들. 나는 수영도 못하고, 자전거도 못타고…. 운동이라는 운동은 다 젬병이다! 어쨌든 자전거를 타지 못한다는 나의 말에 많이 놀란 나의 친구들이 나에게 선뜻 자전거를 가르쳐주겠다고 한다. "흠~ 후회할텐데…. 우리 아빠도 나 가르치려다가 포기했는데!" 라고 말려봤지만 천사같은 친구들이 자전거를 타러가자고 한다. 나의 집 앞 산책로에서 자전거를 배우기로 한 나는 홈스테이 집에 있던 자전거를 빌렸다. "내가 뒤에서 잡아줄게 한 번 타봐!"라고 말하는 친구. 잉? 아니! 뭘 알려주는 것도 없이 바로 실전인 것인가! 자전거에 올라타니 발이 땅에 닿지 않아 무서웠지만 뒤에서 친구가 든든하게 잡고 있으니 걱정 없다. 하지만… 역시 운동신경이 전혀 없는 나는 여러번의 넘어질뻔하는 굴욕을 맛봐야 했다. 나와 달리 핸들을 잡지도 않고 자전거를 타는 나의 친구들! 균형을 잡지 못해서 여러번 기우뚱 거리긴 했지만 한시간 정도의 노력끝에 일직선으로 타기에는 성공했다! 우와!!! 내가 다 큰 나이에 자전거를 배우고 있는 모습을 보며, 지나가는 미국인들이 화이팅이라고 외쳐줬다! 하지만 핸들을 돌려 방향을 바꾸려고 하면 번번이 실패한다. 결국 친구들도 방향을 바꾸는 것은 포기! 앞으로 우회전이나 좌회전은 하지말고, 직진으로만 다니라고 한다.

 미국 음식은 맛이 없다? 미국 맛집 탐방!

한국에는 김치와 불고기, 이탈리아에는 피자와 파스타, 일본에는 스시! 이렇게 각 나라마다 대표적인 음식이 있기 마련이다. 그렇다면 미국의 대표 음식은 무엇일까? 햄버거? 치킨? 스테이크? 딱히 떠오르는 음식이 없다. 뿐만 아니라 많은 사람들이 미국 음식은 기름지고 맛이 없다고 생각하는 경우가 많다. 실제로 미국에서 오래 생활하다 보면 한국의 밥과 반찬이 한없이 그리워지는 경우가 많지만! 미국에도 깨알같은 맛집이 많이 존재한다는 것! 지금부터 미국에 갔다면, 꼭 한 번쯤은 맛봐야하는 음식들을 알아보자.

01. 인앤아웃 (IN-N-OUT)

"미국에도 맛집이 있어요?"

나의 물음에 홈스테이 아줌마, 다이애나가 웃으며 인앤아웃 버거를 추천한다.
"주희, 너도 좋아할거야!" 라고 자신있게 말하는 다이애나.
인앤아웃은 캘리포니아 주에서만 맛볼 수 있는 햄버거 전문점이다. 인앤아웃의 명성은 대단한데, 캘리포니아의 명물로 꼽히는 햄버거 프랜차이즈점이다. '햄버거가 거기서 다 거기지 뭐~'라고 생각한다면 큰 오산! 인앤아웃 햄버거는 냉동이 아닌 냉장패티를 사용하고, 감자튀김 역시 즉석에서 통감자를 썰어 튀겨 내는 형식이라 신선도가 높다고 한다. 가격 또한 저렴한 편이라서 부담없이 즐길 수 있다. 메뉴판에는 없지만 감자튀김 위에 구운 양파와 치즈를 올려주는 '애니멀 스타일(animal style)'이 인기 메뉴이다. 인앤아웃은 해외 매장이 없기때문에 캘리포니아 주에서 반드시 먹어봐야하는 햄버거이다.

햄버거 먹을 땐, 인앤아웃으로 가요!

맛있어 보이지?

인앤아웃 가격표

깨끗한 인앤아웃 매장

인앤아웃 찾아가기!

인앤아웃은 미국 내에 캘리포니아, 애리조나, 네바다, 텍사스, 그리고 유타 주에서만 만나볼 수 있다. 그 중에서도 캘리포니아 주에 가장 많은 매장을 가지고 있는데, 그 수가 총 214개에 달한다. 자신의 근처에 있는 인앤아웃 매장을 찾고 싶다면, http://www.in-n-out.com을 이용하자! Location Finder(위치 찾기)에서 자세한 정보를 얻을 수 있다.

캘리포니아에 이렇게 많은 인앤아웃이!

"우리 뭐 먹을까?"

학교 수업시간에 반 친구들과 함께 저녁을 먹기로 했다. 무엇을 먹을지 결정하는 시간! 가장 많은 선택을 받은 장소는 바로 치즈케익 팩토리!

"치즈케익 팩토리가 뭐야?"

미국에 온지 얼마안된 나는 치즈케익 팩토리의 존재를 모르고 있었다. 달콤한 케익을 맛볼 수 있는 천국같은 곳이라는 친구들의 설명을 들으니 기대감 Up! 친구들과 함께 도착한 치즈케익 팩토리 매장은 정말 동화에 나오는 식당같았다. 분위기를 중요하게 생각하는 여자라면, 누구나 사랑에 빠지게 할 치즈케익 팩토리! 달콤한 케익을 사랑하는 사람들이라면 누구나 가보고 싶어하는 곳이 바로 치즈케익 팩토리이다. 치즈케익 팩토리에서는 40가지가 넘는 다양한 종류의 케익뿐만 아니라 식사 메뉴도 제공하는 레스토랑이

궁전 입구 같은 외관

분위기있는 내부

군침 돌게 하는 케익들

다 먹어보고 싶다~

1 치즈케익 팩토리에서 메뉴고
르는 중
2 신중한 메뉴 선택!
3 반친구들과 함께하는 즐거운
시간
4 케익뿐만 아니라 다양한 메뉴
가 있는 치즈케익 팩토리

다. 케익만 먹을수도 있지만, 대부분 식사를 한 뒤 후식으로 케익을 한 조각씩 먹는다. 인기있는 미국드라마, 〈빅뱅이론〉에 나오는 주인공인 패니가 근무하는 곳으로도 알려진 곳이다. 치즈케익 팩토리는 입구를 들어서자마자 보이는 맛있어 보이는 케익들이 시선을 사로잡는다. 친구들과 갈때마다 "우와!!! 진짜 여기있는 케익 다 먹고싶어!"라고 하지만, 막상 한 조각도 다 먹기 힘들만큼 케익이 크다. 개인적으로 치즈케익 팩토리의 음식은 보통이라고 생각하지만, 케익은 정말 달달하고 맛있다.

 ### 치즈케익 팩토리 찾아가기!

치즈케익 팩토리는 미국 내의 37개의 주에서 164개에 달하는 매장을 가지고 있다. 따라서 비교적 많은 주에서 치즈케익 팩토리를 만날 수 있다. 현재 시애틀에 3개, 샌프란시스코에 4개, 로스앤젤레스에 4개, 그리고 샌디에고에 2개의 치즈케익 팩토리 매장이 있다. http://www.thecheesecakefactory.com에서 자신의 주변에 위치한 치즈케익 팩토리 매장을 찾아보자! 저녁시간에는 사람이 많은 편이니, 미리 예약을 하면 기다리지않고 자리를 잡을 수 있다.

운영시간 : 월요일~목요일 11:00AM~11:00PM,
　　　　　 금요일~토요일 11:00AM~12:00AM,
　　　　　 일요일 10:00AM~11:00AM
　　　　　 (오전 10시부터 오후 2시까지 브런치 가능)

캘리포니아의 치즈케익 팩토리

달콤한 초콜렛과 사탕이 먹고 싶은 날이라면? 우리가 향해야 할 곳은 바로 시즈캔디! 내가 시애틀에서 우울하다고 했더니, 친구가 데려간 곳이 바로 시즈캔디 매장이었다. 우울할 땐 달달한 것을 먹어야한다는 친구의 철학에 따라 처음 가보게 된 시즈캔디! 시즈캔디 매장에서는 무료로 시식을 할 수 있는 것이 가장 큰 장점이다. 가게에 들어서자마자 초콜렛이나 캔디를 시식할 수 있는데, 원하면 다른 종류도 시식 가능하다. 시즈캔디에서 일하는 직원은 대게 나이가 많은 할머니나 할아버지인 경우가 많아 왠지 모르게 정감이 가는 곳이다. 친구가 우울해하는 나를 위해 사준 초콜렛은 정말 내 우울함을 바로 날려버릴 정도로 달달한 맛! 결국 집에 가는 길에 커다란 초콜렛 한 상자를 사가지고 돌아갔다. 내가 시즈캔디를 완전 사랑해서, 내가 한국에 돌아온 이후에도 미국에 사는 친구가 발렌타인 데이에 시즈캔디를 선물로 보내주기도 했다.

시즈캔디가 한국에도 입점했다는 기쁜 소식! 하지만 미국에서 더욱 싼 가격에 달달한 시즈캔디를 맛볼 수 있으니 미국에 있다면 매장으로 달려가자~ 시즈캔디 매장은 비교적 찾기 쉬운데, 다운타운이나 쇼핑센터에 꼭 매장이 하나씩은 있기 마련이다. 더 자세한 위치를 알고 싶다면, http://www.sees.com을 확인해보자!

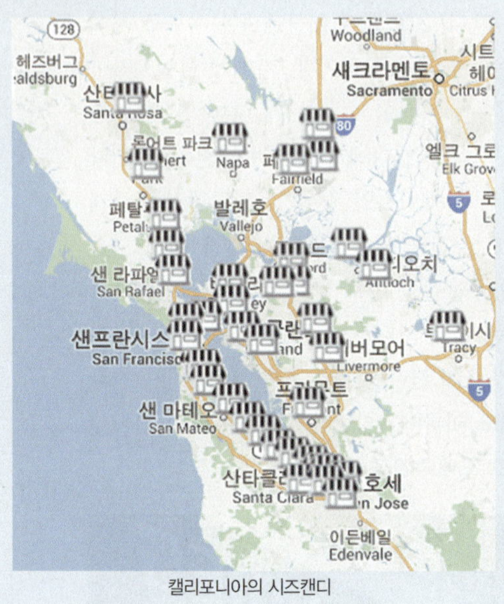

캘리포니아의 시즈캔디

04. 피에프 창 (P.F.Chang's)

"오늘 내가 쏠게!"

뜬근없이 점심을 쏘겠다는 친구. 이럴때는 빼지말고, 얻어먹어야 한다!

"뭐 사줄건데?"
"피에프 창 가자!"

식당 안에 자리를 잡고, 메뉴판을 보던 나는 깜짝 놀랐다.

"야! 여기 생각보다 비싼데?"
"그래도 여기 진짜 맛있어!"

어쨌든 내가 사는 건 아니니까 먹기는 먹는다만… 하지만, 주문한 음식을 한 입 먹은 순간, 친구에게 미안하던 마음은 저 먼 안드로메다로 사라져버렸다.

미국에서 생활하면 한국음식이 그립기는 하지만, 사실 한국음식을 판매하는 식당은 많지 않다. 한인타운이 아니면 한국음식 식당을 찾기는 조금 어렵다. 하지만, 중국음식을 판매하는 식당은 정말 그 수가 많다. 미국 사람들은 중국음식도 즐겨먹고, 스시도 좋아하지만 한국음식은 크게 인기가 없는 것 같아 서운했던 적이 많다. 미국에서 저렴하게 먹을 수 있는 '팬더뷔페'같은 중국음식점은 찾아보기 쉽다. 중국음식은 저렴하고 빠르게 먹을 수 있다는 개념을 바꿔놓은 식당이 바로 피에프 창이다. 피에프 창은 외관과 인테리어부터 부티가 좔좔 흐르는 중국음식점이다. 가격도 비싼 편이지만, 한 번 맛을 보면 그 값어치가 있다는 것을 알 수 있다.

피에프 창은 미국뿐만 아니라 멕시코와 두바이에도 매장이 있을 정도로 세계로 뻗어나가고 있는 레스토랑이다. 피에프 창은 대표적으로 시애틀에는 다운타운과 벨뷰 지역에 매장이 있고, 샌디에고에는 라호야 지역에 매장이 있다. 이 외에도 서부에 다수의 매장이 있으므로 http://www.pfchangs.com/ 에서 자신에게 가까운 피에프 창을 찾아보자!

05. 도미노 파마산 치즈 바이트

'도미노 피자는 한국에도 있는데?'라고 생각할 수도 있지만! 미국의 도미노에는 한국 도미노에 없는 특별한 메뉴가 있다? 바로 파마산 치즈 브레드라는 사이드 디쉬인데, 기숙사에서 하루가 멀다하고 매일 시켜먹던 악마의 간식이다. 한 입에 쏙 들어가는 크기로 마늘 맛이 나는 빵과 빵 속의 치즈가 환상의 궁합을 자랑한다. 하루는 도미노 파마산 치즈 바이트가 먹고 싶어 견딜수가 없는 지경이 이르러 배달 주문을 시키려했다. 그런데 파마산 치즈 바이트는 한 봉지에 $5인데, 배달을 시킬 수 있는 최소 금액은 $10이 넘었던 것으로 기억한다. 하지만 나의 사랑 파마산 치즈 바이트를 포기할 수 없어 피자까지 시키는 어이없는 낭비를 한 적도 있다. 한국에 돌아와서도 이 파마산 치즈 바

이트가 그리워 메뉴를 찾아봤지만, 한국에서는 판매하지않는 것 같다.

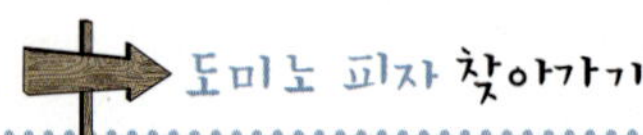

도미노 피자는 매장을 방문하기보다는 배달을 시켜 먹는 것이 보통이다. 도미노 홈페이지인 http://www.dominos.com/에서 매장 위치뿐만 아니라 다양한 할인 쿠폰을 확인할 수 있다.

식당에서 알아야 할 영어

★ Could you tell me the name of some good restaurant? 좋은 레스토랑 좀 가르쳐줄래?

★ Could you tell me an inexpensive restaurant? 가격이 싼 레스토랑 좀 가르쳐줄래?

★ Do we need a reservation? 예약해야되나요?

★ I'd like to make a reservation. 예약하고 싶습니다.

★ What time do you start serving dinner? 몇시부터 저녁식사가 가능한가요?

★ We'd like a table for two at 6:30. 6:30에 두 사람 자리를 부탁합니다.

★ We'd like to have a table near the window. 창가 근처 자리로 부탁합니다.

★ Do you have a table for four? 4명이 앉을 수 있는 자리있나요?

★ About how long will we have to wait? 얼마나 오래 기다려야합니까?

★ What would you recommend? 추천하는 메뉴가 있나요?

★ I'll have a sirloin steak, please. 저는 서로인 스테이크를 먹겠습니다.

★ I'll have the same. 같은 걸로 주세요.

★ Can I take out this dish? 포장해갈 수 있나요?

★ Would you bring me the check? 계산서 가져다주시겠습니까?

★ Isn't this bill wrong? 이 계산서 틀리지않았나요?

THEME 03 여기가 어느 나라지? 서로 서로 음식 대접

미국에서 나의 생활에 재미를 더했던 것은 바로 친구들과 서로 음식을 대접해주는 일이었다. 세계 여러나라에서 모인 친구들이 함께 생활하기때문에 서로의 문화에 대해 관심이 많다. 그 중에서도 가장 큰 관심을 받는 문화는 바로 음식! 각자 친한 친구들을 초대해 자신의 나라 음식을 대접하곤 했다. 일본인 친구는 스시를, 이탈리안 친구는 파스타를 요리해줬다. 그리고 나는 당연히 한국 음식을 요리해 친구들에게 대접했다. 요리를 잘하면 외국인 친구들 사이에서 인기 스타로 등극할 수 있으니, 지금부터 요리를 배우는 것은 어떨까?

01. 여기는 일본?

"다음 주 화요일 날 우리집에 와~"

일본인 친구 에리가 친한 몇 몇 친구들을 초대한다. 초대장을 나눠주는 공식적인 파티는 아니지만, 나름 우리는 파티라고 부르곤 했다.

"오~ 이번주는 에리가 요리사!"

친구들로 북적북적한 에리의 집에 모인 친구들은 에리가 요리하는 것을 도와준다. 하지만 대부분의 요리는 에리의 몫! 오늘의 메뉴는 일본식 전골이라고 한다. 손이 큰 에리는 전골뿐만 아니라 다른 다양한 요리도 많이 준비했다. 일본에 여행갔을 때, 먹었던 전골이 기억났다. 큰 솥에 각종 채소와 고기를 넣어 만든 일본식 전골 요리다.

1 말 그대로 진수성찬!
2 오늘의 요리사, 에리
3 맛있겠다~!

"짠!"

김이 모락모락 나는 냄비 뚜껑을 열자, 먹음직스러운 일본식 전골 요리가 완성됐다. 완성된 요리를 친구들과 둘러앉아 먹는 이 맛! 진짜 일본에 와 있는 기분이다.

"오이시! 오이시! (일본어로 맛있다는 뜻)"

눈깜빡할 새에 일본식 전골 요리는 동이나고 만다. 식사가 끝나면, 없어서는 안

1 신선한 스시 재료
2 밤부의 스시 만들기
3 맛있게 먹자! 냠냠

될 후식! 에리가 미리 사다놓은 시원한 수박을 먹으며 수다를 떤다. 보통 식사가 끝나고 설거지는 친구들이 한다. 신기했던 점은 미국인 친구들은 같은 상황에서 설거지를 하겠다고 나서는 친구들이 없다는 점이다. 아시안 친구들의 문화에서는 누군가가 요리를 대접하면, 설거지는 손님이 하는 것이 예의라고 생각하는 것이 보통이다. 그러나 중국인 친구가 미국 친구들에게 중국 요리를 대접했을 때, 설거지를 하겠다고 나서는 미국인 친구들이 없어 충격을 받았던 기억이 있다. 결국, 설거지는 나와 중국인 친구가 했다! 하지만 미국인 친구들이 자신의 파티에 친구들을 초대하면, 자신이 설거지를 하는 모습을 볼 수 있다. 우리와는 다르게 초대한 사람이 음식 준비와 설거지까지 모두 책임지고, 손님을 편하게 해줘야한다고 생각하는 듯 하다.

에리뿐만 아니라 요리를 좋아하던 또 다른 일본인 친구가 있었는데, 그는 밤부라는 친구였다. 이름이 귀엽다고 생각했던 친구였는데, 한국인 여자친구와 교제중인 친구였다. 한국인 여자친구는 한국에 살고 있었지만, 여자친구 덕에 한국 문화에 관심이 많았다.

"토요일에 우리 집에 와~ 스시 파티하자!"

야호! 스시파티! 정말 스시를 집에서도 요리할 수 있을까?

하는 궁금증이 가득한 채 밤부의 집으로 향했다. 밤부의 집에 도착하니, 밤부는 진짜로 스시를 만들고 있었다. 내가 상상했던 초밥집의 쉐프같은 모양새는 아니었지만, 제법 그럴듯한 모습으로 스시를 만들고 있었다. 적당한 양의 밥을 손에 쥐고, 그 위에 준비해놓은 다양한 생선이나 계란을 올려놓으면 간단하게 스시가 만들어졌다. 밤부의 집에는 김치도 있었는데, 스시와 김치는 의외로 찰떡궁합이었다. 밤부가 스시를 만들자마자 바로바로 친구들이 집어먹는 바람에 밤부는 어깨가 빠지도록 스시를 만들어냈다! 미국에서 일본인 친구가 직접 만들어주는 스시를 먹고 있으니, 내가 지금 미국에 있는지 일본에 있는지 헷갈린다.

02. 여기는 이탈리아?

일본 요리가 끝이 아니다! 이탈리안 친구, 실비아가 파스타를 만들어주겠다고 한다. 나는 실비아의 요리 준비를 도와주기위해 실비아와 함께 마트에 갔다. 미국 마트에서 쉽게 이탈리안 요리 재료를 찾아볼 수 있었다. 한국 음식 재료는 한인마트에 가야 있지만, 이탈리아 음식은 미국에서도 대중적인 음식이라 재료를 구하기가 비교적 쉽다. 파스타 면과 각종 소스를 만들기 위한 재료를 사고 다시 실비아네 집으로 돌아가는 길~ 계산을 할 때, 내가 반을 내겠다고 했지만 실비아는 절대 안 된다며 혼자 지불했다. 짐은 무겁지만 파스타를 먹을 생각에 마음만은 깃털처럼 가볍다~ 실비아가 요리를 하기 시작하고, 행복한 마음으로 기다리는 나와 친구들! 파스타 만들기는 내가 생각했던 것보다는 훨씬 간단했다. 왠지 요리에 소질없는 나도 만들 수 있을 것 같은데?

"완성!"

실비아가 만든 파스타는 토마토 소스가 버무려진 파스타였는데, 면발이 쫄깃쫄깃하고 맛있었다. 사실 친구가 만들어준 음식인데, 뭔들 안 맛있겠냐마는! 내 친구들은 요리 솜씨가 좋아도 완전 좋다.

03. 여기는 한국?

친구들에게 맛있는 음식을 대접받았으니 나도 대접할 차례인데! 음… 나는 집에서 밥 한 번 해보지 않은 요리 초짜이다! 이럴줄 알았으면 엄마한테 미리 요

주희의 요리!

깨끗하게 비운 접시들!

배부른 미녀 삼총사?

리하는 법 좀 배워올 걸… 이를 어쩌지! 그렇다고 친구들한테 햇반을 대접할 수도 없는 노릇이고…. 그러다 문득 떠오른 생각은 '인터넷과 엄마 찬스를 이용하자.'였다. 그나마 내가 요리할 수 있을 것 같은 유부초밥과 떡볶이를 만들어보기로 결정했다. 사실 유부초밥은 전통적인 한국음식으로 보기는 어렵지만, 대중적이고 만들기 쉽다는 점에서 선택한 메뉴였다. 떡볶이는 미리 포장된 재료를 사서 만들었고, 부침개는 한인마트에서 파는 것을 후라이팬에 살짝 데우기만 했다. 내가 가장 공을 들인 요리는 바로 바로 유부초밥! 한 알 한 알 정성스럽게 만든 유부초밥을 보고 있으니 뿌듯하다. 남자친구한테도 이렇게 정성들여 요리를 해준 적이 없는데! 드디어 친구들의 평가를 들어볼 시간! 두근두근!

"오! 맛있어!"
"진짜?"

맛있다는 친구들의 칭찬에 갑자기 기분이 좋아진 나!

"뭐가 제일 맛있어?"
"이 넙적한 거!"

헝? 사다가 내가 만든 것처럼 보이게 한 부침개? 이럴수가! 내가 만든 유부초밥은 맛이 없는거니…? 어쨌든 만족스러워하는 친구들과 함께 한국음식을 싹싹 비웠다.요리를 대접하는 건 나인데, 왜 내가 제일 많이 먹는 느낌이지? 어쨌든, 불가능할 것 같았던 주희의 한국요리 대접하기 대성공!!!

한국에서 원하는 상품을 주문받아 미국에서 사서 보내주는 구매대행이 유행하는 것을 봐도 알 수 있듯이 미국에서는 보다 싼 가격에 유명 브랜드 상품을 구입할 수 있다. 게다가 한국에 입점하지 않거나 한국에서는 구하기 힘든 다양한 브랜드도 있다. 그래서 많은 친구들이 미국에 처음 도착하면, 한국보다 싸다는 생각에 혹은 한국에서는 살 수 없다는 생각에 무리한 쇼핑을 하는 경우도 많다. 그렇다면, 미국에서 조금 더 똑똑하게 쇼핑하는 팁을 알아보자!

THEME 01 백화점 둘러보기

한국과 마찬가지로 미국에도 백화점이 있다. 미국 백화점의 특징은 여러 개의 백화점이 한 군데 모여있다는 점이다. 백화점은 다양한 상품들을 한 곳에 모아놓은 곳이며, 각각의 백화점마다 주 고객층이 다르기때문에 판매하는 상품에도 차이가 있다. 우리가 흔히 볼 수 있는 백화점에는 메이시스(Macy's), 노드스트롬(Nordstrom), JC페니(JCPenny)가 있다. 메이시스같은 경우는 조금 저렴한 느낌의 백화점이라고 할 수 있다. 옷이나 가방을 항상 세일하는 경우고 많고, 매장 정리도 가지런하게 돼있지 않다. 처음에 메이시스에서 처음 쇼핑을 할 때는, 백화점이라기보다는 아울렛 매장같다는 생각이 들었다. JC페니도 메이시스와 마찬가지로 가격이 저렴한 편이며, 실용성이 높은 상품들이 많다. 그리고 노드스트롬은 메이시스나 JC페니와 비교했을 때, 조금 더 고급스러운 백화점에 속한다. 메이시스에서는 취급하지 않는 품목들도 판매하고, 직원들이 매우 친절하다. 어그부츠, 헌터부츠, 토리버치와 같은 상품을 구매하고 싶다면 노드스트롬으로 가야한다.

메이시스 백화점

JC페니 백화점

블루밍데일 백화점

여기서 잠깐! 백화점이라서 비쌀 것이라고 생각하면 오산이다. 백화점 세일 기간에는 저렴한 가격에 좋은 물건들을 얻을 수도 있다. 게다가 메일을 통해 백화점 할인 쿠폰을 발행하기때문에, 쿠폰을 잘 이용하면 생각지도 못한 혜택을 받을 수도 있다. 최근에는 백화점 어플을 통해 할인쿠폰을 다운받을 수도 있다는 사실!

주희의 백화점 쇼핑 후기

시애틀 다운타운에 있는 메이시스에서 쇼핑을 하고 있었는데, 휠체어에 탄 직원이 옷을 정리하고 있다. 몸이 불편한 직원이 일을 하는 모습을 보니 괜히 미안한 마음이 들어 내가 입어봤던 옷을 정리하고 있었는데, 그 직원이 웃으면서 그냥 놔두라고 한다. 자신이 해야하는 일이니 걱정하지 말라며 활짝 웃는 직원. 내가 두 옷 중에 선택을 하지 못하고 있자, 보라색이 나에게 더 잘 어울린다며 조언을 해준다. 결국, 직원의 말대로 보라색 옷을 계산하고 싶다고 하니, 친절하게 안내해준다. 다른 사람들보다 일을 처리하는데 조금 더 시간이 걸리기는 하지만, 자신의 일을 즐겁게 하는 그녀의 모습에 사실 감동을 받았다.

"너 여행온 거니?"

라고 묻길래, 여행은 아니고 어학연수를 하고 있다고 대답했다. 알고보니, 여행자인 경우 추가로 10%를 더 할인받을 수 있다고 한다.

"여권보여주면, 추가할인 해줄게~"

"정말? 정말? 우와!!!"

생각지도 못한 추가할인을 해주겠다는 직원의 말에 매우 흥분한 나! 여권을 내밀었더니 진짜로 10%를 더 할인해줬다. 뽀뽀라고 해주고 싶은 이 심정을 알랑가몰라?

"미국에서 행복한 시간보내~ 또 보자!"

라고 인사하는 직원을 향해 방긋 웃어주고는 만족스러운 쇼핑을 마쳤다!

마네킹과 교감하는 중! 나의 남자친구가 되어줘~

THEME 02 쇼핑센터 즐기기

대부분 다운타운에 개별 상점들이 빼곡히 들어선 경우가 많고, 다운타운을 벗어나 쇼핑센터가 있는 경우도 있다. 개별 상점들이라서 작다고 생각하면 큰 오산인데, 'Forever 21'같은 경우는 다운타운에 3층짜리 건물 전체를 쓰며, 에스컬레이터가 있는 경우도 많다. 개별 상점들의 장점은 특정 브랜드의 다양한 상품을 만나볼 수 있다는 점이다. 또한 개별 상점들이 모여있는 쇼핑센터는 쇼핑을 하기에 최적의 장소이다. 식당, 카페, 영화관, 오락실, 명품을 비롯한 수많은 상점들이 들어선 쇼핑센터는 밥 먹고, 영화보고, 쇼핑할 수 있는 최적의 장소이다.

LA의 유명한 그로브몰(The Grove)

쇼핑센터 외관

쇼핑몰에 가면 꼭 들리던 가게!

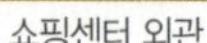

에피소드

"오늘 쇼핑하고, 영화볼까?"
"그럼 패션밸리?"

패션밸리는 샌디에고에서 유명한 쇼핑센터이다. 메이시스(Macy's), 노드스트롬(Nordstrom), JC페니(JCPenny)와 블루밍데일(Bloomingdale)같은 백화점뿐만 아니라 200개가 넘는 상점이 있다. 그 중에서도 내가 가장 좋아하는 상점은 아베크롬비와 빅토리아 시크릿! 남자인 친구들은 빅토리아 시크릿을 구경하는 것을 부끄러워하지만, 여자 친구들끼리는 한 번 들어가면 나오기 힘든 상점이다. 다양한 바디로션과 바디 미스트 종류를 테스트해보기도 하고, 사랑스러운 속옷들을 구경하고 있으면 시간이 후딱 후딱 지나간다. 빅토리아 시크릿에서 경험했던 문화 충격은 속옷 크기가 정말 솥뚜껑만하다는 것이다. 정말 저렇게 큰 속옷을 입을 수 있을까? 싶을 정도의 입이 떡 벌어지는 크기! 한 번은 미국인 친구들과 빅토리아 시크릿을 구경했는데, 그 친구들이 내가 정말 크다고 생각했던 크기의 속옷을 구매하는 것을 직접 목격해 충격받은 적이 있다. 나는 저쪽 구석에서 굉장히 작은 사이즈의 속옷을 고르고 있었다는 슬픈 사실…. 신나는 쇼핑이 끝나면, 더욱 신나는 밥 먹는 시간! 쇼핑센터에는 보통 푸드 코트가 있어 자신이 원하는 음식을 고를 수 있다. 취향이 다른 친구들과 가도, 함께 앉아서 먹을 수 있다는 것이 푸드 코트의 장점이다. 피자, 멕시칸 음식, 데리야끼, 스시 등 없는 것이 없는 푸드 코트! 하지만 여기서 끝이 아니다! 밥을 먹은 후에는 후식을 먹어야지. 후식의 종류도 아이스크림, 초콜렛, 프레즐 등으로 다양한데 내가 가장 좋아하는 후식은 바로 프레즐! 어떻게 밥을 먹고, 또 프레즐을 먹을 수 있냐고? 글쎄… 어쨌든 쇼핑으로 눈도 즐겁고, 밥으로 배도 즐거운 곳이 바로 쇼핑센터다.

쇼핑중에도 멈추지않는 셀카질   빅토리아 시크릿에서 XL 팬티를 보고 놀라다!   쇼핑 중 잠깐 쉬는 시간

아울렛은 시즌이 지난 상품을 판매하거나 공장 자체의 직영점이라서 가격이 저렴하다. 보통 많은 상점들이 모여 있으며, 아울렛에 가면 저렴한 가격에 좋은 품질의 상품을 건질 수도 있다. 미국에서 가장 유명한 아울렛은 뉴욕의 우드버리 아울렛이며, 캘리포니아 주에 있는 데저트힐 프리미엄 아울렛도 유명하다. 미리 인터넷에서 각 아울렛 공식 홈페이지를 통해 어떤 상점들이 입점해있는지 확인할 수 있다. 규모가 작아 크게 쇼핑할 것이 없는 경우도 더러 있기때문에 미리 홈페이지에서 자신이 원하는 상점들이 아울렛에 있는지 확인해보는 것이 좋다. 아울렛은 가격이 저렴하기때문에 자칫하면 충동구매로 이어질 수 있으니 주의하는 것이 바람직하다. 미국에는 수많은 아울렛이 있지만, 그 중에서도 프리미엄 아울렛이 인기가 많다. 서부의 프리미엄 아울렛에는 캘리포니아 주에 위치하고 있는 데저트힐 프리미엄 아울렛, 리버모어 프리미엄 아울렛, 길로이 프리미엄 아울렛과 라스베가스에 위치하고 있는 라스베가스 프리미엄 아울렛이 있다. 프리미엄 아울렛에서 쇼핑할 때 반드시 해야하는 일은 www.premiumoutlets.com에 접속한 뒤, VIP CLUB에 가입하는 일이다. VIP CLUB은 특정 조건을 만족해야하는 것이 아니라 누구나 가입할 수 있으니 걱정하지 말자. VIP CLUB에 가입하면 할인 쿠폰북 교환권과 할인 쿠폰을 출력할 수 있어 남들보다 저렴하게 아울렛을 즐길 수 있다.

주희의 아울렛 정복기

미국에서 가장 기대하고 기대하던 것은 바로 아울렛 쇼핑! 미국으로 여행갔다 온 친구들이 아울렛에서 진짜 싼 가격에 득템했다며 예쁜 옷이며 가방을 자랑할 때의 나의 부러움이란 이루 말할 수 없었다. 나도 아울렛가서 싸게 건져서 자랑해야지~하는 들뜬 마음에 아울렛으로 고고!! 샌디에고에도 버스를 타고 갈 수 있는 아울렛이 있기는 하지만, 규모가 큰 편은 아니어서 내가 좋아하는 상점은 많

만족스러운 아울렛 쇼핑!

지 않다. 그래서 친구들과 차를 빌려 규모가 크다는 데저트힐 프리미엄 아울렛까지 원정을 가기로 결정했다! 그렇게해서 아울렛 쇼핑을 위해서라면 뭐라도 할 기세인 여자 다섯이 뭉쳐 아울렛으로 향했다. 내가 가장 어렸기 때문에 불편한 뒷자석 가운데 자리에 당첨됐지만! 아무렴 어때~ 나는 아울렛으로 간다! 데저트힐 프리미엄 아울렛은 듣던 대로 크기도 크고 사람들로 북적이는 곳이었다. 차마 살 수는 없고 구경만 해야하는 프라다, 구찌, 토리버치, 버버리같은 명품 매장들도 많다. 모든 상점을 돌아보고, 언제 또 이 먼 데저트힐 프리미엄 아울렛까지 오겠냐는 일념으로 열심히 발품을 판 결과! 예쁜 옷들과 신발을 살 수 있었지만… 충동구매와 과소비를 하고 말았다. 그래서 그 다음날부터 신용카드를 쓸 수 없었다는 슬픈 사연이…. 여자 다섯 명이서 아울렛을 휩쓴 결과, 우리의 쇼핑백들로 인해 트렁크가 잠기지 않을 지경에 이르렀다! 꾸역꾸역 쇼핑백을 구겨넣고, 다시 집으로 향하는 길~ 아울렛 쇼핑이 제일 즐겁다.

THEME 04 블랙 프라이데이

블랙 프라이데이는 앞서 언급한적이 있듯이 미국에서 최대 규모의 세일 기간이다. 블랙 프라이데이는 11월 넷째주 목요일 바로 다음날인 금요일을 지칭하는 말이다. 미국에서는 전통적으로 블랙 프라이데이를 시작으로 연말 쇼핑이 시작된다고 한다. 블랙 프라이데이에만 미국인들이 지출하는 금액이 미국 일년동안 소비액의 20%를 차지한다고 하니 얼마나 많은 사람들이 쇼핑을 하는지 감 잡을 수 있다. 블랙 프라이데이에는 거의 모든 상점에서 할인된 가격을 제공하므로 많은 사람들이 목요일부터 상점 앞에서 자리를 잡고 자는 진풍경도 구경할 수 있다. 심지어는 상점에 먼저 들어가기위해 텐트를 치고 자는 사람들도 있다고 하니 할인을 향한 전쟁아닌 전쟁이다. 미리 인터넷을 통해 어떤 상품이 얼마나 할인되는지 확인할 수 있으니 참고하는 것이 좋다.

나도 홈스테이 아줌마, 쉘라와 함께 집 근처에 있는 몰에서 블랙 프라이데이를 경험할 수 있었다. 나는 딱히 필요한 물건은 없었지만! 그저 미국인들의 블랙 프라이데이를 경험해보고 싶은 마음에 새벽부터 쉘라를 따라나섰다. 이미 주차장은 수많은 차들로 가득차있었고, 새벽부터 이렇게 많은 사람들은 보기는 내 평생 처음이었다. 백화점 문은 닫혀있었지만, 흥분한 사람들이 문 밖에서 안으로 들어가기위해 기다리고 있었다. 백화점 셔터가 열리고 문이 열리자마자 사람들이 일사분란하

상점에 들어가기위해 기다리는 사람들!

게 상점 안으로 뛰어들어가는 모습을 볼 수 있었다. 나 또한 왜 뛰는지 모르고 사람들을 따라 뛰고 있었다! 내가 이 날 건진 것은 아빠를 위한 선물! 콜럼비아 스포츠웨어에서 나오는 겨울 옷을 정가의 반값도 안되는 가격에 할인하고 있길래, 냅다 집어 들었다! 그리고 다른 건질 것이 있나 이리저리 둘러보느라 나의 체력은 소진될 대로 소진된 상태였다! 그러다가 내 눈에 들어온 매장은 빅토리아 시크릿! 세일을 하는 품목은 한정돼있었지만, 블랙 프라이데이를 기념해 가방과 샘플을 준다고 한다! 이런 기회는 놓치면 안돼!! 그렇게 빅토리아 시크릿에서 언니를 위한 속옷도 구매 완료하고 선물까지 받아든 나는 당당하게 쉘라를 기다렸다. 한참을 기다렸더니 나타난 쉘라는 양 손 가득 주체할 수 없는 쇼핑백을 들고 걸어오고 있었다! 뭘 샀는지 물어보니 아이들을 위한 장남감과 가족들을 위한 선물이라고 한다. 몇 시간의 정신없는 쇼핑을 마친 다음 날, 나는 녹초가 되고 말았지만 마음만은 행복했다.

★ 2 for 1: 1 + 1

★ I will take it. 이걸로 살게요.

★ How much all together? 전부 다 얼마에요?

★ It's too expensive. 너무 비싸요.

★ Can't you make it a little cheaper? 조금 더 싸게 해주실 수 있나요?

★ I will buy it right now if you give me a 10% discount. 10% 할인해주면, 당장 살게요.

★ Can you cut the price by 10 percent? 10% 할인해줄 수 있어요?

★ May I get a refund on this? 이거 환불받을 수 있나요?

★ Can I have it gift-wrapped? 포장해주시겠어요?

★ Anything cheaper? 더 싼 거 있어요?

★ May I try this one on? 이거 입어봐도 돼요?

★ Do I look okay? 나 괜찮아 보여?

★ Do you have a smaller size? 더 작은 사이즈 있어요?

★ What are the store's hours? 영업시간이 어떻게 되나요?

★ I am looking for some gifts for my teacher. 나의 선생님에게 줄 선물을 찾고 있어요.

★ I am just looking for around. 그냥 둘러보는 거에요.

★ Do you have this in black? 같은 상품으로 검정색도 있나요?

★ I'd like to ring it up. 계산해주세요.

★더욱 자세히 들려주는 미국 쇼핑 TIP

우리를 울리는 택스

마음에 드는 옷의 가격표를 보고, '어! 이 정도면 살 수 있겠다!'라고 생각하고 기쁜 마음으로 계산대로 향한 주희! 하.지.만! 점원이 요구하는 돈은 가격표에 명시된 가격보다 더 비싸다? 잉? 누굴 바보로 아나? 가격표에 떡하니 가격이 써있는데 나한테 바가지를 씌우려고?라고 생각해 점원에게 따진다면 큰일이다. 미국에서 쇼핑할 때, 간과해서는 안 되는 존재가 바로 택스(Tax) 이다. 가격표에 적힌 가격에 판매세가 붙기 때문에 가끔씩 판매세를 계산하지 않고 쇼핑하는 경우에 생각보다 많은 지출을 할 수 도 있다. 각 주마다 택스가 다르지만, 보통 10% 내외라고 생각하면 된다. 미국 서부의 포틀랜드라는 주는 택스가 없는 것으로 유명해서 블랙 프라이데이 가 되면 포틀랜드로 여행을 떠나는 사람들도 많다.

미리 사면 나중에 후회한다

미국인 친구에게 쇼핑에 관해 얻었던 조언 중에 가장 기억에 남는 조언은 다음과 같다. "절대 마음에 드는 옷을 처음에 보자마자 사지 마!" 이게 무슨 소리인가 알고보니, 미국에서는 일주일 만 지나도 물건을 할인하는 경우가 많다. 워낙 할인도 자주 할 뿐만 아니라, 저번주 까지만 해 도 신상이었던 옷이 시간이 조금만 지나도 할인코너에 떡하니 걸려있는 경우가 비일비재하다. 한 번은 아베크롬비에서 완전 마음에 드는 스웨터를 발견했다. 오! '이 옷은 나를 위한 옷이야!' 라는 생각으로 조금 비싼 가격을 지불하고 신나서 집으로 돌아갔다. 그리고 정확히 일주일 뒤, 다시 찾은 아베크롬비 매장에서 내가 샀던 스웨터를 찾아볼 수가 없었다. '오호! 예뻐서 완판됐 다 보다~ 역시 내가 보는 눈이 있어! 훗!'이라고 생각하며, 매장을 구경하고 있었는데! 헉! 이 게 왠일? 내가 샀던 그 파란색 스웨터가 떡하니 세일이라고 씌여진 옷걸이에 걸려져있는 것이 아닌가? 순간 나는 나의 눈을 의심했지만…. 분명 내가 산 그 스웨터와 같은 옷이었다! '에이~ 사이즈가 커서 남은 거겠지?'라고 떨리는 마음으로 사이즈를 확인한 순간… 나는 절망에 빠져 허우덕댔다. 내가 샀던 사이즈와 같은 사이즈였던 것이다. 이런 경우가 자주 발생하니, 아무리 마음에 드는 물건을 발견해도 조금 기다렸다 다시 매장에 방문해보는 참을성을 가져보자. 절반 에 가까운 돈을 며칠 사이에 벌 수도 있다.

점원과의 관계

미국에서 쇼핑할 때, 한국과 조금 다른 점은 손님과 점원과의 관계이다. 한국에서는 직원이 손 님에게 예의를 갖추는 것이 일반적이고, 사적인 대화는 거의 하지 않는다. 한국에서도 단골 가 게인 경우에는 손님과 점원이 친구처럼 친하게 지내기도 하지만 흔한 일은 아니다. 미국에서는 손님과 점원의 관계가 보다 친구같다고 할 수 있다. 점원이 손님의 안부를 묻거나 손님의 패션 을 칭찬하는 모습을 자주 볼 수 있다. 그리고 점원의 개인적인 일까지도 손님에게 말하는 경우 도 쉽게 경험할 수 있다. 한 번은 친구가 정장을 사러간 적이 있었는데, 직원이 자신이 처음 직 장을 가지기 위해 인터뷰할 때의 이야기를 계속해서 했던 적이 있다. 그 때 당시의 긴장감, 그 리고 그 직업을 얻지 못했을 때의 실망감을 비롯해 당시의 상황을 생생하게 재현해내려 노력하 던 점원! 어떻게 보면 처음보는 사람한테 그런 이야기를 왜 하나 싶을 수도 있겠지만 이런 점원 과의 관계가 쇼핑을 더욱 재미있게 만든다. 그냥 옷을 팔아먹기 위해서 그런 사적인 이야기를 꺼내는 것이 아니라, 진짜 손님을 친한 친구처럼 대하는 것 같다는 생각이 든다.

시애틀

Seattle Premium Outlets	• Burberry(버버리), Calvin Klein(캘빈클라인), Juicy Couture(쥬시꾸뛰르), Levi's(리바이스), Adidas(아디다스), Michael Kors(마이클코어스), Nike(나이키), Polo(폴로), Tommy Hilfiger(토미힐피거) 등 다양한 유명 브랜드가 입점해있는 아울렛 • 상시 저렴한 가격으로 쇼핑할 수 있어 캐나다인들에게도 인기만점인 아울렛
Westfield Southcenter Shopping Mall	• Macy's(메이시스), Sears(시어스), Nord Strom(노드스트롬), JCPenny(JC페니)와 같은 백화점은 물론 Abercrombie & Fitch(아베크롬비 앤 피치), Hollister(홀리스터)같은 개별 상점들도 입점해있는 규모가 큰 복합 쇼핑공간
University District	• 다양한 부띠크와 개인이 운영하는 독특한 상점들이 많은 곳으로 특별한 상품을 찾는다면, 들려보자. • 쇼핑 외에도 박물관, 도서관, 코메디 클럽, 바가 많은 문화의 거리
Pacific Place	• Tiffany & Co.(티파니), Michael Kors(마이클 코어스), Coach(코치)를 비롯한 고급 브랜드부터 대중적인 브랜드까지 다양한 상점들이 위치한 쇼핑센터 • Pacific Place에는 유명한 맛집도 많으니, 쇼핑 후에 식사를 하면 만족도가 더욱 UP!
Nordstrom Rack	• 다운타운에 위치해 찾아가기 쉬운 것이 장점 • 백화점 노드스트롬이 직영으로 운영하는 할인매장으로, 백화점에서 판매하던 물건을 저렴한 할인해서 판매하는 것이 특징 • 가끔씩 대박 상품을 건지는 경우도 있으니 눈을 크게 뜨고 쇼핑해보자!

샌프란시스코

Livermore Premium Outlets	• Abercrombie & Fitch(아베크롬비), Yankee Candle(양키캔들), Columbia Sportswear(콜럼비아 스포츠웨어), Diesel(디젤), Prada(프라다) 등 다양한 브랜드가 입점해있는 아울렛 • 한 번씩 둘러보기 쉬운 구조
Gilroy Premium outlets	• Disney(디즈니), Forever 21(포에버 21), Michael Kors(마이클 코어스), 7 for all mankind 등 많은 브랜드가 입점해있는 아울렛 • 리버모어 프리미엄 아울렛과 공통으로 입점해있는 브랜드도 있고, 리버모어나 길로이 아울렛에만 입점해있는 브랜드가 있으니 미리 홈페이지에서 확인하고 선택하는 것을 추천

Westfield	• 다운타운에 위치해있고, 지하철 역과 바로 연결되어있어 교통이 편리 • Nord Strom(노드스트롬)과 Bloomingdale's(블루밍데일) 백화점이 있고, 거의 모든 브랜드가 입점해있다고 할 정도로 규모가 커서 가장 인기있는 쇼핑몰 중 하나
Union Square	• Louis Vuitton(루이비똥), Gucci(구찌), Hermes(헤르메스), Ferragamo(페레가모), Chanel(샤넬), Marc Jacobs(마크제이콥스)와 같은 명품 상점들이 유니언 스퀘어를 중심으로 몰려있어 눈이 호강할 수 있다. • 명품이 아니더라도 대중적인 브랜드나 Macy's(메이시스) 백화점이 유니언 스퀘어 주변에 있어 항상 쇼핑하는 사람들로 북적이는 쇼핑 명소

로스앤젤레스

Desert Hills Premium Outlets	• Mulberry(멀버리), Prada(프라다), Tory Burch(토리버치), Dolce & Gabbana(돌체앤가바나), Gucci(구찌)를 비롯한 다양한 상점이 입점해있는 아울렛으로 그 규모가 매우 큰 편에 속한다. • 여행객들이 많이 찾는 인기있는 아울렛
The Grove Mall	• 무료로 이용가능한 트롤리(2층 레일버스)와 춤추는 분수 등 다양한 즐길거리를 제공하는 쇼핑센터 • 근처에 있는 파머스마켓을 구경하는 것도 재미있는 경험
Beverly Center	• 로스앤젤레스 시내에서 가장 큰 쇼핑몰 • 중저가 브랜드부터 명품까지 쇼핑이 가능
Citadel Outlets	• 고가의 명품 브랜드는 없으나 로스앤젤레스 시내에서 가장 가까운 아울렛 • 카지노가 근처에 있는 것이 특징

샌디에고

Horton Plaza	• 샌디에고 다운타운에 위치해 교통이 편리하며, 독특한 외관과 밝은 색상으로 눈길을 끄는 쇼핑 센터
Las Americas Premium Outlets	• 샌디에고 다운타운에서 트롤리를 타고 갈 수 있어 교통이 편리한 아울렛 • 고가의 명품 브랜드가 입점해있지는 않지만 하루 동안 쇼핑하기에 좋은 쇼핑 장소
Carlsbad Premium Outlets	• Adidas(아디다스), Calvin Klein(캘빈클라인), Swarovski(스와로브스키), Coach(코치) 등 다양한 브랜드가 입점해있는 아울렛
Fashion Valley	• 중저가 브랜드부터 명품까지 쇼핑할 수 있는 것이 특징 • 5개의 백화점이 입점해있는 대형 쇼핑센터

신나는 스포츠와 축제

실화를 바탕으로 제작한 영화 중 스포츠와 관련된 영화는 특히나 그 수가 많다. 그만큼 스포츠가 사람들에게 감동과 재미를 선사하기 때문일 것이다. 미국의 영화 중에도 스포츠를 소재로 하는 영화가 많은데, 대표적으로 야구를 소재로 한 〈나를 미치게 하는 남자〉와 〈머니볼〉이 생각난다. 영화에서 보는 스포츠처럼 실제로 미국에서 스포츠를 관람하면 어떤 기분일까?

또한 미국은 축제의 나라라고 할 수 있을 정도로 각 주마다 그리고 각 도시마다 다양한 축제를 가지고 있다. 인터넷에 미국의 축제라고 검색하면 셀 수 없이 많은 각종 축제 정보가 쏟아져나온다. 특히, 캘리포니아주는 해변이 많아 해변에서 다양한 축제가 열린다. 미국의 기차인 암트랙(Amtrak)을 타고 기차여행을 하면서 축제가 열리는 해변을 찾아다니는 것도 미국을 즐기는 방법 중 하나이다. 미국에서의 생활을 더욱 뜨겁게 달궈줄 축제의 현장으로 들어가보자!

THEME 01 미국의 스포츠를 즐겨보자

01. 미국에서 야구 즐기기

"오늘 파드리스 경기있다는데?"
"파드리스가 뭐야?"
"샌디에고 야구팀~ 야구보러갈까?"
"우와! 재미있겠다~ 가자! 가자!"

그래서 친구들과 내가 찾은 곳은 샌디에고에 있는 펫코 홈구장(PETCO Park)! 미국에 유명한 야구팀들이 많지만 샌디에고를 홈으로 하는 야구팀도 있다는 사실은 전혀

도무지 점수가 안바뀌는 전광판

밤에 보면 더 예쁜 야구장

몰랐었다. 나중에 알게 된 사실이지만, 샌디에고의 파드
리스라는 팀은 매번 경기에서 지는 걸로 유명하다고 한다.
친구들과 경기장에 가서 티켓을 사는데 티켓 가격은 13불
정도! 미리 예약을 하지 않아도 표를 살 수 있는 것을 보니
그렇게 크게 인기가 있지 않은가보다. 한국의 야구 경기처
럼 열광적인 응원 문화를 기대하며 경기장으로 들어선 순
간! 잉? 경기장이 반도 채 안 찬 것 같은데? 텅텅 빈 경기
장에 들어선 친구들과 나는 자리를 찾아 앉았다. 경기가
시작되기 전 흥분되는 마음에 사진을 찍어대던 우리는 배
가 고파졌다. 복도에서 판매하는 나쵸와 팝콘을 사가지고
다시 자리에 앉자, 경기가 시작된다! 한국에서 야구장을
가 본 사람이라면 누구나 알겠지만, 야구를 관람하는 것보
다 응원이 더 재미있다. 각종 응원도구를 이용한 열광적인
응원과 선수들을 향한 응원가, 그리고 파도타기같은 단체

미국의 야구장!

응원을 하다보면 시간이 가는줄 모른다. 그.런.데. 사람들
이 다 가만히 앉아서 야구를 관람한다? 처음에는 아직 초
반이라 그런가보다 했는데… 야구 경기가 거의 끝나갈때까
지 내가 상상하던 응원 문화는 찾아볼 수 없었다. 타자가
입장할 때마다 전광판에 선수들을 소개하는 영상이 나오
기는 했지만 관객들의 흥을 돋우는 수준은 아니었다. 더욱
슬펐던 점은 우리가 응원하던 샌디에고 파드리스가 홈런
은 커녕 배트에 볼도 갖다대지 못했던 것… 못하는 팀이라
고 듣기는 했지만… 이렇게 야구가 재미없을 줄이야…. 결
국 우리가 응원하던 파드리스는 참패를 맛보고 말았다. 그
이후로도 혹시나하는 마음으로 몇 번 샌디에고 파드리스의
경기를 보러갔었지만…. 갈 때마다 괜히 왔다는 후회를 하
곤 했다. 하지만 미국의 프로야구 팀 중에서 잘하는 LA 다
저스의 경기를 본 친구는 정말 정말 시간가는 줄 모르고 재

지친 우리는 사진이나 찰칵!

텅 빈 야구장에서 나 홀로 응원

미있게 즐겼다고 하니! 미국의 야구가 재미없다고만 생각하면 오산!

02. 미국인이 사랑하는 풋볼

풋볼 혹은 미식축구라고 하는 스포츠는 단연 미국인들에게 인기 만점인 스포츠이다. 매년 1월 마지막 일요일에 열리는 챔피언 결정전인 슈퍼볼 경기는 시청률이 약 70%나 될 정도로 미국인들의 사랑을 받고 있다. 슈퍼볼 경기 중간에 나오는 광고도 항상 이슈가 되곤 하는데, 1초 광고비만 1억 4000만 원이라고 하니 입이 떡 벌어지는 액수다. 아무래도 수많은 사람들이 슈퍼볼을 시청하다 보니, 어마어마한 금액을 지불하고 광고를 하면 그 효과가 크다고 한다. 올해, 2013년에 슈퍼볼 광고에 한국 가수, 싸이가 깜짝 등장해 즐거움을 주기도 했다. 싸이가 광고에 등장하자 친구들이 흥겹게 말춤을 추기 시작해서 기숙사가 무도장으로 변했다. 사실 나는 미식축구에는 관심이 없었는데, 기숙사에서 슈퍼볼 행사를 한다고해서 미식축구의 인기를 실감하게 됐다. 슈퍼볼 경기가 있는 날, 기숙사 1층에 거대한 TV 스크린이 설치됐고 경기 시작 1시간 전부터 학생들이 좋은 자리를 잡기 위해 기다리고 있었다. 기숙사에서는 공짜로 음료와 간식을 나눠주고, 경기 점수를 예상하는 게임도 진행했다. 승리할 것 같은 팀과 스코어를 맞추는 게임인데, 맞추는 사람에게는 돈을 준다고 하니! 나도 신나서 참여했지만… 결과는 땡! 친구들과 소파에 앉아 슈퍼볼을 보고 있

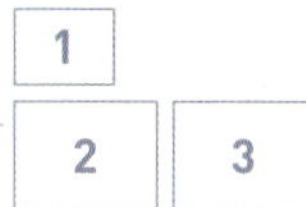

1 경기 전 대형 스크린 설치!
2 잉? 학생들이 다 어디갔지?
3 슈퍼볼 광고에 진짜 싸이 출현!

자니, 경기 규칙은 잘 모르지만 격렬한 스포츠라는 것은 단숨에 알 수 있었다. 옆에서 친구들이 규칙을 설명해줬지만… 짧은 시간 내에 모두 이해하기에는 한계가 있었다. 나중에 알게 된 사실이지만 워낙 격렬한 경기라 반칙의 종류만 해도 100가지가 넘는다고 한다. 규칙을 알고 보면, 더욱 신나게 볼 수 있을 것 같은 스포츠이다.

03. 아이스 하키

아이스 하키는 빙판 위에서 선수들이 기다란 스틱을 가지고 스케이트를 타며 빠른 속도로 진행되는 스포츠이다. 아이스 하키라는 스포츠도 미국에서 처음 접하게 된 스포츠인데, 몰입도가 매우 높은 운동 종목이다. 내가 다니던 학교에 하키 팀이 있었는데, 그 하키 팀의 경기를 직접 볼 수 있는 기회가 생겼다. 바로 수지가 공짜 하키표를 구해온 것! 프로하키 팀은 아니지만 미국 대학교 중에서 1,2위를 다투는 팀이라고 하니 매우 재미있을 것 같았다. 대학교 하키 팀이라 그런지 따로 응원 문화가 있어서 개인적으로 야구보다 훨씬 즐겁게 관람했다. 치어리더의 열띤 응원도 있었고, 다양한 악기를 연주하며 응원하는 밴드도 있었다. 흥에 겨운 응원가도 있었는데 너무 빨라 나는 전혀 따라부를 수 없었다. 하키 경기를 직접 본 것은 처음이었는데, 경기 속도가 매우 빠르고 격렬한 스포츠라고 생각했다. 하키

경기에 쓰이는 공과 같은 역할을 하는 납작한 고무를 '퍽'이라고 부른다고 수지가 설명해줬다. 퍽의 크기가 크지 않은데다 워낙 선수들이 빠르게 움직이기때문에 처음 경기를 접하는 사람은 퍽이 어디있는지조차 가늠하기 힘들다. 선수 교체도 굉장히 빠르게 일어나는데, 한 번 교체할 때마다 우르르 선수들이 몰려나와 정신을 차리기가 어렵다. 스케이트도 못타는 나로서는 빙판 위에서 재빠르게 움직이는 선수들이 그저 부러울 따름이다. 아이스 하키는 미국 전 지역에서 사랑받는 스포츠는 아니지만 캐나다에서는 국민 스포츠라고 한다. 한국에서도 상대적으로 쉽게 접할 수 없는 스포츠이기때문에, 한 번 관람해보는 것도 좋을 것 같다.

알아두면 좋은 스포츠 관련 용어

★ Was the game worth watching? 경기 볼 만했어?

★ How did the game turn out? 경기 결과가 어떻게 됐어?

★ We won the game 3 to nothing. 우리가 3:0으로 이겼어.

★ We lost the game 3 to 5. 우리가 3:5로 졌어.

★ What team are you pulling for? 너 어느 팀 응원하니?

★ Who's ahead? 누가 이기고 있어?

★ LA dodgers are leading. 엘에이 다저스가 이기고 있어.

★ The game is tied. 게임 비겼어.

THEME 02 뜨거운 축제의 현장

01. 모래 조각 축제

각 지역마다 그 지역의 특색에 맞는 축제가 있다. 예를 들어, 캐나다 밴쿠버 지역에 가면 추운 날씨 때문인지 얼음을 조각해서 전시하는 축제가 있다. 그리고 캘리포니아는 해변이 많아 모래로 예술 작품을 만들어내는 축제도 있다. 모래로 작품을 만든다고? 이게 무슨 소리일까? 모래를 이용해 앵그리버드나 로봇 같은 누구나 알 수 있는 작품을 만들어 해변에서 전시하는 축제이다. 모래로 만들 수 있는 것들이 무수히 많다는 것을 깨달았는데, 공주가 살 것 같은 성에서 부터 나사의 우주인까지 섬세하게 표현해낸다. 가까이서 보면, 그 정교함에 더욱 놀라게 된다. 작품들을 볼 때마다 "우와! 우와!"하는 감탄을 자아내고, 사진을 찍느라 정신이 없다. 수많은 작품들이 해변을 따라 쭉 늘어서있고, 그 중에서 최우수작을 뽑는다고 한다.

전통의상을 입고 공연하는 모습

축제라면 빠지면 서운한 것이 맛있는 음식이 아닐까? 다양한 음식을 먹으면서, 이탈리아 춤과 수공예품 등 다양한 상품도 만날 수 있는 축제가 바로 리틀 이태리 페스티벌이다. 리틀 이태리는 샌디에고에 위치한 지역으로 이름에서도 알 수 있듯이 이탈리안 커뮤니티이다. 이탈리안 식당이 많아서 스파게티와 피자가 유명한 식당도 많다. 이 리틀 이태리에서 일 년에 한 번 축제가 열리는데, 리틀 이태리 지역 전체가 흥겨운 분위기로 물든다. 입구에 들어서면 가장 먼저 볼 수 있는 것이 무대인데, 이 무대 위에서 공연을 하는 모습을 볼 수 있다. 그리고 길을 따라 쭉 천막들이 나란히 있고 방금 만든 음식이나 시원한 음료를 팔기도 하고, 직접 만든 액세서리를 팔기도 한다. 길을 따라 쭉 걸으면서 구경하면 소소한 재미를 느낄 수 있다. 리틀 이태리에 있으니 피자를 먹어봐야겠다는 생각으로 피자를 시켰는데, 방금 화덕에서 나온 피자라 김이 모락모락 났다. 구석에서는 요리사가 강연을 하고 있었는데, 유명한 사람인지

사람들이 꽉 들어차있었다. 그 요리사는 책도 낸 것 같은
데, 사람들이 싸인을 받기 위해 책을 들고 몰려 있었다.

03. 좀비 워크 (Zombie Walk)

"오늘 다운타운에 좀비들이 나타난다!"
"좀비?"

오늘은 샌디에고 다운타운에서 좀비 퍼레이드가 있는 날.
사람들이 각자 좀비 분장을 하고 다운타운 지역을 좀비처
럼 걸어다닌다. 좀비들이 분장을 하지 않은 사람들에게 달
려들어 겁을 주기도 한다. 얼마 전에 영화, 〈월드워 Z〉를
보면서 샌디에고에서 만났던 좀비들이 생각나 혼자 웃기도
했다. 좀비 워크에는 어디서 구했는지 알 수 없을 정도로
독특한 소품으로 분장을 한 사람들도 있다. 온 몸에 피를
흘리고 있는 사람들은 기본이고 몸에 칼을 맞은 것처럼 꾸
민 사람, 얼굴에 이상한 것을 뒤집어 쓴 사람들을 만날 수
있는 날이다. 진짜 그럴듯하게 분장한 사람들이 많기때문
에 심장이 약한 사람은 보지 않는 것이 좋다. 나는 중국인

다운타운에 좀비 출현!

인터뷰 중인 좀비들

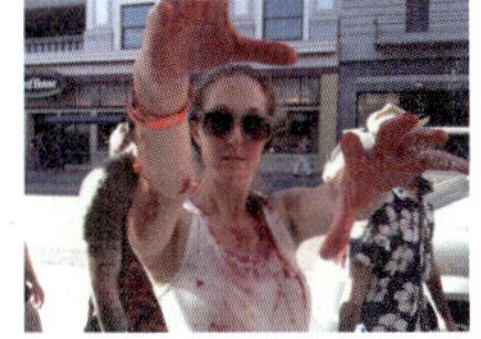

다가오는 좀비

친구 신링과 함께 구경했는데, 좀비들이 신링을 공격해서 웃음이 터지고 말았다. 나중에 알게 된 것이지만, 분장 용품을 판매하는 상점이 따로 있다고 한다. 좀비 워크를 앞둔 날이면 가게 매출이 상당히 오를 것 같다.

04. San Diego County Fair

샌디에고에서 가장 큰 축제 중의 하나인 샌디에고 카운티 페어는 매년 한 달 정도 지속되는 축제이다. 이 축제는 델마 지역에서 열리는데 콘서트, 놀이동산, 각종 이벤트를 즐길 수 있는 흥겨운 축제이다. 나는 사실 축제보다는 브루노 마스 콘서트를 가기 위해 샌디에고 카운티 페어에 다녀왔다. 한동안 브루노 마스의 노래에 푹 빠져있었던 나는 브루노 마스를 보기 위해서라면 어디라도 갈 기세였다. 차를 타고 도착한 샌디에고 카운티 페어에는 이미 사람들로 가득차 차를 댈 곳도 마땅치 않았다. 천막에서 음식을 팔고, 게임을 하고, 각종 전시회도 볼 수 있는데다 무료로 맥주도 시음할 수 있다! 평화로운 샌디에고에서의 생활을 벗어나 이렇게 사람들이 북적이는 축제에 오니 신이 난다! 매년 전시회의 주제가 바뀐다고 하는데 내가 참여했을 때는 자동차에 관한 전시가 한창이었다. 자동차에 관해 아는 것이 전혀 없는 나이지만 전시된 차들이 어마어마하게 비쌀 것이라는 예상은 할 수 있었다. 감자튀김을 먹으면서 축제

자동차 전시회에서

<table>
<tr><td colspan="2" align="center">1</td></tr>
<tr><td align="center">2</td><td align="center">3</td></tr>
<tr><td align="center">4</td><td align="center">5</td></tr>
</table>

2 브루노 마스 앞에 나온 가수
3 꺅! 브루노 오빠~
4 콘서트장!
5 축제에서 즐기는 야경

를 둘러보다, 드디어 콘서트장에 입장할 시간! 사실 브루노 마스가 단독으로 진행하는 콘서트인줄 알았는데, 다른 가수들과 함께 하는 공연이라고 한다. 브루노 마스 앞에 나온 가수들도 유명한 가수들이라고 했지만, 나에게 필요한 건 오직 브루노 마스뿐! 드디어 브루노 마스가 무대 위에 등장하고, 나의 앞 줄에 앉아있던 학생들은 이미 열광의 도가니에 빠졌다. 내가 미국에서 매일 듣던 노래를 나의 앞에서 열창하고 있는 브루노 마스~ 사람들이 다 함께 따라부르는 걸 보니, 미국의 아이돌이라는 생각이 들었다. 전시회나 콘서트 외에도 다양한 놀이기구를 탈 수도 있는데, 나는 놀이기구를 무서워하므로 Pass! 대신 돈을 내고 간단한 게임에 참여해 벌꿀 인형을 받았다. 야호!

★바이트 오브 시애틀 (Bite of Seattle)

일주일 동안 시애틀에서 열리는 축제로, 다양한 먹거리와 즐길거리를 제공한다.
유명한 요리사들의 음식을 맛볼 수 있는 진정한 먹방 축제이다.

● 홈페이지: http://www.biteofseattle.com

★프리몬트 축제 (Fremont Fair)

시애틀에서 6월에 열리는 축제로 다양한 이벤트, 퍼레이드, 음식, 쇼핑을 즐길 수 있다.
실오라기 하나 걸치지 않은 사람들이 몸에 바디 페인팅을 한 퍼레이드가 인기이다.

● 홈페이지: http://www.fremontfair.org/

★벨뷰 딸기 축제

시애틀에서 열리는 축제로 각종 신선한 농산물을 판매할뿐 아니라 다양한 콘테스트, 공연, 클래식 자동차 전시회도 즐길 수 있다. 가족과 함께 즐기기 좋은 축제 중 하나 이다.

● 홈페이지: http://www.bellevuestrawberryfestival.org/

★샌프란시스코 게이 퍼레이드 (San Francisco Pride)

레즈비언, 게이, 바이섹슈얼, 트렌스젠더와 같은 성적 소수자들이 벌이는 퍼레이드로 샌프란시스코 축제 중에 가장 많이 알려진 축제이다. 이 축제는 매년 6월에 열린다.

● 홈페이지: http://www.sfpride.org

★로즈퍼레이드 (Tournament of Roses Parade)

매년 1월 1일에 로스앤젤레스의 패서디나 시에서 열리는 신년맞이 축제이다.
각종 꽃과 식물로 장식한 풍선, 밴드, 꽃차가 벌이는 퍼레이드가 장관이라고 한다.

● 홈페이지: http://www.tournamentofroses.com

★차이나타운 드래곤 퍼레이드 (Chinese New Year)

로스앤젤레스, 차이나타운에서 중국의 새해를 축하하는 2월에 이틀간 열리는 축제이다. 이 축제의 하이라이트는 바로 드래곤 퍼레이드라고 한다. 랜턴 행진, 패션쇼같은 다양한 볼거리와 더불어 다양한 음식도 즐길 수 있다고 한다.

● 홈페이지: http://www.lagoldendragonparade.com/

★샌디에고 카운티 페어 (San Diego County Fair)

샌디에고, 델 마지역에서 6월에서 7월 초까지 열리는 축제로 놀이동산, 콘서트, 각종
전시를 즐길 수 있다.

◐ 홈페이지: http://www.sdfair.com/

미국은 파티의 천국

만으로 21살이 넘은 사람이라면 누구나 기대하는 것이 미국의 파티 문화가 아닐까? 미국 드라마나 영화를 보다보면 정말 말 그대로 광란의 파티를 즐기는 듯한 미국인들! 한국에서는 친구들의 생일 파티가 아니면 파티를 여는 경우는 드문 것 같다. 하지만, 미국에서는 축제만큼이나 파티를 여는 이유도, 숫자도 많다. 미국의 파티는 어떤 모습일지 그리고 미국의 클럽은 어떤 모습일지 궁금하기만하다. 지금부터는 미국의 파티 문화와 클럽에 대해 알아보자.

THEME 01 　나 오늘 파티열어

"주희! 오늘 밤부가 파티한데~ 같이 갈래?"
"그런데 나 밤부랑 안 친한데?"

밤부의 파티에 같이 가자고 하는 실비아. 그런데 나 밤부랑 안 친한데 가도 되는 거야? 밤부가 누구나 참여할 수 있다고 했으니 당연히 가도 된다는 실비아를 따라 나도 밤부의 파티로 향했다. 미국에서 친구를 사귀는 가장 좋은 방법은 파티에서 술에 흠뻑 취하는 거라던데! 술에 취하면 영어도 술술 잘 나온다던데! 과연?
밤부는 아파트에서 살고 있었는데, 아파트 수영장 옆에서 신나는 파티가 열렸다. 밤부는 고기를 굽고 있었고, 학교에서 많이 보던 친구들은 술에 취해 한껏 Up된 상태였다. 파티에 갈 때, 자신이 마실 술을 가져가는 것이 예의라는 것을 알았지만 술을 살 시간이 없었던 나와 실비아는 밤부에거 각자 $5를 지불했다. 식탁에 놓여져있던 술을 마셔도 된다고해서 우리는 술병을 들고 방황하기 시작했다. 실비아가 자신의 친

PARTY TONIGHT!

파티에선 모르는 사람도 친구~

구들을 소개시켜줬는데, 학교에서 많이 보던 익숙한 얼굴들도 있었고 아예 처음 보는 얼굴들도 있었다. 밤부를 아예 모르지만 그냥 아파트 위에서 보다가 내려왔다는 아랍계 친구 두 명도 만날 수 있었다. 파티는 친구들을 만나기에 좋은 장소라고 생각됐는데, 다들 기분이 좋아 서로에게 호의적이기 때문이랄까? 그리고 밤부가 굽고 있던 고기는 많은 친구들의 허기를 채워주기에는 역부족이었나보다. 밤부가 고기를 굽자마자 모든 고기가 동이나고 말았다. 술과 고기로 채워진 우리의 파티는 새벽 두시가 넘도록 이어졌다.

THEME 02 　파티의 종류

영화에서나 보던 드레스를 입고 격식을 차려야하는 파티부터 친구들끼리 일상적으로 즐기는 파티까지 파티의 종류는 다양하다. 나도 미국에서 여러 종류의 파티에 초대받으면서, 파티도 다 같은 파티가 아니라는 것을 깨달았다. 드레스 코드가 있는 파티라서 특정 색깔의 옷을 입어야만 입장이 가능한 파티도 있고, 준비물을 챙겨가야하는 파티도 있다. 이런 규칙을 모르고 무턱대고 파티에 간다면 조금 민망한 상황이 연출될 수도 있으니 파티의 종류를 알아보자.

01. House Warming Party

우리나라로 치면 집들이 정도라고 생각하면 된다. 우리나라에서의 집들이는 친한 친구들이나 가족들을 불러 새로 이사한 집에서 요리를 대접하는 것이 흔한 모습이다. 그리고 초대받은 손님들은 휴지나 세제같은 생활용품을 선물한다. 하지만, 내가 초대받았던 미국의 집들이는 조금 색다

드레스코드는 화이트!

노래로 분위기 UP! UP!

른 모습이었다. 집들이인데 클럽에서 들을 수 있는 음악이 나오고, 사람들은 춤을 춘다. 또 모두 하얀색으로 드레스 코드를 일치한 모습! 게다가 한 방에서는 마리화나를 피우는 사람들이 있다고 한다. 초대받은 사람들은 냉장고에서 자신이 원하는 술이나 음료를 마음대로 꺼내 먹을 수 있다고 한다. 그리고 우리나라처럼 다같이 한 상에 앉아 식사를 하는 것이 아니라 부엌에 차려져있는 음식을 먹고 싶은 사람이 가져다 먹으면 된다고 한다. 새로 이사한 집인데 초반부터 너무 더럽게 쓰는거 아닌가?싶을 정도로 수많은 사람들로 북적이고, 여기저기 뒹구는 술병들! 심지어 DJ까지 초빙되었다고 하니 이 정도면 스케일이 다른 집들이다! 손님들이 선물을 가져오는 것은 한국이나 미국이나 공통점인 것 같다. 미국인들이 주로 하는 선물은 와인이나 화분이라고 하니 참고하면 좋을 것 같다.

손님들이 사온 선물 보따리~ 짓궂은 포장지는 센스!

클럽같은 분위기가 물씬~

02. Going Away Party

우리나라로 치면 '송별회'이다. 내가 교환학생을 마치고 한국으로 돌아올 때, 나의 룸메이트와 친구들이 나를 위한 송별회를 준비해줬다. 우리는 기숙사 근처에 있는 숙소에 방을 빌린 뒤, 그 곳에서 하룻밤을 자기로 했다. 친구들과 피자를 시켜먹고, 술을 마시고, 술 게임을 하는 즐거운 시간을 보냈다. 우리의 문제는 술을 너무 이른 시간부터 마시기 시작해서 12시가 되기 전부터 모두 골아떨어졌다는 것이다. 그래도 친구들이 나를 위해 송별회를 준비해줬다는 사실에 무한 감동을 받은 나였다.

송별회하러 가는 중!

03. Potluck Party

포트럭 파티라는 말이 생소한 사람들도 많을 텐데, 나역시 포트럭 파티는 처음 들어보는 파티의 종류였다. 포트럭 파티란 여러 사람들이 각자 준비한 음식을 한 자리에 가지고 와 나눠 먹으면서 즐기는 것을 말한다. 포트럭 파티는 학교에서 여는 경우도 많은데, 선생님과 학생들이 각 나라의 음식을 요리해서 서로 나눠먹으며 서로의 음식 문화를 배우는 데 큰 도움이 되기 때문이다. 내가 시애틀 커뮤니티 컬리지에서 공부할 때도 교수님이 포트럭 파티를 열었는데, 음식을 가져온 학생들에게는 보너스 점수를 주셨던 기억이 있다. 그 때, 나는 한국 과자인 쌀강정을 가지고 갔었는데 은근히 후식으로 인기가 만점이었다.

04. Shower Party

미국의 영화나 드라마에 자주 등장하는 파티가 바로 이 샤워파티이다. 샤워파티는 주로 브라이덜 샤워(Bridal-Shower) 혹은 베이비 샤워(Baby-shower)이다. 결혼을 앞둔 신부나 태어날 아기를 위해 선물을 증정하는 파티의 종류다. 브라이덜 샤워에 초대된 지인의 말에 따르면 파티의 주인공이 선물을 열어보면서 누가 선물한 것인지도 일일히 밝히며 기뻐한다고 한다. 또한 초대장에 어떤 가게에서 파는 어떤 선물이 필요한지 써준다고 하니 선물을 뭐 사야할지 골머리를 썩힐 필요가 없다.

05. Prom Party

미국 고등학교 학생들의 졸업파티가 바로 프롬이다. 우리나라에는 없는 파티인데, 여학생들은 화려한 드레스를 그리고 남학생들은 턱시도를 입고 참여하는 파티이다. 내가 가장 참여해보고 싶었던 파티 중의 하나가 바로 이 프롬이었는데! 고등학생이 아닌 나는 프롬에 참여할 수 있는 자격이 없다는 것. 프롬 파티 시즌이 다가오면 백화점마다 화려한 드레스와 구두를 판매하기 시작한다. 미국의 고등학생들에게 매우 중요하게 여겨지는 파티이기때문에 프롬을 위해 어마어마한 돈을 투자하는 학생들도 있다고 한다.

06. Club Day

한국에서는 보수적인 부모님 때문에 클럽에 자주 갈 수 없는 신세다. 클럽에 가기 며칠전부터 부모님께 빌고 빌어야만 딱 한 번 갈 수 있었던 그런 곳이 클럽이었는데! 에헤라디야~ 미국에는 부모님이 안 계시는구나~ 목요일은 친구들 사이에서 암묵적인 클럽 데이! 매주 목요일이면 샌디에고에서 가장 핫한 아이비라는 클럽에서 학원 친구들을 모두 만날 수 있었다. 매주 목요일에는 공짜로 입장할 수 있는 날이라 미국인보다는 외국인 학생들로 북적인다. 한국의 클럽과 크게 다른 점은 없는데, 외국인 친구들이 술에 흠뻑 취해 춤을 추는 모습을 보면 재미있다. 다들 흥분해 아무도 신경쓰지 않고 신나는 리듬에 맞춰 몸을 움직이는 사람들! 이것이 바로 클럽에 가는 이유가 아닐까? 하지만 미국의 클럽 중에서도 가장 신나는 클럽은 바로 라스베이거스의 클럽이 아닐까싶다. 라스베이거스의 명성만큼이나 클럽의 크기도 크고, 시설도 좋다. 입장료가 조금 비싸기는 하지만 물 위에 둥둥 떠서 술을 마실수도 있고 반쯤 정신이 나간듯한 신기한 사람들을 구경할 수도 있다. 소위 부비부비를 하는 사람들도 여기저기서 볼 수 있는데, 내 옆에서 엉덩이가 사라질 정도로 격하게 춤을 추던 남녀는 문화충격이었다. 하지만 술을 마시고 어느정도 취기가 달아오르면! 다른 사람은 신경쓰지않고 흥겨운 음악에 맞춰 춤을 추고 있는 나를 발견하게 된다. 라스베이거스 클럽에 다녀온 다음 날, 나의 구두와 발은 만신창이가 돼있었는데… 얼마나 신나게 클럽을 즐겼는지 말해준다.

파티나 클럽에서 주의할 점

자유의 나라, 미국에서 자유라는 이름 하에 즐길 수 있는 것들이 무수하게 많다. 하지만 많은 자유가 허락되는 만큼 주의해야할 점도 있다. 미국의 파티나 클럽을 즐기는 것도 좋지만 안전이 가장 최우선이 되어야한다. 낯선 사람이 술을 사주겠다고 제안하는 경우, 바텐더가 술을 만드는 과정을 처음부터 끝까지 지켜보는 것이 좋다. 또한 낯선 사람이 뚜껑이 열린 술을 권하는 경우에는 마시지 않는 것이 좋다. 마지막으로 우리를 유혹하는 것이 마약이다. 미국의 파티나 클럽에서 마리화나같은 마약을 하는 사람들을 만날 수 있는데, 호기심으로 함께 동참했다가 나중에 후회할 수도 있다. 적당히 즐기는 것이 가장 바람직하다는 것을 기억하자.

America

PART 07

미국, 어디까지 가봤니?

현빈과 탕웨이가 출연한 영화 〈만추〉의 촬영지로도 유명한 시애틀은 다른 수많은 영화의 촬영지이기도 하다. 영화 감독들의 마음을 홀리는 시애틀의 매력은 무엇일까? 추적추적 내리는 빗소리와 골목 가득 퍼지는 커피 냄새가 아닐까? 시애틀하면 생각나는 것은 보슬비와 커피이지만, 이 외에도 무수히 많은 매력을 지닌 도시가 바로 시애틀이다. 지금부터 도시마다 낭만으로 가득찬 시애틀로 여행을 떠나보자!

THEME 01　시애틀에서 꼭 가봐야할 곳

★ 파이크 플레이스 마켓 (Pike Place Market)

파이크 플레이스 마켓은 시애틀에서 가장 활기를 띤 장소라고해도 과언이 아니다. 파이크 플레이스 마켓은 각종 신선한 해산물을 파는 상점들과 상인들로 항상 붐빈다. 이 곳에서는 해산물뿐만 아니라 상인들이 직접 만든 수공예품, 먹을거리, 꽃, 천연 비누 등도 판매한다. 해산물이 유명한 만큼, 파이크 플레이스 마켓 주변으로 해산물 요리 식당들도 많아 관광객들이 끊이지 않는다. 스타벅스 1호점도 바로 이 파이크 플레이스 마켓에 있고, 스타벅스 1호점 앞에서는 항상 길거리 공연을 볼 수 있다.

"시애틀은 우울한 도시야!"

샌디에고에서 시애틀로 도시를 이동한지 얼마되지 않았을 때, 나는 다시 샌디에고로 돌아가고 싶을 정도로 시애틀이 우울하다고 생각했다. 샌디에고의 화창한 날씨에 익숙해졌던 나는 시애틀의 우중충하고 곧 비가올 것 같은 날씨가 마음에 들지 않았다. 그 때, 친구가 나를 데려간 곳이 바로 파이크 플레이스 마켓이었다.

그렇게 도착하게 된 파이크 플레이스 마켓은 정말 시애틀답지 않게 사람들로 붐비고 있었다. 우리나라로 치면 재래시장같은 느낌이랄까? 생선이 머리 위에서 날아다니는 신기한 광경도 볼 수 있었다! 누군가 생선을 사면, 상인들끼리 생선을 주고 받으면서 생선을 머리 위로 던지는데 그 모습은 파이크 플레이스 마켓에서 꼭 봐야하는 장면이라고 한다. 그래서 나는 파이크 플레이스 마켓에 갈 때마다 누군가 생선을 사기를 기다리곤 했다. 길게 늘어선 상점들을 구경하다 보면, 아기자기한 수공예품들이 많이 눈에 띈다. 상점들을 따라 걸으면 알록달록한 벽에 다다른다.

친구의 말을 듣고, 벽을 자세히 관찰해봤지만… 왜 유명한 거지?! 나중에 알게된 사실이지만, 이 벽은 모두 사람들이 씹던 껌을 붙여 알록달록해진 것이라고 한다! 어떻게보면 더럽기도 하지만 은근히 알록달록한 색깔의 조합이 재미있다. 그래서 파이크 플레이스 마켓에 자신의 흔적을 남기고 싶다면, 껌을 준비해가면 된다. 그리고 파이크 플레이스 마켓의 또 다른 볼거리는 바로 스타벅스 1호점이다. 커피의 도시답게 스타벅스의 1호점도 바로 시애틀에 있다는 사실! 스타벅스 1호점에는 항상 커피를 마시려는 사람들로 붐비는데, 이 곳은 앉아서 커피를 마실 수 있는 테이블이

Pike Place Market
- 주소
1st and Pike Street, Seattle, WA, 98101
- 시간
10:00AM~6:00PM
- 가격
무료
- 홈페이지
http://pikeplacemarket.org/

오늘은 누가 생선 안 사나?

껌으로 만들어진 벽

없다. 한국에 있는 스타벅스랑 커피 맛이 다를까?하는 기대감으로 시켜본 커피! 제 점수는요? 잉! 개인적으로 크게 다른 점은 모르겠다. 그래도 가끔씩 파이크 플레이스 마켓에 들러 활기찬 사람들의 모습과 스타벅스 1호점 앞의 거리 공연을 보는 재미때문에 시애틀에서의 생활이 즐거웠던 것 같다.

1
2 5
3 4

1 밤에 보는 파이크 플레이스 마켓! 상점들은 문을 닫지만, 간판은 환하게 빛난다
2 스타벅스 1호점의 모습
3 스타벅스 1호점 앞의 길거리 예술가! 훌라후프 돌리며 기타 치기
4 싱싱한 생선이 한가득~ 생선 사세요!
5 파이크 플레이스 마켓의 포토 스팟! 이유는 모르지만 사람들이 돼지 위에서 사진찍으려고 줄을 서서 기다린다.

★스페이스 니들 (Space Needle)

스페이스 니들은 시애틀의 랜드마크라고 할 수 있다. 시애틀과 관련된 사진이나 엽서를 볼 때마다 단골로 등장하는 손님이 바로 이 스페이스 니들이다. 스페이스 니들은 이름처럼 끝이 뾰족한 바늘 모양이며, 스페이스 니들 전망대에 오르면 시애틀의 전경을 볼 수 있다. 특히 밤에 오르면, 시애틀의 아름다운 야경을 한 눈에 볼 수 있어 사람들이 자주 찾는다. 이 전망대는 영화 〈시애틀의 잠못이루는 밤〉의 마지막 장면에도 등장한다. 참고로 시애틀의 상징인 스페이스 니들의 높이는 184미터라고 한다.

한국에서 미리 가져간 여행 책자를 보니, 시애틀에 갔다면 반드시 스페이스 니들 전망대에 올라가보라고 한다. 그래서 친구들과 함께 도착한 스페이스 니들! 개인적으로 서울의 남산타워를 보는 느낌이었다. 입장료를 확인해보니 약 $20 정도. 생각보다 비싼 입장료에 손이 후덜거리는 했으나 시애틀까지와서 스페이스 니들에 올라가지 않는 것은 예의가 아닌 듯 하여! 입장료를 사고 말았다. 전망대에 오르는 엘레베이터를 타니 끝을 모르고 쭉쭉 올라가는 야속한 엘리베이터! 귀가 먹먹해 침을 몇 번 삼키고 나니 드디어 스페이스 니들 전망대에 도착했다. 둥근 원형 모양의 전망대를 따라 한 바퀴를 돌면, 시애틀의 아름다운 전경을 바라볼 수 있다. 전망대에 오르면 사진을 찍고 배경을 선택할 수 있는 기기가 있는데, 이 사진은 무료로 자신의 이

1 스페이스 니들에서 본 시애틀 야경
2 어디서든 보이는 키다리 스페이스 니들

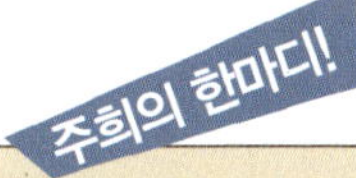

개인적으로 낮에도 스페이스 니들 전망대를 가보고, 밤에도 가봤지만 밤에 내려다보는 야경이 더욱 아름다운 것 같다. 여기저기서 뽐내듯 반짝반짝하는 불빛이 낭만적이다. 그리고 스페이스 니들에는 바닥이 회전하는 고급 레스토랑도 있는데, 정말 가보고 싶었지만 가보지 못한 곳 중 하나이다. 이 레스토랑에서 고백하면, 성사률이 100%라고 할 정도로 분위기가 좋은 레스토랑이라고 하니 마음에 두고있는 사람과 함께 가보는 것은 어떨까?

밤에 보는 스페이스 니들

메일로 보낼 수 있다. 열 장이 넘는 사진을 찍고 나서야 성이 풀린 친구들과 나는 시애틀을 내려다보며 연신 감탄했다. '내가 이렇게 아름다운 도시에 살고 있구나!'라고 새삼 느끼게 됐다. 아름다운 시애틀의 모습을 눈에 담았다면, 마지막으로 남은 코스는 기념품샵 구경하기! 스페이스 니들의 기념품샵은 크기가 굉장히 큰데, 스페이스 니들 혹은 시애틀과 관련된 상품들을 둘러보다 보면 시간가는 줄 모른다. 기념품으로 냉장고에 붙이는 마그네틱을 구매하기로 결정! 이 파이크 플레이스 마켓 마그네틱은 아직도 우리집 냉장고에 떡하니 붙어있다.

★언더그라운드 투어 (Underground Tour)

시애틀의 발상지인 파이어니어 스퀘어에서는 벽돌이나 돌로 지은 옛스러운 건물들이 줄지어 있다. 이 파이어니어 스퀘어 근처 지하를 살펴보는 투어가 바로 언더그라운드 투어이다. 1889년에 일어난 대화재로 인해 파이어니어 스퀘어 주변에 만들어진 지하의 유령도시를 가이드와 함께 탐험할 수 있고, 과거 시애틀의 모습을 생생하게 체험할 수 있다.

학교 게시판에 떡하니 붙어있던 공고문!
'언더그라운드 투어에 참여하세요!'

언더그라운드 투어? 뭔지는 모르지만 지하 세계를 탐험하면 재밌을 것 같다는 생각에 덜컥 신청해버렸다. 그리고 언더그라운드 투어 당일! 가이드의 인사와 함께 언더그라운드 투어가 시작됐고, 가이드는 계단을 통해 사람들을 지하로 이끌었다!

"오오! 진짜 지하로 내려간다! 해리포터가 된 기분이야~"
컴컴한 지하에서 가이드의 설명을 통해 알게 된 시애틀에 관한 두 가지! 첫 째, 원래 시애틀의 다운타운은 지금보다 해발이 낮았으나, 1889년에 일어난 대화재의 피해를 복구하는 과정에서 지면을 높였다고 한다. 그래서 지하에서 바

Check

Underground Tour
- 주소
  608 1st Ave, in Seattle's Pioneer Square, between Cherry Street and Yesler Way.
- 시간
  월별로 다르므로, 홈페이지 참고
- 가격
  학생 $14
- 홈페이지
  http://www.undergroundtour.com/

라볼 수 있는 천장이 지금은 시애틀 사람들이 밟고 다니는 바닥이 됐다는 놀라운 사실! 그리고 두 번째는 과거에는 시애틀의 배수 시설이 좋지 않아 변기가 자주 역류했다는 조금은 더러운 사실이다. 가이드가 새로운 사실을 설명해줄 때마다, 여기저기서 들려오는 "오~"하는 함성소리가 지하를 울린다. 언더그라운드 투어를 통해 시애틀의 지하 도시를 탐험하면서 화재로 인해 훼손되기는 했지만, 놀라운 과거의 자취를 느낄 수 있었다. 시애틀이 가지고 있는 역사의 흔적을 알고 싶은 사람이라면, 언더그라운드 투어에 참여해보자.

1 오늘의 가이드! 시애틀의 역사에 대해 친절하게 설명해준다~ 물론, 영어로
2 과거에 쓰였던 물건들도 전시되어 있다.
3 지금은 쓰이지않는 시애틀 지하의 유령도시!
4 대화재로 폐허가 된 지하 구경 중!
5,6 언더그라운드 투어가 시작되는 곳
7 배수가 잘 되지않던 시애틀의 과거 변기

★보잉사 견학 (Future of Flight)

여객기로 명성이 높은 보잉사 공장 견학은 내가 시애틀에서 꼭 해보고 싶던 일이었지만… 내가 시애틀에서 지내는 3개월 동안은 보잉사 공장으로 데려가주는 셔틀 버스가 없다고 한다. 퓨처 오브 플라이트는 보잉사 공장을 견학할 수 있는 체험형 전시장으로 시애틀 근교의 Everett에 위치해있다. 세계 최대의 규모를 자랑하는 보잉사 견학 투어는 보잉사의 역사와 비행기 조립 및 제작 과정 등을 소개한다. 세계에서 가장 위대한 발명품이라고 할 수 있는 비행기가 완성되어가는 현장을 직접 보는 것은 소중한 경험이 될 것이다.

★마운트 레이니어 국립공원 (Mt. Rainier National Park)

시애틀 교외 관광의 꽃이라고 할 수 있는 마운트 레이니어는 북서부에서 최고봉을 자랑하는 화산이다. 약 70년간 소규모 폭발이 10여 차례 있었던 휴화산이며, 미국 최대 빙하를 포함한 26개의 빙하를 갖고 있다고 한다. 하지만 밑에서 솟아오르는 열기로 인해 정상 일부에는 눈이 쌓이지 못한다고 한다. 자동차가 없으면 행동범위가 제한되기는 하지만 마운트 레이니어 국립공원을 짧게 둘러볼 수 있는 투어를 이용하면 좋다. 마운트 레이니어를 여행하기에 가장 좋은 시기는 7월에서 8월 초라고 하니 참고하자!

마운트 레이니어 입구! 두근두근!
혼자 보기는 아까운 마운트 레이니어의 아름다운 풍경

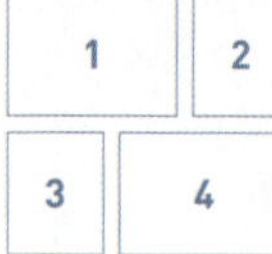

1 크랩팟 앞에서 어부 아저씨와 함께
2 웨이터가 식탁위에 쏟아준 각종 해산물! 앞치마 메고 먹을 준비 완료!
3 크랩팟 가격표! 조금 비싼 것이 함정
4 환하게 빛나는 크랩팟 간판! 찾기 쉽겠죠?

THEME 02

THEME 02 시애틀에만 있는 맛집과 카페 정보

01. 시애틀 맛집 리스트

★The Crab Pot

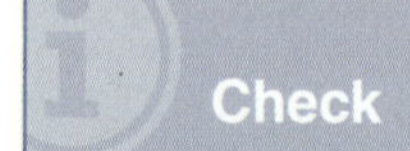

Check

The Crab Pot
- 주소
  1301 Alaskan
  Way, Pier 57(at
  University St),
  Seattle, WA, 98101
- 시간
  월요일~목요일, 일요일
  11:00AM~9:00PM
  금요일~토요일
  11:00AM~10:00PM
- 가격
  $15~$30
- 전화번호
  (206)624-1890

"어! 너 여기 또 왔어?"

외식할 때마다 학교 친구들을 만날 수 있는 식당이 있었으니, 바로 The Crab Pot!

시애틀의 신선한 해산물을 특이하게 먹고 싶다면? 시애틀의 맛집으로 자주 거론되는 The Crab Pot을 추천한다! The Crab Pot은 귀여운 개인용 앞치마를 목에 두르고 먹는 식당으로, 해산물을 먹는 방법이 조금 특이하다. 주문을 하면 작은 나무 망치를 가져다주는데, 이 망치를 가지고 각종 해산물을 깨 먹는 방식이다. 해산물의 종류에 따라 가격이 다르지만, 주문한 음식을 양푼에 담아가지고 온 웨이터가 각종 해산물을 테이블 위에 쏟아준다. 처음에는 웨이터가 예의없다고 생각했지만 알고 보니 이렇게 먹는 것이 The Crab Pot의 매력이라고 한다. 게, 조개, 홍합, 소세지, 옥수수 등을 손으로 먹다보면 같이 먹는 사람에게 민망한 꼴을 보이기 쉽지만, The Crab Pot의 신선한 해산물을 먹는 동안에는 체면 차리지않고 우걱우걱먹고 있는 당신을 발견할 것이다.

★ Thai Ginger

사실 나는 태국 음식에는 큰 애정이 없는 사람이었는데, Thai Ginger를 먹고 나서부터 태국 음식의 열렬한 팬이 됐다. 무지한 나는 태국음식도 베트남 음식처럼 월남쌈이나 월남국수같은 종류인 줄 알았다. 베트남 음식을 전혀 좋아하지않는 나는 친구가 태국 음식점을 소개해주겠다고 해서 큰 기대없이 따라갔는데, 식사하는 내내 "우와! 우와"를 연발하게 됐다. 그 때 처음으로 팟타이라는 메뉴를 먹게 됐는데, 이 음식 진짜 요물이다! 나를 들었다 났다~ 들었다 났다~ 그 날 이후로 난 Thai Ginger의 단골 손님이 되었는데, 추천 메뉴로는 팟타이와 팟씨유가 있다. 지금도 가끔씩 Thai Ginger에서 팟타이를 먹는 꿈을 꾸곤 한다.

02. 시애틀 카페 정복

★1st Starbucks in Seattle

앞에서도 언급한 적 있지만, 1971년 처음으로 문을 연 스타벅스 1호점은 시애틀에서 가장 유명한 카페이다. 한국에서도 맛볼 수 있는 Pike Roast 원두의 원산지가 바로 시애틀이라서 커피 맛은 똑같다. 하지만 조금 다른 점이 있다면 한국의 스타벅스 로고와 달리 인어가 머리카락을 풀어헤치고 있다는 점이다. 미국의 스타벅스와 한국의 스타벅스의 다른 점을 찾아보며 스타벅스 1호점의 커피를 음미해보자!

1 로고 색깔도 다르다는 점! 또 다른 점 찾은 사람?
2 사람들로 북적이는 스타벅스 1호점
3 한국의 스타벅스와 비슷하죠?
4 스타벅스 곰인형, 텀블러, 원두도 판매한다

3 혼자서 공부하는 사람을 많이 볼 수 있다! 공부가 잘 되는 카페인가?
4 창이 커서 햇빛이 잘 드는 것이 장점
★ 사진 출처
〈시애틀 커피 기행〉
blog.naver.com/yejane

★Bauhaus Books and Coffee

시애틀이 발전하기 전, 자전거를 타는 사람들에게 인기가 많던 카페라고 한다. 영화에서 보는 것처럼 오토바이를 타던 사람들이 한적한 곳에서 식사나 커피를 마시며 잠시 쉬다 가는 카페이다. 스타벅스나 다른 브랜드 카페보다 분위기가 자유롭다. 그리고 밤 12시가 넘는 늦은 시간까지 문을 연다는 점은 매우 매력적이다. 브랜드 카페가 아닌 개

인 카페의 매력에 흠뻑 빠져보는 것은 어떨까?

★Roy Street Coffee & Tea

시애틀에 오래 산 친구들에게 어느 카페를 가장 좋아하냐고 물으면, 자주 들을 수 있는 대답이 Roy Street Coffee & Tea이다. 시애틀에서 가장 분위기가 좋고 특색있는 카페로 손꼽힌다고 한다. 커피 원두는 스타벅스에서 납품받기는 하지만 저렴한 가격과 편안한 분위기 때문에 사람들이 즐겨찾는다고 한다. 홈메이드 케익과 아이스크림을 판매하며, 주 2회 정도 소셜 액티비티도 있어 볼거리가 많다.

★올리브 웨이 스타벅스

관광객이 가장 많이 찾는 스타벅스는 파이크 플레이스 마켓에 위치한 스타벅스 1호점이지만, 시애틀에 살고 있는 사람들이 가장 많이 찾는 스타벅스는 올리브 웨이에 위치한 스타벅스라고 한다. 스타벅스 커피 맛이야 어디를 가나

Check

Roy Street Coffee & Tea

• 주소
700 Broadway Avenue E, Seattle, WA, 98102
• 시간
일요일~목요일
6:30AM~10:30PM
금요일~토요일
6:30Am~11:00PM
• 전화번호
(206)325-2211

똑같지 않나?라고 생각할 수 있지만! 올리브 웨이에 위치한 스타벅스에는 뭔가 특별한 것이 있다? 바로 와인과 위스키를 판매한다는 점이다. 미국 전역에서 몇 되지 않는 스타벅스로 스타벅스에서 임시적으로 운영하는 카페라고 한다.

★Espresso Vivace Alley 24

시애틀의 수많은 카페 중에서 커피 맛으로만 평가한다면 최고라는 카페이다. 시애틀의 관광지인 브로드웨이에 위치하고 있으며, 앞서 소개한 Roy Street Coffee & Tea와 미묘한 경쟁 관계에 있다고 한다. 브로드웨이에 셀 수 없이 많은 카페가 있지만 대부분 Espresso Vivace Alley 24나 Roy Street Coffee & Tea로 향한다고 하니 검증된 카페라고 할 수 있다.

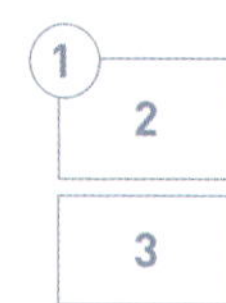

1 예술적인 느낌이 감도는 카페!
2 현지인에게도 인기 만점인 Vivace!
★사진 출처
〈성원이의 모험으로 사는 인생〉
cramadake.blog.me

시애틀만큼이나 샌프란시스코를 배경으로 한 영화도 많이 찾아볼 수 있다. 그 중에서도 내가 가장 좋아하는 영화는 앤 해서웨이가 주연한 프린세스 다이어리이다. 영화 속에 등장하는 샌프란시스코의 금문교와 케이블카를 보고 있으면, 지금 당장 샌프란시스코로 여행을 떠나고 싶은 생각이 든다. 미국 서부의 도시 중에서 가장 활기를 띈 도시가 샌프란시스코라고 생각한다. 우리에게도 프린세스 다이어리의 주인공처럼 동화같은 일이 일어나기를 기대하면서 샌프란시스코를 여행해보자!

THEME 01 샌프란시스코에서 꼭 가봐야 할 곳

★골든게이트 브리지 (Goleden Gate Bridge)

시애틀의 상징이 스페이스 니들이라고 한다면, 샌프란시스코의 상징은 골든게이트 브리지라고 할 수 있다. 골든게이트 브리지 혹은 금문교라고 불리는 이 다리는 빨간색의 아름다운 다리이다. 수면 아래의 지형이 복잡해서 건설이 어려울 것이라는 예측에도 불구하고, 4년만에 완공된 후 지금까지 샌프란시스코를 빛내고 있는 금문교는 미국토목학회가 선정한 20세기 7대 불가사의 중 하나라고 한다.

> "우리 자전거타고 금문교 건너는 게 어때?"
> "악! 나 자전거 못 타!!!"

그 때 당시, 자전거로 우회전이나 좌회전을 못했던 나는 자전거로 금문교를 건너자는 친구들의 제안에 기겁을 했다. 그 때 선뜻 2인용 자전거 뒷 자석에 나를 태워주겠다는 친절한 친구가 있었으니!

2인용 자전거에 선뜻 태워준 고마운 친구

드디어 금문교 위에 도착!

중간에 나를 버리고 가면 절대 안된다는 약속을 몇 번이나 받아내고는 대여한 자전거! 금문교 주변에는 자전거를 빌려주는 상점이 많은데, 1시간에 $10 이내라고 생각하면 된다. 자전거를 대여하는 절차는 비교적 간단한데, 보증 개념으로 신용카드를 내야 한다. 돈은 후불제로 자전거를 반납할 때 지불하면 된다. 그리고 안내 요원에게 기본적인 안전 수칙 설명을 들어야 한다. 일련의 절차가 끝나고 드디어 2인용 자전거에 올라탄 친구와 나!

"간다!"하고, 힘차게 페달을 밟으며 금문교를 향해 나아갔다. 그런데… 금문교는 언제쯤 나오나? 죽을 힘을 다해 페달을 밟은 지 꽤 오래 지난 것 같은데…? 기다리던 금문교가 나타나지 않자 지친 나와 친구들은 쉬었다가 사진을 찍었다가를 반복했다. 그렇게 모두가 지쳐갈 때쯤 Golden Gate Bridge라는 안내 팻말이 보인다! 저 멀리 서서히 모습을 드러내는 빨간 다리! 저것이 말로만 듣던 금문교구나! 친구들과 더 힘차게 패달을 달리다보니 어느덧 금문교가 내 눈 앞에 있다! 이렇게 감격스러울 수가! 금문교에서 다시 돌아오는 방법은 크게 두 가지가 있다고 설명하는 나의 똑똑한 친구! 다시 자전거를 타고 돌아오거나 소살리토까지 가서 페리를 타고 돌아올 수 있다고 한다. 여기까지 왔는데 소살리토도 보고 싶은 마음에 우리는 후자를 선택하기로 했다. 또 한 번 죽을 힘을 다해 페달을 밟아 도착한 소살리토는 안 왔으면 큰일났겠다 싶을 정도로 아름다웠다. 유럽의 조용한 마을같은 분위기의 소살리토는 말 그대로 아름다웠다. 소살리토에서 자전거를 타느라 허기진 배를 채운 우리는 페리를 타기 위해 이동했다. 선착장에는 이미 페리를 기다리는 사람들의 긴 줄이 있었다. 자전거를 끌고 페리 위에 올라탄 우리는 말 그대로 녹초가 돼 있었다. 몇 시간인지 정확히 기억은 나지 않지만 대략 5시간이 넘는 시간동안 자전거와 사투를 벌인 우리! 자전거 대여소에 다시 자전거를 반납하고나서야 길고 긴 금문교 즐기기가 끝이 났다. 누군가 다시

금문교가 보인다! 움하하!

자전거를 타고 달리다가 도착한 이름모를 곳. 이 때까지도 해도 하늘도 맑음, 기분도 맑음

자전거를 타고 금문교를 여행하자고 하면 니킥을 날려줄 생각이지만, 금문교와 소살리토의 아름다움은 황홀하기까지 했다.

★피셔맨스 워프 (Fisherman's Wharf)

피셔맨스 워프는 해안을 따라 길게 형성된 부두로 사람들에게 인기있는 Pier 39와 기라델리 스퀘어를 볼 수 있다. Pier 39에는 식당, 상점, 그리고 거리 예술가로 북적인다. Pier 39의 명물은 바로 부두에 모여있는 바다사자들이다. 선착장 위에서 온 몸이 늘어지게 잠을 자고 있는 바다사자나 햇볕을 쬐고 있는 바다사자를 일 년 내내 만나볼 수 있다고 한다. 또한, 예전에 초콜렛 공장이었던 기라델리 스퀘어는 캬라멜, 민트 등 다양한 맛의 초콜렛을 전문적으로 판매한다.

"체리 사먹을까?"

참새가 방앗간 못 지나친다는 속담처럼 햇볕에 반짝이는 과일들이 우리의 침샘을 자극한다. "하나 먹어봐도 돼요?"라고 묻자 호탕하게 먹어도 된다는 주인 아저씨😊 우르르 몰려간 과일 가게에서 체리를 한 봉지씩 산 우리는 체리를 먹으며 Pier 39를 구경하기 시작했다. 독특한 상점들과 넓게 펼쳐진 바다! 거기에다 귀여운 바다사자들까지 보고 있자니 샌프란시스코가 정말 사랑스러운 곳이라는 생각이 든다. 배가 고파진 우리는 미리 준비해 온 여행 책자를 꺼내 들고! 소개된 맛집들을 유심히 살펴봤다. 그 중에서 가장 마음에 드는 식당으로 직진! 가격이 조금 비싸긴하지만 여행온 기분을 느끼고 싶어 우리는 랍스타를 주문했다! 야호! 랍스타야! 너 얼마만이니? 눈 깜짝할 새에 랍스타는 사라지고… 친구들과 나는 아쉬운 마음으로 다시 Pier 39 구경에 나섰다.

"여기 기라델리 스퀘어가 유명하다던데~"

지체없이 달콤한 초콜렛이 기다리는 기라델리 스퀘어로 출발했다. 기라델리 초콜렛을 판매하는 거대한 매장으로 들어서니 초콜렛을 시식할 수 있도록 나눠준다. 샌디에고 다운타운에도 기라델리 초콜렛을 판매하는 매장이 있기는 하지만 샌프란시스코의 매장은 그 매장의 5배는 큰 것 같았다. 달달한 초콜렛을 먹으며 기분좋게 아빠의 선물도 하나 사고! 다음 여행 장소로 이동!

<table>
<tr><td>1</td><td>2</td></tr>
<tr><td>3</td><td rowspan="2">5</td><td>6</td></tr>
<tr><td>4</td></tr>
</table>

1 부두위에서 늘어지게 자고있는 바다사자들
2 Pier 39의 활기찬 모습
3 Pier 39에 있는 사탕 전문점! 한 번 들어가면, 나오기 쉽지 않다
5 샌프란시스코는 기라델리가 유명해~ 저 멀리 보이는 기라델리 간판
6 바람에 펄럭이는 Pier 39 깃발

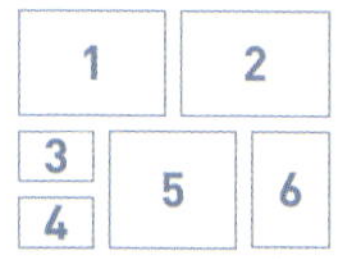

★알카트래즈 섬 (Alcatraz Island)

알카트래즈 섬은 예전에는 감옥으로 쓰였는데, 주변의 조류는 흐름이 빠르고 수온이 낮아 아무도 탈옥에 성공한 사람이 없었다고 한다. 그래서 알카트래즈 섬은 악마의 섬이라고 불린다. 피셔맨스 와프에서 알카트래즈 섬으로 향하는 배와 크루즈 선착장이 있고, 알카트래즈 섬에서 피셔맨스 와프의 모습이 보인다. 약 20년 동안 주로 유괴범, 은행 강도, 탈옥 상습범과 같은 중범죄를 저지른 죄인들이 투옥됐다. 원하는 사람에 한해서 감옥의 독방을 체험해볼 수 있는 기회가 주어진다.

미리 인터넷으로 예약을 하는 것이 좋다는 말을 듣고, 친구들과 나는 예약을 끝마친 상태! 알카트래즈 섬으로 향하는 페리에 몸을 싣고, 아침의 나른함을 달래고 있었다. 그리고 페리가 알카트래즈 섬에 도착했는지 사람들이 문 쪽으로 우르르 몰려가기 시작한다. 묘한 경쟁심이 발동한 우리도 재빠르게 페리에서 내렸다. 그리고 보이는 우중충한 회색빛 건물! 이것이 그 악명높은 알카트래즈 섬인가보다! 알카트래즈 섬에 들어가니, 오디오 가이드가 입장료에 포함되어있는지 오디오 가이드를 하나씩 나눠준다. 나눠주는 사람이 "어느 나라 사람이니?"라고 물어서 "한국인이야!"라고 대답했더니 턱하니 오디오 가이드를 건네준다. 어! 나 이런거 처음이야~ 신기한 마음에 바로 들어보니 한국어가 나온다!!! 알카트래즈 섬 전반에 대한 설명뿐만 아니라 상황극까지 재미있게 들을 수 있어 알카트래즈 섬에 대한 정보가 머리 속에 쏙쏙 들어왔다. 개인적으로 탈옥을 시도했던 죄수들에 관한 설명이 가장 재밌었다. 악명높은 알카트래즈 섬에서도 탈옥을 시도한 사람들이 있었다니! 감옥이라면 다 그렇겠지만 알카트래즈 섬의 분위기는 정말 우울했다. 사람이 생활하기에는 너무 작은 방과 열악한 환경들! 그리고 멀리 보이는 샌프란시스코의 아름다운 모습을 바라보니, 알카트래즈 섬에 수감된 죄수였다면 얼마나 답답했을까하는 생각이 들었다. 독방 안에 들어가보기도

Check

Alcatraz Island
- 가는 길
  Pier 33에서 알카트래즈 섬으로 가는 페리 탑승
- 시간
  시즌에 따라 페리 시간과 스케줄이 다르므로 홈페이지 참고

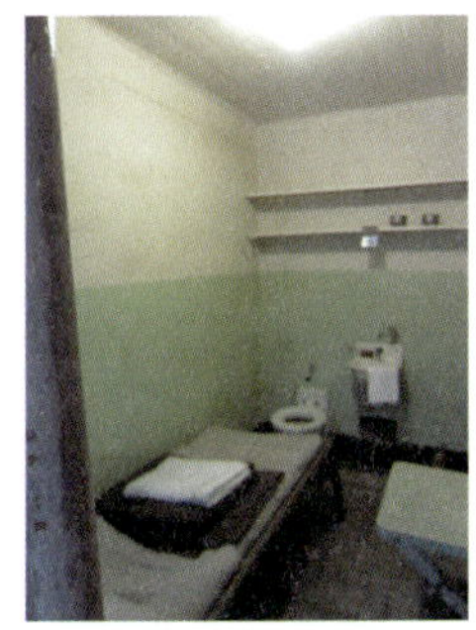

1 감옥에 들어가기 전, 한 컷
2 죄수들이 실제 사용하던 작은 방! 나는 단 하루도 못 살 것 같다

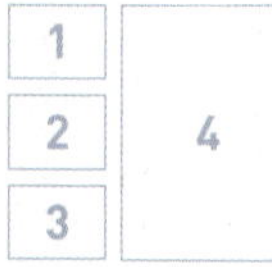

1 오디오 가이드 받으러 가는 길! 죄수들이 사용했던 샤워 시설을 볼 수 있다
2 투어 마치고 나오는 길에 한 컷!
3 저 멀리 보이는 알카트래즈 섬
4 알카트래즈 섬으로 들어가는 페리

하고, 죄수들이 밥을 먹던 부엌도 돌아보며 우울하면서도 흥미로운 알카트래즈 섬 투어를 끝마쳤다. 죄를 짓고 살면 안 되겠다는 작지만 큰 깨달음을 얻으면서, 알카트래즈 섬과는 안녕~

★러시안 힐 (Russian Hill)

러시안 힐은 샌프란시스코에 자리잡고 있는 고급 주거지역이다. 언덕을 따라 가파른 경사의 도로가 나있고 도로 양 옆으로는 살고 싶어지는 아기자기한 집들이 늘어서있다. 언덕 아래는 피셔맨스 와프와 연결되어 있다. 러시안 힐에는 세계에서 가장 굴곡이 심한 S자 모양의 롬바르트 스트리트가 있다.

"여기서 사진찍으면 진짜 예쁘게 나온데~"

사진이 예쁘게 나온다면 당장 가야지! 예쁜 사진을 건져보겠다는 일념 하나로 찾은 러시안 힐은 언덕 위에서 내려다보니 정말 꼬불꼬불하다. 언덕을 따라 내려가는 자동차들도 보였는데, 혹시나 사고가 나지 않을까싶을 정도로 꼬불꼬불하면서도 가파른 언덕이었다. 때마침 언덕 옆으로 예

새신은 아니지만.. 뛰어보자 폴짝!

쁜 꽃들이 피어있어 아기자기한 집들을 더욱 산뜻하게 해주고 있었다.

조심스럽게 친구들과 언덕 밑으로 내려가는 길! 꼬불꼬불한 언덕을 따라 내려가는 것이 은근히 재미있다. 언덕 아래로 내려오니 이미 좋은 사진을 건지려는 관광객들로 붐볐다. 언덕 아래에서 러시안 힐을 올려다보니, 왜 사진이 잘 나온다는 지 이해할 수 있었다. 양 옆으로 들어선 파스텔톤의 집들, 그 앞에 형형색색의 꽃들, 그리고 아름다운 S라인을 자랑하는 도로! 볼 것이라고는 언덕 하나뿐이지만… 왠지 발걸음이 떨어지지 않는다. 사진의 정수라고 할 수 있는 점프 컷을 성공하고나서야 러시안 힐을 떠날 수 있었!

1 위에서 바라보는 룸바르트 스트리트
2 꼬불꼬불한 길을 내려오면, 이렇게 예쁜 광경이 펼쳐진다!
3 러시안 힐 너머 보이는 풍경

1 시원한 폭포소리가 듣기 좋은 요세미티!
2 여기저기서 물소리가 들려~
3 이것이야 말로 대자연!

★요세미티 국립 공원 (Yosemite National Park)

요세미티 국립 공원은 그랜드 캐넌과 함께 한국인이 가장 많이 방문한 미국의 국립공원이라고 한다. 유네스코 세계 자연유산으로 지정된 국립 공원으로 곳곳에서 시원한 물살을 쏟아내는 폭포가 많다. 눈이 녹는 5월과 6월에 수량이 가장 풍부해서 아름다운 폭포들을 감상할 수 있는 최적이 시기라고 한다.

> 사실 요세미티 국립 공원은 대중교통을 이용해서는 가기 어렵다고 한다. 그래서 친구들과 나는 한인 여행사를 이용해 요세미티 국립 공원에 도착할 수 있었다.

주희는 이랬다

약속한 장소에 도착한 벤을 타고 이동했는데, 다른 한국인 4명과 함께 요세미티 국립 공원으로 향했다. 요세미티 국립 공원은 내가 샌프란시스코 여행에서 가장 기대하던 장소였는데, 먼저 다녀온 친구의 말에 따르면 천국같은 곳이라고 했다. 천국을 볼 생각에 부푼 기대감을 안고 드디어 도착한 요세미티 국립 공원!

"This is real mother nature!"

'이것이 진짜 대자연이다!'라는 생각이 들 정도로 요세미티 국립 공원은 자연 그대로의 모습을 간직하고 있었다. 우거진 나무 사이로 걸어다니며, 시원한 소리를 내며 떨어지는 폭포들은 상쾌했다. 센스없게 쪼리를 신고있었던 나는 폭포 사이 사이를 걸어다니는데 조금 불편함이 있었지만…. 발이 불편한 것도 잊을 정도로 정신 못차리게 아름다운 광경이 내 눈 앞에 펼쳐지고 있었다. 출출함을 달래기위해 잠시 들린 휴게소에서 먹은 컵라면도 정말 꿀맛이었다. 반나절의 일정이라 요세미티 국립 공원의 모든 얼굴을 다 보지는 못해 정말 아쉬움이 남았다. 다시 미국에 갈 수 있다면, 다시 찾고 싶은 장소 3위 안에 드는 곳이다.

THEME 02 샌프란시스코에만 있는 맛집과 명물

★Boudin Bakery

"샌프란시스코는 클램 차우더가 유명하대."

친구의 말을 듣고 솔깃해진 우리는 샌프란시스코에서 소문 난 보딘 베이커리로 향했다. 클램 차우더는 조개를 이용해 만든 스프라고 하는데, 보딘 베이커리의 클램 차우더는 빵 속에 담겨져 나온다. 가게에 들어서기 전에 우리의 눈을 사로잡은 것은 바로! 유리창 너머로 보이는 제빵사! 악어 모양, 곰 모양, 꽃게 모양의 다양한 빵들을 직접 만들고 있었다. 신기한 마음에 카메라를 들자 나를 보며 싱긋 웃어 주는 제빵사☺ 센스 만점 제빵사를 뒤로 한 채, 나와 친구 들은 보딘 베이커리로 들어섰다. 가게 안으로 들어서자 눈 에 띄는 인테리어! 여기저기 빵으로 장식이 되어 있고, 심 지어 천장에서도 빵을 볼 수 있었다. 미국에서 원없이 빵 을 먹던 나였지만~ 보딘 베이커리에 있는 빵을 보니 또 빵 이 먹고 싶어진다.

Milk? Beer?

나와 친구들은 모두 클램 차우더를 시켰는데, 여기서 재밌는 일이 일어났다. 친구가 "Milk, please."라고 말하자 직원이 "Wow! You are really cool!"이라고 말하는 것이 아닌가? 우유 달라 는데 뭐가 그렇게 멋진걸까?했는데… 알고 보니, Milk를 Beer 로 알아들은 직원! 이게 가능한 일일까 싶지만… Milk 발음이 은 근히 어려운 발음이라는 것!

아침부터 우리를 모두 웃게 한 'Milk해프닝'이 끝나고, 기

1 샌프란시스코에서 안 먹으면 섭섭한 보딘 베이커리! 빵을 만들고 있는 제빵사들을 볼 수 있다.
2 귀여운 거북이, 꽃게, 곰 등 다양한 모양의 빵도 있고~
3 무서운 악어 모양 빵도 있고~
4 거북이빵 만드는 제빵사!

다리고 기다리던 클램 차우더가 나왔다! 야호! 제 점수는 요? 사실 기대를 너무 많이 해서인지 눈이 번쩍 뜨이게 기가 막히는 맛은 아니었다. 그러나 현지인들에게도 인기가 많고, 샌프란시스코에서 안 먹고 가면 서운한 음식이 바로 이 클램 차우더라고 하니! 한 번은 꼭 먹어보길 권한다.

★케이블카를 타고 샌프란시스코를 가르다

샌프란시스코에서 가장 재미있었던 것을 꼽으라고 하면, 나는 주저없이 케이블카를 꼽을 것이다. 샌프란시스코의 케이블카는 대중교통의 하나인데, 작은 기차처럼 생겼다. 뮤니패스를 구입하면, 횟수 제한이 없이 무제한으로 케이블카를 즐길 수 있다. 케이블카는 총 3개의 노선이 있는데, 케이블카를 이용해 갈 수 있는 곳이 은근히 많다. 운전석과 가까운 앞 쪽에 앉으면 유리창이 없어 샌프란시스코의 바람을 맞으며 달릴 수 있다. 이 케이블카 타기의 묘미는 바로 내리막길을 내려갈 때! 마치 놀이기구를 타는 것처럼 스릴이 만점이다. 케이블카 타는 것이 정말 마음에 쏙 들었던 나와 친구들은 같은 구간을 계속해서 왔다갔다 했다. 그렇게 케이블카에 오래 머물다 보니, 운전사 아저씨

세상에서 제일 신나는 케이블카 타기

와 함께 사진을 찍기도 하고 운전하는 곳을 구경하기도 했다. 게다가 술에 취한 두 명의 외국인을 만났는데! 우리를 보고 계속 "I like you so much!"라고 외쳐 우리를 당황하게 했다. 케이블카 타는 재미를 알고 기다리는 사람들이 정말 많지만, 케이블카는 반드시 타봐야 할 샌프란시스코의 명물이다. 특히, 하이드 스트리트 종점은 2시간 정도를 기다려야 할 때도 있다고 하니 다른 정류장에서 타는 것을 추천한다.

1 샌프란시스코의 명물, 케이블카
2 케이블카 운전기사와 함께
3 시원하게 바람을 가르며! 오빠, 달려!

로스엔젤레스하면 생각나는 영화가 있을까? 나는 로스앤젤레스를 생각하면, 자연스럽게 영화 〈프리티 우먼〉이 떠오른다. 가난한 여주인공이 부자인 남자 주인공을 만나 사랑에 빠지는 전형적인 신데렐라 스토리를 담은 〈프리티 우먼〉은 로스앤젤레스의 로데오 거리에서 촬영했다. 로스앤젤레스는 세계적으로 유명한 관광지로 사람들에게 로맨스, 판타지, 액션을 선사하는 다양한 매력을 가진 도시이다. 지금부터 로스앤젤레스의 매력에 흠뻑 빠져보자!

THEME 01　로스앤젤레스에서 꼭 가봐야 할 곳

★그리피스 천문대 (Griffith Observatory)

그리피스 천문대는 로스앤젤레스에 위치해있으며, 시민들의 휴식공간 및 관광지로 자리매김했다. 대형 천체 망원경으로 별자리를 관측할 수 있고, 로스앤젤레스 시내도 내려다볼 수 있어 사람들에게 인기가 많다. 1층에는 천체 투영관과 2개의 홀이, 아래 층에는 영화관과 전시공간이 있다. 천문대 옥상의 돔형 관측소에서는 관람객들이 자유롭게 밤하늘을 관측할 수 있다

"로스앤젤레스 야경을 가장 잘 볼 수 있는 곳이 어디야?"

호텔 직원에게 물었더니, 그리피스 천문대를 추천한다. 그래서 렌트한 차를 타고 바로 그리피스 천문대로 출발! 어둑어둑해졌지만 넓은 주차장에는 이미 차들이 가득하다. 설레는 마음으로 그리피스 천문대 건물 안으로 들어갔는데, 사람들이 우르르 몰

그리피스 천문대

Griffith Observatory

- 주소
  2800 East Observatory
  Road, Los Angeles,
  CA, 90027
- 시간
  월요일 휴관,
  화요일~금요일
  12:00PM~10:00PM
  토요일~일요일
  10:00AM~10:00PM
- 가격
  무료
- 홈페이지
  http://www.
  griffithobservatory.
  org/

**그라우만스 차이니즈
시어터**

- 주소
  6925 Hollywood
  Blvd, Hollywood,
  CA 90028
- 가격
  무료
- 홈페이지
  www.manntheatres.
  com

려있는 장소 발견! '뭔가 신기한 게 있나보다.'하는 마음에 사람들 사이로 고개를 쭉 내미니 커다란 추가 움직이고 있다. 푸코의 진자라고 하는 추인데, 지구가 자전하는 것을 보여준다고 한다. 난 이런거에는 관심없으니 과감하게 패스! 건물 안을 둘러보고, 오늘의 하이라이트인 옥상 관측소로 올라갔다. 이미 관측소에 들어가기 위해 한 줄로 길게 서있는 사람들! 나도 친구들과 함께 줄을 서기로 했다. 그런데 이게 왠일? 관측소 입구에 거의 다다랐을 때, "오늘은 이 사람까지 밖에 못 들어가!"라는 청천벽력같은 소리를 하는 직원! "허? 나 이거 보려고 한국에서까지 왔는데?"라고 울며 불며 매달려봐도… 야속한 직원은 우리를 못 본 척 한다. 직원이 뒤에 있는 사람들은 모두 관람할 수 없으니 떠나라는 말을 듣고 하나 둘씩 줄에서 이탈하는 사람들! 실낱같은 희망을 가지고 기다려봤으니 가망이 없는 것 같아 줄을 이탈한 우리는 아쉬운대로 옥상에서 로스앤젤레스 시내를 둘러보고 있었다. 그.런.데? 갑자기 몇 명은 더 들어올 수 있다고 말하는 직원! 정말 내가 그 날처럼 쏜살같이 달려본 적이 없다. 전속력을 다해 달려 다시 줄을 선 친구들과 나는 운 좋게 마지막으로 관측소에 들어갈 수 있었다. 야호! 정말 거대한 망원경 옆에 설명해주는 분이 계시고, 나는 계단에 쭈구리고 앉아 밤하늘을 볼 수 있었다. 옆에서 설명해주는 영어를 완전히 알아듣지는 못했지만, 아마 어떤 행성이라고 하신 듯 하다! 아쉽게 놓칠뻔한 그리피스 천문대에서 밤하늘 관측하기도 성공하다니 나는 운이 좋은가보다.

★할리우드 (Hollywood)

로스앤젤레스, 그리피스 파크에는 세계적으로 유명한 사인이 있다? 바로 HOLLYWOOD! 이 헐리우드 사인은 로스앤젤레스가 전세계를 대표하는 영화의 도시임을 말해준다. 할리우드에서는 각종 시사회가 열리는 그라우만스 차이니즈 시어터와 자신이 좋아하는 스타의 별을 찾아보는 재미가 있는 명예의 거리도 만날 수 있다.

<table>
<tr><td>1</td><td>2</td></tr>
<tr><td rowspan="2">3</td><td>4</td><td>5</td></tr>
<tr><td>6</td><td>7</td></tr>
<tr><td>8</td><td>9</td></tr>
</table>

1 이게 바로 그 유명한 HOLLYWOOD 사인!
2 독특한 그라우만스 차이니즈 시어터
3 슈렉과 함께 찍는 사진은 공짜!
4 스타들의 손도장과 발도장
5 스타들의 손에 내 손 가져다대기
6 진짜 마이클 잭슨 아닌가?싶을 정도로 닮았다. 닮은꼴 찾기 어플에 의뢰하면, 100% 마이클 잭슨으로 나올듯?
7 1달러만 내면 트랜스포머와 사진 찍기 어렵지 않아요~
8 폼 좀 잡아볼까?
9 언제봐도 귀여운 버즈와 우디

차를 타고 HOLLYWOOD 사인이 가장 잘 보이는 자리를 찾기 위해 빙빙 돌기를 몇십 분째! 드디어 HOLLYWOOD 사인이 기가 막히게 잘 보이는 명당을 발견했다! 차를 세우고, 모두 다 함께 사진찍기 삼매경에 빠졌다. 영화에서 보던 것처럼 대단하게 멋진 모습은 아니었다. 그냥 우뚝 솟은 언덕에 보이는 HOLLYWOOD 사인이지만, 그 사인을 보면서 내가 모든 영화인이 꿈꾸는 할리우드에 와있다는 생각에 괜히 신기했다.

HOLLYWOOD 사인 앞에서 사진도 남겼으니, 이제 그라우만스 차이니즈 시어터로 가볼까? 그라우만스 차이니즈로 가는 길에는 조니 뎁, 슈렉, 트랜스포머 등 다양한 영화 주인공들로 분장한 사람들을 만날 수 있었다. 이 사람들과 함께 사진을 찍으면, $1 정도를 지불해야 한다고 해서 그냥 패스하고 그라우만스 차이니즈 시어터에 도착! 그라우만스 차이니즈 시어터는 이름에서 알 수 있듯이 중국 스타일로 지어진 극장 건물이다. 우리가 흔히 생각하는 극장의 모습과는 완전히 다르다. 이 극장 앞의 여러 스타들의 손과 발자국을 보기위해 항상 사람들로 북적인다. 최근에는 배우 이병헌이 이 곳에 자신의 손바닥을 남겨 화제가 되기도 했다. 어떤 스타들의 손바닥이 있는지 하나 하나 확인해보는 것도 재미를 더한다. 나는 내가 가장 사랑하는 배우, 잭 니콜슨의 손바닥에 나의 손바닥을 대고, 사진을 남겼다.

★베버리 힐스 (Beverly Hills)

로스앤젤레스의 서쪽 고지대에 있는 세계적 부촌으로, 톰 크루즈, 브리티니 스피어스, 제시카 알바 등 초특급 스타들의 대저택이 모여있는 곳이다. 베버리 힐스의 쇼핑가인 로데오 거리에서는 고가의 명품 상점들을 쇼핑할 수 있다.

Check

Beverly Hills
- 주소
  239 South Beverly Dr, Beverly Hills
- 가격
  무료
- 홈페이지
  www.beverlyhills.org

"우와! 이런 집에서 살고 싶다~"

차를 타고 베버리 힐스의 대저택들을 둘러보고 있으니, 나중에 이런 집에서 살고 싶다는 생각이 든다. 계속해서 감탄하고 있는데, 앞에 베버리 힐스를 투어하는 차를 발견했다.

"저 차 따라가볼까?"

차 안에서 안내원이 각 저택이 누구의 집인지를 설명해주고 있다. 무료로 설명을 들을 수 있었던 우리는 웅장한 대저택들 사이를 지나 로데오 거리에 도착했다. 미리 찾아봤을 때, 듣도 보던 명품 상점들이 많다고 하던데 정말 눈이 휘둥그레질 정도로 부티가 좔좔 흐르는 상점들이 많다. 특이한 상점들만 둘러보고, 예쁘다고 생각한 가방의 가격을 확인하는 순간! 헙! 내 눈을 의심하게 되는 숫자들! 로데오 거리에서 명품 가방을 살 수 있는 부자는 아니더라도, 로데오 거리를 걷는 것만으로도 부자가 된 기분이다.

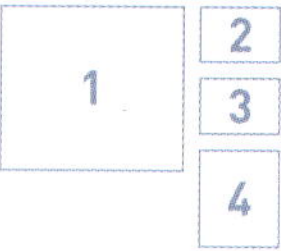

1 여기가 바로 베버리 힐스~
2 로데오 거리
3 투어버스 따라가며, 설명 엿듣는 중!
4 모델포즈? 쩝!

★유니버셜 스튜디오(Universal Studio)

유니버셜 스튜디오는 테마파크로 다양한 놀이기구와 공연 그리고 영화 특수효과까지 즐길 수 있어 관광객뿐만 아니라 현지인들에게도 큰 사랑을 받고 있다. 영화 특수효과를

유니버셜 스튜디오
- 주소: 100 Universal City Plaza, University City, CA, 91608
- 시간
홈페이지 참고
- 가격
1Day Pass:$84
- 홈페이지
http://www.universalstudioshollywood.com/

생생하게 체험할 수 있는 트램투어는 유니버셜 스튜디오에서 반드시 즐겨야하는 필수코스이다. 그 외에도 트랜스포머 3D, 워터월드, 슈렉 4D 등 다양한 볼거리로 인해 유니버셜 스튜디오를 떠나고 싶지 않을 것이다.

유니버셜 스튜디오에 입장하자마자 눈을 사로잡은 것은 영화를 제작하는 사람들의 동상! 사람들이 모여 사진을 찍고 있길래 나도 일단 찍고 봤는데! 어? 동상이 움직인다? 알고보니 동상이 아닌 사람들이 분장을 하고 퍼포먼스를 하는 것이었다.

"여기 신기해!"

시작부터 나를 놀라게 한 유니버셜 스튜디오! 하지만 이것은 시작에 불과했으니…. 유니버셜 스튜디오 여기저기서 만날 수 있는 슈렉, 심슨 가족 인형과 사진을 찍느라 카메라가 바쁘다. 영화, 킹콩을 3D로 즐길 수 있는 투어와 사정없이 물을 뿌려대는 워터월드 공연 관람, 그리고 〈위기의 주부들〉의 촬영지로 쓰였던 마을까지 둘러보고 나니 시간이 훌쩍 지나가 버렸다. 놀이기구를 무서워해서 못 타는 나지만, '유니버셜 스튜디오까지 와서 아무것도 안 탈 수는 없어!'라는 일념하나로 평소에는 기겁하는 놀이기구도 도전했다. 더 심슨 라이드를 타기 전에, 직원에게 "이거 무서워? 이거 진짜 안 무서워?"를 계속해서 물었더니 지친 직원이 "하나도 안 무서워."라며 내 등을 떠밀었다. 타고 나니 정말 하나도 안 무서워서 민망할 따름이었다. 그.러.나! 더 심슨 라이드로 자신감을 얻은 내가 다음으로 탄 미라의 복수와 쥬라기 공원은 머리카락이 바짝 설 정도로 무서웠다.

영화 속 킹콩이 나타났다?

1	**2**	
3	**4**	**5**
	6	**7**
8	**9**	**10**
11	**12**	

1 사정없이 물 튀기는 워터월드
2 트랜스 포머
3 트랜스 포머2!
4 유니버셜 스튜디오
5 문제의 심슨 라이드
6 유니버셜 스튜디오에서 영화 속 주인공이 되보자!
7 익살스러운 경찰 아저씨와~
8 유니버셜에서 가장 인기있는 트램투어하는 중
9 겁나 말많은 슈렉의 동키
10 쥬라기 공원, 아찔한 후룹 라이드
11 꿈쩍도 안하는 신기한 예술가들!

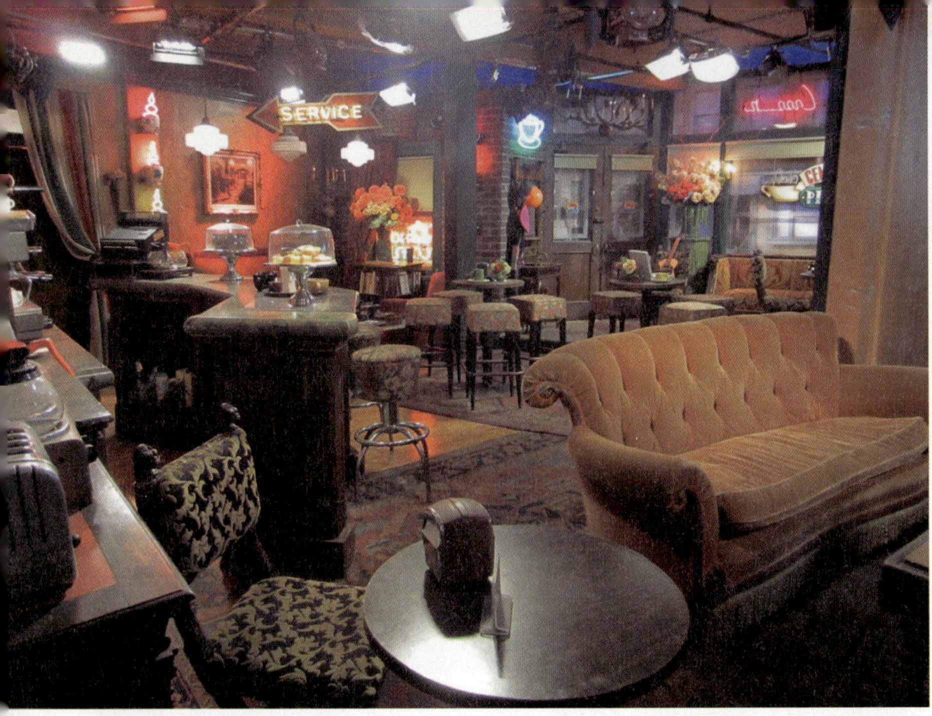

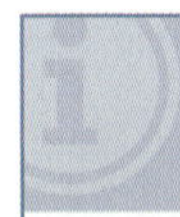

유명한 프렌즈의 촬영 장소

★워너브라더스 VIP 투어 (Warner Bros VIP Studio Tour)

두 번째 방문한 로스앤젤레스에서, 예전과는 다른 경험을 하고 싶어서 선택한 워너브라더스 VIP 투어! 트램을 타고 돌아다니면서 가이드가 영화 촬영지를 소개해주는 투어 형식이다. 두 번째 여행은 친구들과 함께가 아닌 혼자한 여행이었기때문에, 워너브라더스 VIP 투어도 혼자서 외롭게 해야했다. 인터넷으로 미리 예약하고 도착한 워너브라더스 스튜디오. 스튜디오에 도착하자마자 난관에 부딪혔으니! 스튜디오 앞에 있는 벅스 바니와 사진을 찍고 싶었지만…사진을 찍어줄 누군가가 없다! 혼자 여행하는 것은 외롭구나. 드디어 스튜디오 안으로 들어가 기다리고 기다리던 VIP 투어 시작! 10명 남짓한 사람들이 트램을 타고 움직이며, 가이드의 설명을 듣는다. 스파이더 맨을 촬영했던 세트, 프랜즈를 촬영했던 세트, 그리고 실제 영화에 사용됐던 다양한 소품들까지! 가이드의 친절한 설명을 들으며 재미있게 봤던 작품들의 세트장을 둘러보니 신기할 따름이

Check

Warner Bros VIP Studio Tour

- 주소
  3400 W. Riverside Drive Burbank, CA, 91505
- 시간
  월요일~토요일
  8:15AM~4:00PM,
  일요일 휴무
- 투어 소요 시간
  2시간 15분
- 가격
  $52
- 홈페이지
  http://vipstudiotour.warnerbros.com/

1	2	3
4	5	6
7	8	

다. 투어의 마지막에 밋밋한 초록색 천 앞에서 사진을 찍어 무료로 현상해준다. 굳이 아무것도 없는 천 앞에서 사진을 찍어주냐고? 나중에 사진을 받아보면 해리포터, 호그와트 앞에 서 있는 나를 발견할 수 있다! 혼자여서 쭈뼛쭈뼛 찍었지만… 역시 워너 브라더스의 사진 기술! 예쁘게 나온 것 같다.

2 유니버셜 스튜디오에서 기념으로 찍어준 사진, 윙가르디움 레비오사!
3 지나가는 사람에게 부탁해서 어렵게 찍은 사진
4 나도 프렌즈의 주인공처럼~!
5 스쿠비 두
6 해리포터
8 여러 영화의 촬영지였다고 한다

★디즈니 랜드 (Disney Land)

지구상에 가장 행복한 공간, 디즈니 랜드는 오렌지 카운티에 위치한 테마파크이다. 디즈니 랜드는 전세계의 어린이가 동경하는 꿈의 나라이자, 디즈니 랜드에 들어선 순간부터 꿈과 환상의 세계가 펼쳐진다. 어린이뿐만 아니라 어른들도 동심의 세계로 돌아가게 하는 마법같은 공간이 바로 디즈니 랜드이다.

꿈에 그리던 디즈니 랜드에 들어서는 순간, 동화 속 공주님이 된 기분이 든다. 아기자기한 상점들과 저 멀리 보이는 성까지! 디즈니 랜드는 그 규모가 정말 커서 하루 안에 다 돌아보기 힘들 정도라고 하니 놀라울 따름이다. 미국은 무엇이든 규모가 큰 것 같다! 디즈니 랜드하면 가장 먼저 떠오르는 것이 미키와 미니 마우스! 미키 타운으로 향하자 여기저기 미키와 미니 마우스 천국이다. 어린이들을 위한 놀이기구로 보이지만 뻔뻔하게 타기도 하고 미키 마우스의 집에도 놀러도 가보니 5살짜리 어린아이가 된 기분이다. 영화, 〈니모를 찾아서〉가 떠오르게 하는 잠수함 타보기도 있는데, 줄을 서서 기다리는 동안 홍콩에서 여행 온 친구를 사귀게 됐다. 나를 또 중국인으로 착각한 모양이다. 낯선 사람들에게 마저도 마음의 문을 열게 하는 것이 디즈니 랜드의 마법인 것 같다. 어울리지 않게 캐릭터와 아기자기한 것을 사랑하는 나는 디즈니 랜드에서 청소부라도 하고 싶다!

디즈니하면 떠오르는 마법의 성

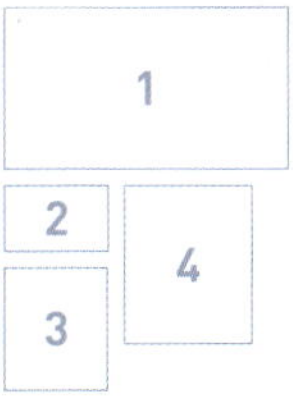

1 어디를 봐도 미키마우스 천국
3 나도 성 앞에서 공주처럼 포즈 잡기~ 치마를 입고 가면, 더 예쁜 사진이 나올 듯!
4 구피네 집에 놀러가보자

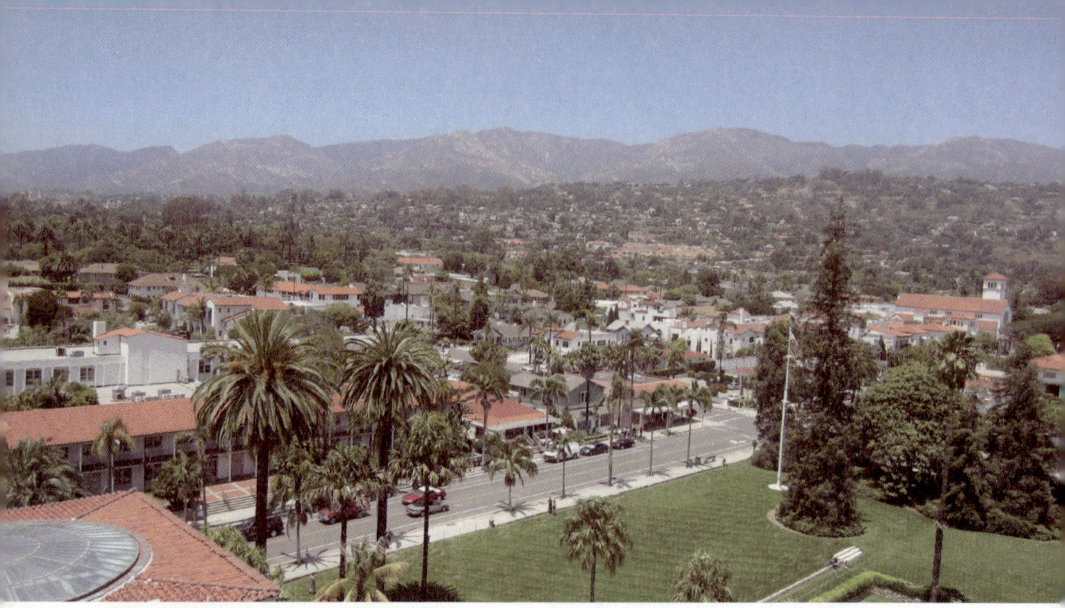

산타모니카 시청의 모습

혼자만의 여행을 즐기기 위해 이번에는 암트랙을 타고 산타모니카 비치로 향했다. 혼자 하는 여행은 항상 쉬운 법이 없었으니… 암트랙을 탈 때도 허둥지둥, 내려서도 어디로 가야하는 지 몰라 어리버리! 사람들에게 물어 물어 도착한 산타모니카는 아늑하고 조용했다. 길을 따라 걸어올라가니 길 양쪽으로 다양한 상점들과 식당들이 늘어서있다. H&M에서 정신없이 시간을 보내다가 마음에 드는 가방을 하나 사고는 다시 길을 걷기 시작했다. 유명하다는 산타모니카 시청에 올라 산타모니카 전경을 바라보는 것은 잠깐! 오랜 시간 동안 셀카 찍기에 여념이 없었다. 시청을 구경하고 나서 혼자서 식당에 들어가 외롭게 식사를 한 뒤, 아름답기로 유명한 산타모니카로 향했다. 하얀 백사장이 끝을 모르게 펼쳐져있고, 여유롭게 자전거를 타는 사람들이 보인다. 지나가는 아저씨에게 사진 좀 찍어달라고 했더니 흔쾌히 다섯 장이나 찍어주신 아저씨. '한 번 걸어볼까?'하는 나의 패기는 오래 가지 않았으니… 끝없이 펼쳐진 백사장의 끝까지 가보겠다는 결심은 무리수였나 보다. 대신 백사장에 앉아 해변을 바라보며 여유를 만끽하는 나름 느낌 있는 하루가 저물었다.

Check

'암트랙'이란?

미국 내 400여 개의 도시를 연결하는 암트렉은 대부분의 여객과 화물 운송을 책임지는 기차이다. 자세한 설명은 STEP7을 참고하자!

산타모니카 비치

산타모니카 시청의 모습

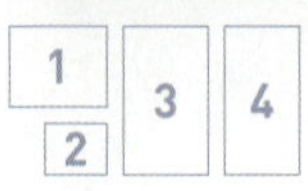

1 직접 그림을 그려볼 수 있는 체험 행사도 있다
2 게티센터의 정원도 잘 꾸며놓은 것으로 유명하다고 한다
3 미술에 대해 잘 알지 못하지만.. 뭔가 유명한 그림같다?
4 이 모노레일을 타고, 게티센터로 이동한다~ 이것도 물론 무료!

Check

Getty Center

- 주소
  1200 Getty Center Dr, LA, California, 90049
- 시간
  월요일 휴무,
  화요일~금요일
  10:00AM~17:30
  토요일
  10:00AM~21:00PM
  일요일
  10:00AM~17:30
- 가격
  무료
- 홈페이지
  www.getty.edu

THEME 02 너무 많다! 그 외에 또 가볼만 한 곳

★게티센터 (Getty Center)

건물 하나만으로도 전시물이 되는 곳이 바로 게티센터이다. J.P 게티 미술관을 중심으로 문화, 역사, 교육 부분 박물관이자 종합 아트 센터라고 할 수 있다. 그리스·로마 시대부터 20세기에 이르는 미술 컬렉션으로 가득하고, 교과서에 자주 보는 고흐, 피카소, 마티스, 모네 등의 원화를 만날 수 있다. 세계적인 건축가, 리처드 마이어의 작품인 게티센터는 건물 그 자체가 작품이며 아름다운 정원도 인기 만점이다. 일년 내내 무료로 입장 가능하다는 점은 게티센터를 더욱 사랑스럽게 한다.

★식스플래그 매직 마운틴 (Six Flags Magic Mountain)

디즈니 랜드나 유니버셜 스튜디오의 놀이기구가 시시하게 느껴지는 사람이라면? 강심장만 갈 수 있는 짜릿한 스릴로 가득한 놀이공원으로 식스플래그가 있다. 공중돌기를 반복

하는 롤러코스터, 30미터 높이의 수직 하강이나 격류 속의 보트 타기 등! 영화, 배트맨을 재현해 내 배트맨의 모든 것을 체험할 수 있는 고담시티는 어린이들에게 인기 만점이다. 무엇을 상상하던 그 이상의 스릴을 즐길 수 있는 식스플래그에서 머리털이 쭈뼛 서는 경험을 해보는 것은 어떨까?

Check

Six Flags Magic Mountain

- 주소
  26101 Magic Mountain Parkway, Valencia
- 시간
  홈페이지 참고
- 가격
  $66.99 (온라인 예매 시 할인 가능)
- 홈페이지
  www.sixflags.com

샌디에고를 배경으로 촬영한 영화들에는 마릴린 먼로 주연의 〈뜨거운 것이 좋아〉와 코메디 장르의 〈앵커맨〉이 있다. 샌디에고는 도시 자체만으로도 한 편의 영화 같은 곳이다. 도시를 걷다 보면 닿게 되는 하얀 백사장과 눈부신 해변 그리고 항상 여유로워 보이는 사람들이 샌디에고의 매력이다. 코 앞에서 바다사자와 교감할 수 있는 라호야부터 동물들의 낙원이라고 불리는 샌디에고 동물원까지! 샌디에고만이 가지고 있는 매력 속으로 풍덩 빠져보자.

THEME 01 샌디에고에서 꼭 가봐야 할 곳

★올드타운 (Old Town)

웰컴 투 올드타운~

올드타운은 샌디에고의 발상지이자 1796년, 처음으로 스페인 사람들이 정착한 곳이다. 캘리포니아에서 가장 오래 된 타운으로 역사적 가치를 지닌 모습을 간직하고 있다. 독특한 레스토랑과 멕시코 공예품점 등이 많아 관광객들이 많이 찾는다.

샌디에고에서 학교를 다니면서 친구들과 가장 먼저 놀러갔던 곳은 바로 올드타운이었다. 타코를 먹기 위해 찾아갔지만 음식점 외에도 다양한 볼거리가 있어 그 이후로도 자주 찾던 곳이다.

	1	
2	4	5
3		
6	7	

4 멕시코 풍의 올드타운
5 어느날 우연히 발견한 동화같은 마을~ 나는야 콜럼버스
7 가장 눈에 띄는 상점

올드타운에서 볼 수 있는 재밌는 광경은 타코 식당들 앞에서 타코를 만드는 아줌마들의 모습이다. 능수능란하게 타코 빵을 만들어내는 솜씨가 관광객들의 발길을 잡는다. 올드타운은 이름에서부터 상상할 수 있듯이 전통적인 느낌이 물씬 나는 장소이다. 올드타운에는 특이한 상점들이 많은데, 내가 가장 좋아하던 상점은 캔디와 초콜렛을 파는 아기자기한 상점이었다. 자주 가던 올드타운이 익숙해질 때쯤, 올드타운의 메인 거리를 지나 뒷 편으로 올라가보니 신세계가 펼쳐졌다. 이상한 나라의 앨리스에 나오는 아담하고 예쁜 마을이 나타난 것이다. 갈 때마다 새로운 일이 계속해서 일어나는 동화같은 장소가 올드타운이다.

★줄리안 (Julian)

20여 개의 사과 농장이 밀집된 사과 마을로, 매년 10월에서 11월에는 주말마다 사과 페스티벌이 열린다고 한다. 농장에서 갓 수확한 사과로 만든 애플파이를 식당과 빵집에서 맛볼 수 있다. 줄리안에서 달콤한 애플파이를 먹고, 컨트리풍의 수공예품을 구경해보는 것은 어떨까?

"사과! 사과! 사과!"

어디를 둘러보아도 Apple이라는 단어를 찾아볼 수 있는 마을인 줄리안에 도착했다. 사과 마을인 줄리안에 들어서자 정말 사과 냄새가 코 끝을 자극하는 것 같다. 줄리안에서는 사과 파이가 유명하다고 하는데, 맛을 봐야겠지? 어디를 가도 맛집을 탐험하

는 일이 가장 즐거운 같다. 맛집을 알아보는 기준은 바로 손님의 수! 기다리는 사람들의 줄이 가장 긴 가게를 찾아 우리도 줄을 섰다. 우리의 앞에 서있던 미국인에게 물어보니, 사과파이가 가장 유명하다고 한다. 귀가 얇은 나는 바로 사과파이를 주문했다. 유명한 사과 마을에서 재배한 사과로 만든 사과 파이! 그 맛은? 사과가 이렇게 맛있는 과일인지 몰랐다는 표현이 맞을 것 같다. 사실 사과를 별로 좋아하지 않는데, 줄리안의 사과 파이는 울던 아이도 웃게 만들 맛이다. 만족스럽게 사과 파이를 흡입한 나와 친구가 가게에서 나오자 앞쪽에서 연극이 벌어지고 있다. 사람들 사이를 비집고 들어가니 유럽풍 드레스를 입은 배우들이 열연을 펼치고 있다. 배도 부르고, 재밌는 연극도 무료로 관람할 수 있으니 이보다 더 좋을 수는 없다~

<table>
<tr><td>1</td><td>2</td><td>3</td></tr>
<tr><td>4</td><td>5</td><td></td></tr>
</table>

1 가게 안에도 온통 사과 천지~
2 줄리안에는 사과파이만 있는 것이아니다? 다른 상점들도 구경하는 재미가 쏠쏠하다!
3 줄리안에서 공짜로 관람한 연극
5 주희's pick

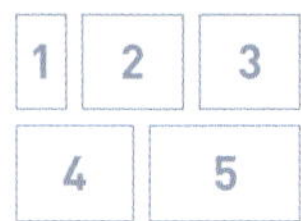

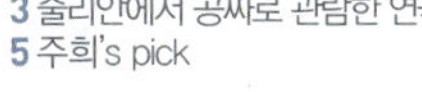

모양은 이래보여도, 맛만 좋다구!

내가 선택한 사과파이 가게

안야와 함께 발보아파크 즐기기

지구의 날, 발보아 파크에서는 재밌는 일이 기다리고 있다~

★발보아 파크 (Balboa Park)

1935년 태평양 국제박람회가 열리기도 했던 발보아 파크는 1868년에 개장한 대규모 종합 문화 공원이다. 미국의 역사를 한 눈에 살펴볼 수 있는 역사박물관, 항공·우주박물관, 철도박물관, 자동차박물관, 자연사박물관 등 15개의 박물관이 발보아 파크 내에 있다. 박물관 뿐만 아니라 다양한 식물들이 전시된 식물원이나 장미향이 코 끝을 자극하는 로즈가든을 구경하기 위해 사람들이 발보아 파크를 찾는다.

미국에서 생활하면서 가장 좋다고 생각했던 점은 미국에는 공원이 많다는 점이었다. 샌디에고에도 크고 작은 공원들이 많았는데, 발보아 파크는 그 중에서도 가장 큰 공원이었다. 뉴욕에 센트럴 파크가 있다면, 샌디에고에는 발보아 파크가 있다! 학교에서 현장학습으로 가기도 하고, 무료 박물관 전시를 보기위해 가본 발보아 파크는 내가 상상할 수 있는 공원의 크기가 아니었다. 발보아 파크에서는 항상 분수에서 더위를 식히는 사람들과 공원을 산책하는 사람들을 볼 수 있다. 하루는 웨딩 촬영을 하는 신랑과 신부를 만날 수 있었는데, 하얀 웨딩드레스가 발보아 파크를 휘날리는 모습은 정말 아름다웠다. 햇볕에 반짝이는 나무사이로 보이는 신부의 미소는 더욱 빛나보였다. 짓궂은 친구들과 나는 "너무 잘 어울린다~"라고 신랑, 신부를 칭찬해주었고 그들은 행복한 미소로 화답했다. 평소에는 붐비지 않지만 발보아 파크가 가장 활기를 띤 날은 바로 '지구의 날 축제'가 있던 날이었다. 어마어마하게 큰 발보아 파크에 콘서트 장이 들어서고, 수많은 부스들이 즐비하게 늘어섰으며, 각종 이벤트와 게임이 진행됐다. 친구들과 천막마다 들리면서 각종 이벤트에 참가하고 선물을 한 보따리 받았다. 평소에 가도 푸르른 나무와 상쾌한 공기가 좋지만, 특별한 행사가 있는 날 가면 더 즐거운 곳이 발보아 파크이다.

1 발보아파크의 식물원
2 발보아 파크에는 독특한 양식의 건물들이 많다
3 선인장부터 이름모를 다양한 식물들을 볼 수 있다.
4 보아 파크의 박물관

★샌디에고 동물원 (San Diego Zoo)

"팬더 보러가자! 팬더～"

Check

San Diego Zoo
- 주소
  2929 Zoo Dr, San Diego
- 시간
  폐장시간 수시로 변동
- 가격
  1Day Pass $44
- 홈페이지
  www.sandiegozoo.org

한국에서도 동물원에 가는 것을 제일 좋아하는 나에게 샌디에고 동물원은 천국이나 다름없다. 샌디에고 동물원은 동물들에게도 천국이라고 하는데 넓은 공간과 철창을 최소한으로 이용했기 때문이라고 한다. 한국에서 갔던 좁고 답답한 우리보다는 훨씬 동물들을 배려한 동물원이라는 생각이 들긴했지만, 그래도 갇혀있는 동물들이 불쌍해보이기는 마찬가지였다. 동물원에서 가장 인기가 많다는 팬더를 구경하러 갔으나 주구장창 앉아서 풀만 뜯어먹고 있는 팬더! 무슨 나무늘보도 아니고 움직일 생각이 전혀 없어 보인다.

그리고 호주에서만 볼 수 있을 줄 알았던 코알라도 보고, 목이 길어 슬픈 동물인 기린의 우아한 자태도 보고, 거대한 코끼리가 과일 받아먹는 모습까지 볼 수 있었다. 지나치게 큰 기대를 하고 가면 실망할 수 있는 샌디에고 동물원이지만, 동물을 사랑하는 사람이라면 추천한다!

★와일드 애니멀 파크 (Wild Animal Park)

와일드 애니멀 파크, 이곳이야 말로 진정한 동물들의 낙원이다. 넓게 펼쳐진 초원 위에 동물들이 평화롭게 먹이를 먹거나 쉬고 있는 모습을 작은 열차를 타고 움직이며 구경할 수 있다. "동물들의 낙원, 와일드 애니멀 파크에 오신 것을 환영합니다"라는 멘트와 함께 시작된 열차 투어! 마치 아프리카에서 야생동물들을 관찰하려는 사명을 가지고 숨죽이고 있는 기분이다. 가뜩이나 긴 목을 길게 빼고 열매를 따먹는 기린과 우락부락한 코뿔소, 그리고 탄력있는 몸매가 부러운 가젤까지 다양한 초식동물들을 만날 수 있다. 다른 사파리와 달리 와일드 애니멀 파크는 동물이 주인이고, 사람이 잠시 들른 손님같다.

★델 코로나도 호텔 (Del Coronado Hotel)

마릴린 먼로가 주연한 영화, 〈뜨거운 것이 좋아〉의 촬영지로 유명한 델 코로나도 호텔은 역대 대통령들이 샌디에고를 방문하면 머문 호텔이라고 한다. 1888년에 나무로 지어진 호텔로 지금까지도 아름다운 모습을 그대로 간직하고 있다.

내가 살던 홈스테이에서 10분정도 걸으면 궁전같이 생긴 델 코로나도 호텔에 도착한다. 가끔씩 산책삼아 찾던 델 코로나도 호텔은 해변 바로 앞에 위치해있어 해변에서 물놀이를 즐기는 사람들의 모습을 바라볼 수 있다. 더운 여름 날, 물놀이를 하는 사람

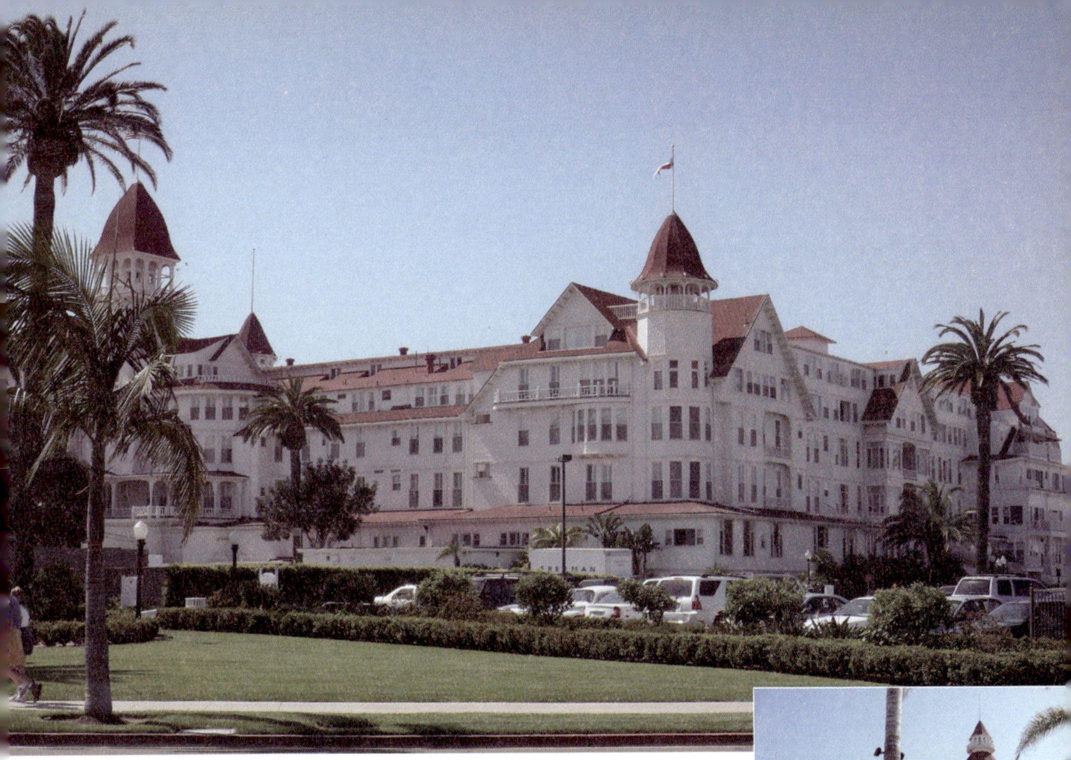

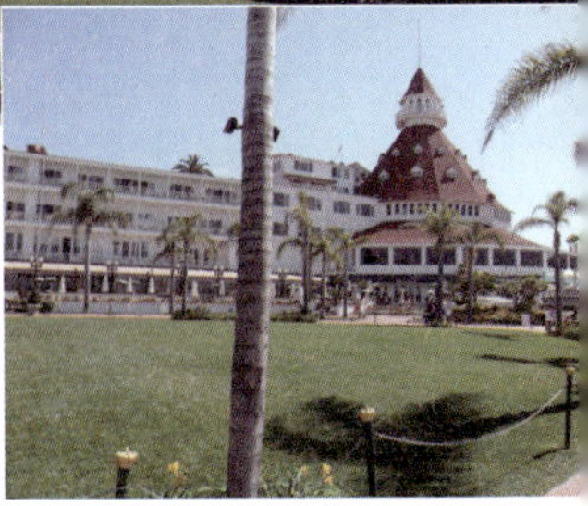

들을 보고 있으면 나도 당장 뛰어들고 싶은 생각이 든 적이 한두 번이 아니었다.

"나 델 코로나도 호텔에서 브런치 먹었어~"

나름 친구들 사이에서 부의 상징이었던 델 코로나도 호텔에서 브런치를 먹었다는 신링의 말에 나는 마냥 부럽기만 했다. 샌디에고에서 생활하면서 나의 한 가지 소망은 바로 이 델 코로나도 호텔에서 하룻밤을 묶는 일이었다. 그런데 비싼 가격으로 인해 나의 소망은 물거품이 될 뻔 했으나… 샌디에고를 떠나기 며칠 전! 친구들과 십시일반으로 돈을 모아 작은 방을 빌리기로 했다. 델 코로나도 호텔에 체크인 할 때의 그 짜릿한 기분이란! 우리가 머문 방은 해변이 보이지도 않고, 큰 방도 아니었지만 예전에 지어진 그대로의 모습을 간직한 방은 아늑했다. 침대와 오래된 TV, 그리고 벽에 걸린 낡은 액자가 전부였지만 시간의 흔적을 고스란히 담고 있는 호텔은 아름다웠다.

Check

Del Coronado Hotel

- 주소
  1500 Orange Ave, Coronado
- 가격
  둘러보는 것은 무료, 방은 $300 부터
- 홈페이지
  www.hoteldel.com/

★시월드 (Sea World)

시월드? 시댁?

한국에는 지긋지긋한 시월드가 있다면, 샌디에고에는 신나는 시월드가 있다?

"쇼 시간부터 확인하자!"

시월드에서 가장 먼저해야 하는 일은 바로 공연 시간 확인하기! 친구들 사이에서 가장 인기가 있는 공연은 바로 샤무 쇼! 거대한 범고래인 샤무는 누가 뭐래도 시월드의 주인공이다.

"샤무가 얼마나 큰지 궁금해～"

사실 샤무를 처음 본 나는 그 크기에 입이 떡 벌어져 다물 수가 없었다. 한 번 먹는 물고기의 양도 양동이를 들이붓는 수준이다! '저렇게 큰데 공연을 할 수 있을까?'라는 나의 생각과는 달리 날렵한 몸놀림을 자랑하며 관중을 환호시킨다. 샤무 쇼를 더 즐겁게 만드는 것은 바로 Soak Zone! 샤무 쇼 공연 장에는 Soak Zone이라는 표시가 있는데, 그 표시가 있는 자리에 앉으면 시원하게 홀딱 젖을 수 있다. 홀딱 젖기 위해 샤무 우비까지 구입한 나는 당당하게 Soak Zone에 앉아 샤무 쇼를 관람하기 시작했다. 그런

데 이게 웬일? 젖어봤자 얼마나 젖겠나 싶었는데, 샤무가 거대한 꼬리로 사람들에게 물을 튀기기 시작한다! 여기저기서 행복한 비명을 지르는 사람들과 저 뒤로 도망가는 사람들이 속출했다. 나름 만반의 준비를 마친 나도 샤무의 공격에 온 몸이 축축하게 젖고 말았다. 샤무 쇼가 아니더라도 시월드에서 사람들을 시원하게 해 줄 다양한 놀이기구와 공연이 있으니 꼭 한 번 들려보자.

사람들을 전혀 무서워하지 않는 물개들~

★라호야 (La jolla)

샌디에고의 베버리 힐스로 불릴만큼 고급 주택이 즐비한 해안가에 위치한 부촌이다. 특히, 라호야 코브는 다이빙의 명소이자 물개들을 코 앞에서 볼 수 있어 인기가 많다. UCSD를 다닐 때, 물개를 보기 위해 자주 찾던 라호야 코브는 걷는 것만으로도 행복해지는 마법같은 장소였다.

보는 사람 염장 지르는 키스 동상

★시포트 빌리지

바다와 도시가 절묘하게 조화를 이루는 낭만이 가득한 거리가 시포트 빌리지이다. 시포트 빌리지에서 배를 타고 샌디에고를 구경하는 투어도 관광객들에게 인기가 많다. 바다만큼 깨끗한 이 타운에는 크고 작은 상점들이 몰려 있고, 바다를 바라보며 운치있게 식사할 수 있는 시푸드 레스토랑도 많다. 시포트 빌리지 근처에 유명한 키스 동상이 있는데, 그 앞에서 연인들이 키스하며 사진을 찍는 모습을 자주 볼 수 있다. 사랑하는 연인과 함께 간다면, 키스 동상 앞에서 열정적인 키스를 퍼부어보자!

★포인트 로마 (Point Loma)

포인트 로마는 1542년, 포르투갈의 후안 로드리게스 카브리요가 백인으로서는 처음으로 상륙한 역사적인 장소라는 의미를 갖는다. 이 곳은 역사적 의미와 더불어 일종의 전망대 역할도 하고 있다. 포인트 로마에서 샌디에고 다운타운은 물론 날씨가 좋으면 멕시코까지도 볼 수 있다고 하니, 샌디에고 전경을 바라보고 싶다면 포인트 로마에 들려보자. 시원한 바람을 쐬며, 샌디에고를 바라보면 모든 근심과 걱정도 잊을 수 있다.

시포트 빌리지
- 주소
849 W Harbor Dr, San Diego, CA, 92101
- 시간
10:00AM~09:00PM
- 가격
무료
- 홈페이지
www.seaportvillage.com

이 사람이 아마 후안 로드리게스 카브리요? 이름이 너무 어렵다

포인트 로마에서는 등대에도 올라 가 볼 수 있다~

★고래 관광 (Whale Watching)

바다 속에서 자유롭게 헤엄치는 고래 떼를 보고 싶다면? 12월에서 3월 사이에 따뜻한 캘리포니아로 놀러오는 고래들을 구경하는 고래 관광을 해보는 것은 어떨까? 샌디에고에서 가장 인기있는 투어 중 하나로 손꼽힌다고 한다. 하지만, 투어가 참여한 모두가 고래 떼를 볼 수 있는 행운이 있는 것은 아니라는 점… 나 역시 귀여운 고래들을 볼 생각에 한껏 들떴었지만… 고래가 나타나지 않는 희박한 날에 고래 관광을 나가고 말았다. 친구의 고래 관광 사진을 보는 것으로 대리만족할 수 밖에 없었다.

★Surfside Sushi

맛있는 스시와 롤이 배터지게 먹고 싶은 날에는? 점심부터 쫄쫄 굶으며 향해야하는 식당이 바로 Surfside Sushi!

매주 월요일마다 신선한 스시와 롤을 파격적으로 반값에 판매하는 Surfside Sushi는 식당 문이 열기도 전에 줄을 서려는 사람들로 문전성시를 이룬다. 아무리

이렇게 두 접시를 먹고 내가 낸 돈은 딱 $12

싸도 맛이 없다면 말짱 꽝! Surfside Sushi는 양도 많고, 맛도 있고, 가격까지 저렴하니 주머니 사정이 좋지 않은 학생들에게는 천국과도 같은 식당이다.

★Rei Do Gado Brazilian Steak House

브라질리안 스테이크 하우스로 샌디에고 다운타운에 위치해있다. 무한으로 리필되는 브라질 스타일의 고기가 먹고 싶다면, Rei do Gado로 가보자! 가격은 조금 비싸지만 원할 때까지 배터지게 고기를 폭풍 흡입할 수 있는 점이 이 식당의 매력이다. 게다가 고기를 제외한 다양한 음식과 디저트는 뷔페식으로 가져다 먹

고기를 썰어주는 웨이터들

뷔페 요리!

고급스러운 식당 전경

Check

Surfside Sushi

- 주소
4527 Mission Blvd., San Diego, CA, 92109
- 시간
일요일–목요일
4:30PM~9:30PM
금요일~토요일
4:30PM~10:00PM
- 가격 수준
$$
- 전화번호
(858)273-2979

Check

Rei Do Gado Brazilian Steak House

- 주소
939 4th Ave. San Diego, CA 92101
- 시간
일요일~목요일
11:00AM~10:00PM
금요일~토요일
11:00AM~11:00PM
- 가격 수준
$$$
- 전화번호
(619)702-8464
(858)273-2979

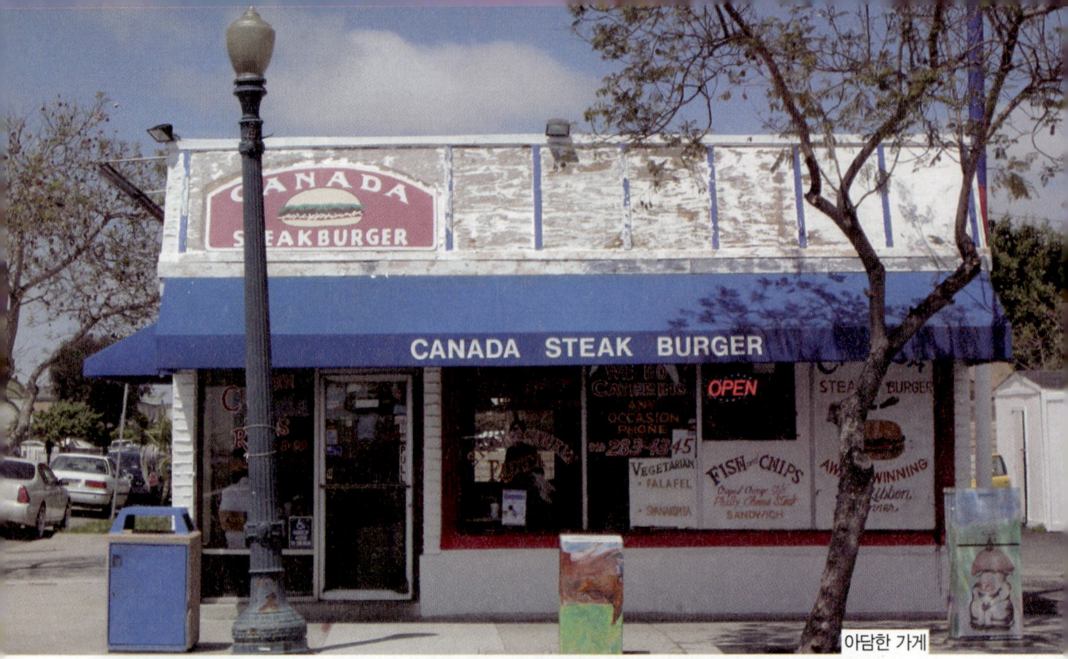

아담한 가게

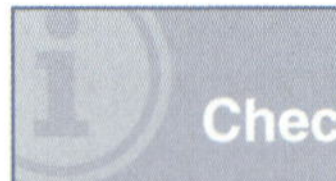

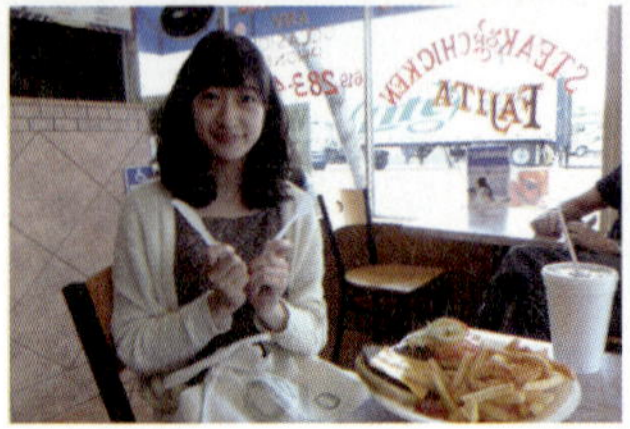

시식 전에 찰칵

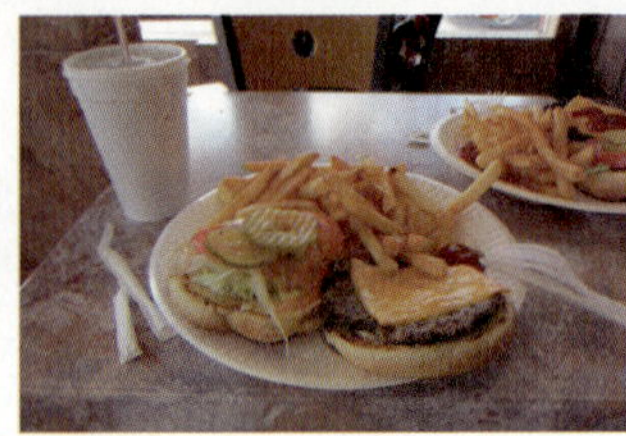

평범한 햄버거라고 생각하면 아니아니 아니되오!

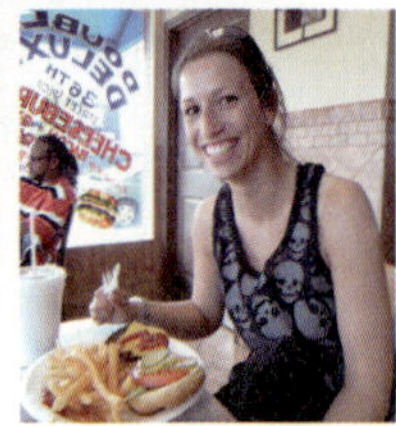

시식 전 떨리는 마음으로 찰칵

을 수 있다. 고기를 테이블에 직접 와서 썰어주는 훈훈한 웨이터를 보는 것도 즐겁다.

Check

Canada Steak Burger

- 주소
  3604 University Ave. San Diego, CA 92104
- 시간
  일요일~목요일
  10:00AM~10:00PM
  금요일~토요일
  10:00AM~11:00PM
- 가격 수준
  $
- 전화번호
  (619)283-4345

★Canada Steak Burger

선생님인 찰스에 따르면 인앤아웃만큼이나 맛있는 개인 수제 햄버거집이 바로 Canada Steak Burger라고 한다. 찰스의 말만 철썩같이 믿고 안야와 함께 시작한 맛집 찾기는… 생각보다 쉽지 않았으니! 지나가는 사람들에게 물어 물어 찾아간 Cannada Steak Burger! 과연 그 맛은? 안야와 나는 그 동안의 고생을 모두 잊을 정도로 맛있게 햄버거를 먹어 치웠다. 30년이 넘는 시간동안 샌디에고에서 햄버거를 만들어온 햄버거의 달인이라고 하니 더욱 믿음이 간다. 맛은 합격점! 가격도 합격!

캐나다도 가볼까?
Vancouver!

시애틀에서 어학연수를 하는 학생이라면, 누구나 한 번쯤 가봤을 캐나다, 밴쿠버! 밴쿠버에서 워킹 홀리데이로 일을 하고 있던 일본인 친구, 코지가 밴쿠버에 한 번 놀라오라는 말에 냉큼 밴쿠버 가는 티켓을 예매했다. 시애틀에서 함께 홈스테이를 하던 일본인 친구, 유미와 함께 코지를 만나기 위해 떠난 밴쿠버 여행! 지금부터 시작해볼까?

★주희의 캐나다 여행기

유미와 그레이 하운드 정류장을 찾지 못해 헤매다가 아슬아슬하게 버스를 탈 수 있었다. 시작부터 불안불안한 우리의 여행! 버스를 탄 지 몇 시간이 지났을 때, 버스 기사가 승객들을 모두 내리라고 한다. 캐나다 국경을 넘기 위한 절차로 우리는 여권과 I-20를 제출해야했다. 여권에 캐나다 도장이 쾅 하고 찍히는 순간, 이 넘치는 감격이란!

캐나다에서 핸드폰이 터지지 않는 나를 위해 코지가 유미와 나를 데리러 왔다. 샌디에고에서 만나고, 정말 오랜만에 만나는 코지를 보니 이렇게 반가울 수가 없다. 친절한 코지가 처음 우리를 데려간 곳은 밴쿠버의 야경을 한 눈에 볼 수 있는 타워! 개인적으로 스페이스 니들에서 바라본 야경과 비슷하다고 생각했지만, 야경은 어느 곳에서 봐도 항상 아름다운 것 같다.

타워에서 내려다 본 밴쿠버의 야경~

첫 째날은 밴쿠버의 야경을 보고 바로 호텔로 돌아갔는데, 이게 웬일? 가장 저렴한 호텔을 예약했더니… 호텔 1층에 클럽이 있어 시끄러운데다가 방 안에 화장실도 없었다! 역시 싼 게 비지떡이라더니…. 그러나 고단했던 유미와 나는 시끄러운 호텔에서도 쿨쿨 골아떨어지고 말았다. 다음 날은 코지가 밴쿠버에서 유명한 시장으로 우리를 이끌었다. 이 곳은 샌디에고의 시포트 빌리지와 비슷한 느낌이었다. 바다를 마주보는 시장에서 캐나다 기념품도 둘러보고, 항구에서 사진도 찍으며 밴쿠버를 눈에 담았다. 에메랄드 빛 바다와 그 위에 몸을 맡기고 흔들리는 배들의 모습은 한 편의 영화같았다. 그리고 저녁 때는 코지가 자신의 친구들을 불러 밴쿠버에서 유명한 한국 식당에 갔다. 밴쿠버까지 와서 삼겹살에 소주를 먹게 될 줄이야! 소주를 마시니, 처음보는 친구와의 어색함도 안드로메다로 날아가고 좋구나! 코지는 한국 음식을 좋아해 한국 식당에 자주 온다고 하니 신기했다. 실제로 한국 식당 안에 한국인뿐만 아니라 외국인들도 많이 보였다. 대망의 밴쿠버 여행 마지막 날에는 코지가 일하고 있는 스시집에서 밥을 먹고, 공원으로 산책을 갔다. 코지가 밴쿠버에서 유명한 공원이라고 설명을 해줬지만, 어째서 기억이 나지 않는 걸까? 사람들에게 빵을 받아먹는 사람 친화적인 라쿤들밖에 생각이 나지 않는다. 코지 가이드와 함께 하는 2박 3일 간의 짧은 여행은 캐나다, 밴쿠버를 속속들이 알기에는 부족한 시간이라는 생각이 들었다. 조금 더 오래 밴쿠버의 아름다움을 탐험하고 싶었지만, 다시 학교로 돌아가야 할 시간이 들이닥쳤다. 코지와 다시 만날 날을 기약하며, 작별을 고했다. 미국과 국경이 맞닿아 있어 미국과 비슷한 듯 다른 매력을 가진 캐나다 여행도 추천한다!

1 한 장의 엽서같은 벤쿠버의 항구
2 시장에서 유미와
3 캐나다의 어느 공원에서 에너르기 파~
5 삼겹살에는 소주! 캬아~
7 캐나다 기념품 가게 앞에서 찰칵
8 캐나다도 미국처럼 달러를 쓰는 줄 알았던 무식한 나

THEME 01 　트렉아메리카를 소개합니다!

01. 트렉아메리카란?

세계 70여개의 다양한 나라에서 모인 외국인 친구들과 짧게는 15일 길게는 64일까지 함께 미국 대륙횡단여행을 하는 것을 말한다. 여행자들의 나이는 18세에서 39세 사이의 젊은이들로 제한된다. 미국 외에도 캐나다, 멕시코, 남미 여행을 제공한다. 여행의 총 인원은 13명으로 제한되며, 미국인 가이드와 함께 벤을 타고 이동한다. 외국인 친구들과 함께 음식을 만들어 먹고, 텐트에서 자고, 여행하기 때문에 하나의 가족이 된다. 외국인 친구들과 특별한 추억도 쌓을 수 있고, 영어 연수 효과도 있어 학생들에게 인기가 많다.

직접 친 텐트에서 자기!

3주간 타고 다니는 벤

장점	단점
• 글로벌한 인맥 형성 가능 • 영국, 뉴질랜드, 호주와 같은 영어를 모국어로 하는 친구들이 많아 영어 연수 효과 • 가이드가 있어 안전한 여행 가능 • 효율적인 도시 이동 가능	• 대부분 텐트에서 자는 날이 많아 불편할 수 있음 • 오랜 시간 동안 차로 이동하는 점 • 오픈 마인드가 없다면 힘들 수도 있다.

샌디에고에서 시애틀로 도시를 옮기기 전, Seattle Central Community College가 개강하는 날까지 한 달 정도가 빈다는 사실을 알게 됐다. '한 달 동안 무엇을 하면 좋을까?' 생각한 결과, 여행을 하는 것이 제일 좋겠다고 판단해서 알아보던 중 트렉 아메리카라는 프로그램을 발견했다. 혼자 여행하는 것보다 훨씬 안전하고, 외국인 친구들과 함께 여행하면 더 재밌을 것 같다는 판단에 친구와 함께 트렉 아메리카를 신청했다. 기간은 3주! 뉴욕에서 로스앤젤레스까지 3주간 여행하는 코스를 선택했다. 그런데 여행을 떠나기 전, 오리엔테이션 시간부터 나와 친구는 멘탈붕괴를 경험했다. '텐트에서 잘 때, 외국인 친구들은 굉장히 성에 개방적이어서… 옆에서 이상한 소리가 날 수도 있어요!'라고 친절하게 조언해주는 담당자! '우와! 이 여행 장난 아니구나!'하는 기대감으로 만난 친구들은 영국, 호주, 뉴질랜드, 독일에서 왔다고 한다. 처음 만나 자기소개를 할 때만 해도 서먹서먹하던 우리는 3주의 여행이 끝나고는 모두가 끈끈한 친구가 돼있었다. 트렉 아메리카는 무엇을 기대하던 그 이상을 얻을 수 있는 여행이다.

미친듯이 멀미한 스왐프 투어!

악어에게 소세지 주기

라스베가스도 점령!

함께여서 즐거운 우리

여행 프로그램
Southern Sun

여행 경로
New York – Washington D.C – Virginia – Tennessee – Alabama, Mississippi – New Orleans – Texas, Lousisiana – San Antonio – Texas – Carsbad – Arizona, New Mexico, Monument Valley – Grand Canyon National Park – Lake Powell – Zion National Park – Las Vegas – Los Angeles

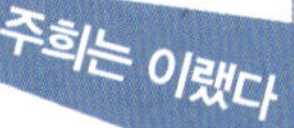

버스에서 파티 투나잇!

가이드, 케빈과 함께

마치 앨범 자켓같은 사진

아쉬운 마지막 여행지! 모두 안녕~

THEME 02 　내 맘대로 BEST 여행지 3

술병 하나씩 들고 출발!

뉴 올리언스의 밤

★ 재즈와 낭만이 흐르는 New Orleans

루이 암스트롱의 고향인 뉴 올리언스는 멋드러진 도시라고 표현할 수 있을 듯하다. 낮에는 거리마다 예술가들의 작품으로 넘쳐나고, 밤에는 클럽마다 흥겨운 재즈 음악이 흘러나온다. 무려 12명이나 되는 우리 그룹도 뉴 올리언스에서의 멋진 밤을 보내기 위해 클럽이 즐비한 거리로 나섰다. 길에서 파는 술병을 하나씩 들고서 이 클럽 저 클럽으로 옮겨다니며 재즈와 블루스에 흠뻑 빠진 우리들! 12명이 우르르 클럽에 들어갔다 우르르 나오는 모습이 다른 사람들 눈에는 이상하게 보였을지도 모르겠다. 우리는 아랑곳하지 않고 클럽에 온 것처럼 신나게 몸을 흔들어대며 재즈의 선율을 느꼈다. 한 가게에서는 원하는 사람이 나가서 노래를 부를 수 있는 가라오케가 있었는데 우리는 가이드인 케빈의 등을 떠밀었고, 그는 신나는 노래로 화답했다. 모두가 재즈와 블루스 그리고 달콤한 알콜에 취해 정신을 못차리

예술의 거리, 뉴 올리언스

노래부르는 케빈

재즈 앤 블루스 바

던 뉴 올리언스의 아름다운 밤은 단연 트렉 아메리카에서 가장 재밌었던 여행지 중 하나이다.

나바호 원주민들이 살고 있는 모뉴멘트 밸리는 훼손되지 않은 자연 그대로의 모습을 간직하고 있다. 모뉴멘트 밸리에서의 여행을 더욱 빛나게 해준 사람은 바로 원주민 가이드! 짚차를 타고 모뉴멘트 벨리의 구석구석을 구경시켜주고, 원주민 전통 노래도 불러주고, 저녁에는 잊을 수 없는 인디언 타코를 만들어주고, 밤에는 옛날부터 내려오던 무서운 이야기로 우리를 놀래켜준 다재다능한 원주민 가이드를 지금도 잊을 수 없다. 무엇보다 잊을 수 없는 것은 인디언 타코의 맛이다. 보통 타코와는 다르게 두툼하고 넙적한 빵을 이용해 만든 인디언 타코는 비법을 전수받고 싶을 정도로 황홀한 맛이다. 길게 땋은 머리

어디를 둘러봐도 절경

<table>
<tr><td>1</td><td>2</td><td>3</td></tr>
<tr><td>4</td><td colspan="2">5</td></tr>
</table>

1 나바호 원주민들의 땅
2 틈만 나면 단체 사진을 찍어야
직성이 풀리는 우리~
4 감탄만 나오는 절경

와 순수한 미소를 간직한 가이드와 함께한 1박 2일은 그저 경이롭다는 말로밖에는 표현할 수 없을 것 같다. 모뉴멘트 밸리 곳곳에서 볼 수 있는 고립된 거대한 암석기둥과 절벽은 서부 영화에 나올법한 웅장함을 자랑한다. 웅장하면서 순수한 모습을 간직한 모뉴멘트 밸리는 영원히 간직하고 싶은 엽서와 같은 감동을 준다.

★ 죽다 살아난 Grand Canyon

그 어떤 여행지보다 가장 기억에 남는 여행지는 바로 그랜드 캐년이다. 그랜드 캐년의 아름다운 절경보다 더욱 기억에 남는 것은 하이킹을 하다가 죽을 뻔한 것이다. 처음에 가이드인 케빈이 "그랜드 캐년 하이킹 할거야~"라고 했을 때만 해도 정말 농담인 줄 알았다. 그런데 웬 걸? 진짜로 한다! 끝이 보이지 않는 그랜드 캐년을 진짜 내 두 다리로 하이킹 한다! 다른 친구들은 사뿐사뿐 걸어 앞으로 나가는데…. 시작하기도 전에 포기할 수는 없다는 생각에 걷기

그랜드 캐년 하이킹 전!

아찔한 그랜드 캐년! 사진을 찍으려다 떨어져 죽는 사람도
더러 있다고 하니 조심, 또 조심하자!

시작한 그랜드 캐년! 영국에서 온 에비와
레베카를 동무삼아 내려가는 것 까지는
그리 어렵지 않았으나!!! 잠시 쉬며 인증
사진을 찍고 나서 다시 올라갈 생각을 하
니… 숨도 못 쉬겠다. 서로를 응원해주며
밀어주고 끌어주기를 반복해서 총 7시간
만에 그랜드 캐년 하이킹에 성공했다! 올
라오면서 정말 '그랜드 개년'이라고 씨부
렁거리기는 했으나, 막상 하이킹에 성공
하고나니 뿌듯함을 감출 길이 없다! 앞으
로 무슨 일을 해도 다 할 수 있겠다라는
자신감을 심어 준 그랜드 캐년 하이킹의
악몽은 지금까지도 생생하다.

날아라, 주희!

함께 지옥의 하이킹을 경험한 애비

그랜드 캐년, 브라이트 앤젤 하
이킹 성공!

 트렉 아메리카만의 톡톡 튀는 매력

★우리가 먹는 요리는 우리가!

트렉 아메리카 여행 중에 먹는 음식은 주로 재료 구하기부터 요리까지 직접 해야하는 경우가 많다. 가끔씩 외식을 하기도 하지만, 직접 캠핑장에서 요리를 하는 것이 보통이다. 아침과 점심은 간단하게 샌드위치를 만들어 먹는데, 샌드위치에 햄, 터키, 마요네즈, 상추 등을 넣어 먹으면 꿀맛이다. 여기서 한 가지 팁은! 감자칩을 샌드위치에 넣어서 먹으면 더 더욱 맛있다는 점! 간단한 점심 식사와는 다르게 저녁은 조금 더 복잡하다. 우리는 총 3개의 팀으로 나눠졌는데 한 팀은 차를 정리하고, 두 번째 팀은 저녁 식사를 준비하고, 마지막 한 팀은 설거지를 하는 식으로 당번이 매일 돌아간다. 저녁 식사 당번에 걸리는 팀은 어떤 요리를 선보일지 정해 장을 보는 것부터 요리까지 책임진다. 각자 자신의 나라에서 유명한 요리들을 선보이곤 하는데, 나와 친구도 한국 요리를 선보였다. 오랜 자취 경력을 자랑하는 친구가 뚝딱 뚝딱 만들어낸 닭볶음탕은 외국인 친구들에게도 인기 만점인 메뉴! 요리를 하면서 더욱 가까워지고 서로의 문화에 대해 이해할 수 있는 점이 트렉 아메리카의 매력 중 하나이다.

★제정신으로는 할 수 없는 돌방행동들!

지금 생각해보면 '그 때 어떻게 그런 이상한 행동들을 할 수 있었을까?'싶을 정도로 특이한 행동들을 많이 한 것 같다. UFO 박물관을 관람하러 갔을 때는 갑자기 머리에 알루미늄 호일로 만든 모자를 12명이 세트로 쓰고 거리를 활보하기도 했다. 또 라스베이거스에서는 사람들이 지나다니는 통로에 20명이 넘는 친구들이 쫘르륵 누워 천장을 바라보고 있기도 했다. 다 같이 떼 지어 스크립 클럽에 가기도 하고, 버스에서 광란의 파티를 벌이면서 봉춤을 추기도 하고, 버스 위에 머리를 내놓고 누가 누가 큰 소리를 내나 이상한 내기를 하기도 했다. 벤이 터널을 지날 때 서로 티셔츠를 바꿔입는 돌발 게임도 했는데, 어두운 터널을 빠져나오자 옷을 미처 갈아입지 못한 친구들이 있어 깨알 웃음을 줬다. 지금 생각하면 참 부끄러운 일이지만 함께여서 가능했던 돌발 행동들이 아닐까 싶다. 트렉 아메리카가 아니었다면 살면서 또 언제 이런 행동들을 헤볼까하는 생각이 든다. 이런 추억들은 하나씩 꺼내볼 때마다 항상 웃음이 나곤 한다.

★캠프 파이어에서 우정을 속삭이다!

트렉 아메리카의 또 다른 매력은 바로 매일 밤 벌어지는 캠프 파이어! 모닥불을 피워놓고 13명이 옹기종기 모여 술 게임을 하기도 하고, 이야기 꽃을 피우다 보면 잠 잘 시간이 금세 지나간다. 내가 놀랐던 건 거침없는 서양 친구들의 입담이었다. 정말 사적인 이야기부터 남에게 절대 털어놓지 못할 것 같은 이야기들도 허심탄회하게 웃으며 이야기하는 친구들을 보면서 신선하다고 생각했다. 처음에는 친구들이 질문을 해도 우물쭈물 말을 돌리던 나였지만, 시간이 지나면서 나조차도 무장 해제되고 말았다. 함께 여행했던 친구들과 지금까지 안부를 주고 받을 수 있는 이유는 바로 이 캠프 파이어에서의 솔직담백한 이야기들 때문이라고 생각한다. 다시 한 번 다른 트렉 아메리카 프로그램에 다같이 참여하자고 했던 약속이 실현되는 날이 올 수 있기를 바란다.

<table>
<tr><td>1</td><td>2</td><td>3</td></tr>
<tr><td>4</td><td>5</td><td></td></tr>
</table>

1 알루미늄 호일을 뒤집어 쓰다!
2 나도 쓴다, 알루미늄 호일 모자
3 모두 다 바닥에 누워서
4 캬~ 포즈 좋고!
5 터널 속에서 티셔츠 갈아입기

도시이동은 어떻게 할까?

Check

그레이 하운드 홈페이지

http://www.
greyhound.com/

★ 그레이 하운드 (Greyhound)

미국에 장거리 버스 회사는 여러 개가 있지만 그 중에서도 최대의 노선망을 가진 버스 회사는 그레이 하운드이다. 미국을 포함한 캐나다의 주요도시까지도 그레이 하운드를 이용해 갈 수 있다. 그레이 하운드는 야간 버스를 포함해 하루에도 여러 번 운행한다는 장점이 있다. 그레이 하운드를 탑승하는 버스 터미널은 도심의 번화가에 있기 때문에 이용에 큰 어려움은 없다. 차내에 화장실도 있고, 중간에 휴식시간도 있어 장거리 도시 이동도 비교적 편하게 할 수 있다.

Check

암트렉 홈페이지

http://www.amtrak.
com/

★ 암트렉 (Amtrak)

미국 내 400여 개의 도시를 연결하는 암트렉은 대부분의 여객과 화물 운송을 책임지는 기차이다. 암트랙은 노선이 연결되지 않는 곳도 많고, 운행 편수도 지역마다 편차가 크므로 운행 스케줄을 확실히 알고 있어야 한다. 또한 암트랙의 가격은 하루아침에도 $10 이상의 차이가 나는 경우도 있으니, 미리 미리 예약하는 것이 좋다. 2등석인 코치는 자유석이므로 먼저 탑승하면 좋은 자리를 맡을 수 있다. 미국인 친구에 의하면 누군가 앉아 있는 옆자리에는 다른 곳에 자리가 있을 때 앉지 않는 것이 예의라고 한다.

만약, 기차가 꽉 차 자리가 없는 경우라면 정중하게 옆에 앉아도 되는지 물어보는 것이 좋다. 자리에 앉으면 승무원이 티켓을 확인하고, 행선지를 적은 종이를 좌석 위에 붙여놓는다. 사람마다 행선지가 다르므로 안내 방송을 주의깊게 듣는 것이 중요하다.

★ 렌트카

한국에서 운전면허증을 취득한 사람이라면, 미국에 가기 전 국제운전면허증을 발급받아 가는 것이 좋다. 국제운전면허증으로 미국에서 1년 간 운전할 수 있는 자격이 주어진다. 렌트카 회사는 주로 공항이나 시내에 위치해있으며, 차를 렌트하기 위해서는 운전면허증, 신용카드, 그리고 여권이 필요하다. 또한 여권만 소지한다면 캐나다나 멕시코로도 이동이 가능하다. 보험은 필수이며, 성수기와 비수기, 주말과 평일, 그리고 렌트하는 사람의 나이에 따라 가격이 다르다. 렌트카의 가격은 비싼 편이지만, 4명 혹은 5명의 친구들과 함께 여행하는 경우에는 추천할만하다. 참고로, 렌트카 가격은 차의 종류, 지역, 그리고 회사에 따라서도 다르니 꼼꼼하게 비교해 보자.

★ 비행기

우리나라에서는 도시 간 이동 시간이 짧은 편이지만, 땅이 어마어마하게 넓은 미국에서는 자동차나 버스를 이용해서 도시 이동을 하면 오랜 시간이 걸린다. 다른 주로 여행을 가다가 하루를 차 안에서 허비하는 경우도 많다. 그래서 빠르고 편하게 도시 이동을 할 수 있는 수단은 바로 비행기이다. 가격은 비싸지만 먼 거리 이동을 해야하는 경우에 이용하면 편리하다.

America

PART 08

또 뭐가 궁금해?

팁은 얼마나, 어떻게 줘야 할까?

팁! 팁! 팁!

미국의 식당에서 식사를 하고 나서 받는 영수증에는 음식 가격, 택스, 그리고 팁을 기재하는 란이있다. 메뉴판에 쓰여진 가격에 택스까지 붙는데, 게다가 팁까지 줘야한다고 생각하면 돈이 아깝다는 생각이 들 때가 한두 번이 아니다! 한국에서는 팁을 주는 문화가 익숙하지않지만, 미국에서는 팁 문화가 보편적이다. 어떤 경우에 팁을 주고, 어떤 경우에 안 주는 것일까? 대표적으로 식당의 웨이터, 짐을 옮겨주거나 방을 청소해주는 호텔 직원, 택시 기사, 음식 배달부, 미용사, 그리고 카지노 딜러에게는 팁을 지불한다. 그러나 패스트푸드 직원에게는 팁을 주지않는다. 카페에서는 팁을 요구하지는 않지만, 계산대 옆에 팁을 넣을 수 있는 작은 항아리가 있는 것이 보통이다. 팁은 보통 금액의 10%에서 20%를 주는 것이 기본이라고 한다. 10%는 서비스가 마음에 들지 않았을 때, 15%는 서비스가 적당했을 때, 그리고 20%는 서비스가 마음에 들었을 때 팁으로 지불한다고 한다. 비록 서비스가 형편없었다고 하더라도 금액의 10%를 팁으로 줘야한다는 말은 팁은 필수라는 것을 의미한다. 팁은 동전으로 주는 것도 가능하지만, 적어도 10%의 팁은 남기는 것이 예의라고 한다.

음식의 가격, 팁, 그리고 팁을 포함한 금액을 손님이 적도록 한 영수증

가끔씩 팁을 받지 못한 직원이 가게 밖으로 손님을 따라나오는 경우도 있다고 하니, 팁 주는 것을 잊지 말자. 또한 팁은 카드로도 지불할 수 있는데, 영수증의 TIP 부분에 지불하고 싶은 팁 금액을 적은 뒤 싸인하면 된다. 마지막으로 확인해야 할 점은 팁이 이미 가격에 포함되어있는지 여부이다. 몇 몇 식당은 몇 명 이상의 손님들이 그룹으로 함께 온 경우 팁을 미리 포함시키기도 한다. 이를 Gratuity라고 하는데, 계산서에 Gratuity라고 쓰여져있다면 팁을 추가로 지불할 필요가 없다.

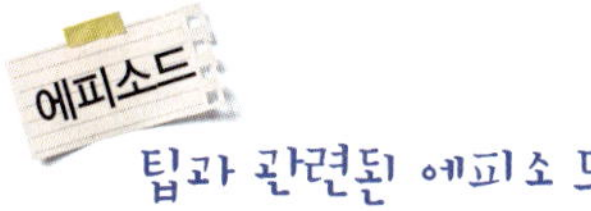

팁과 관련된 에피소드

Episode #1

식당에서 밥을 먹은 친구가 받은 영수증에 쓰여진 가격은 텍스 포함 $50.20! 잔돈이 없었던 친구는 $100짜리 지폐와 20센트를 웨이터에게 건네줬다고 한다. 그리고 얼마 후, 웨이터가 가져온 거스름돈은 $5, $10, $20를 포함한 지폐와 그리고 무수히 많은 동전들! 계산을 해 본 친구가 거스름돈이 부족하다고 하자, 웨이터가 미안하다며 주머니에 들어있던 돈을 줬다고 한다. 친구가 웨이터를 째려보자 황급히 도망갔다고 한다. 아무리 생각해도 웨이터가 일부러 계산이 맞지 않게 거스름돈을 준 것 같다며 괘씸한 생각이 들었다고 한다. 팁을 주는 것이 예의지만, 웨이터가 알아서 팁을 챙겨가다니! 혹시 이런 일이 생길 수도 있으니, 잔돈은 꼼꼼하게 확인하는 것이 좋겠다!

Episode #2

학교 친구들과 다운타운에 있는 레스토랑에서 저녁을 먹기로 했다. 다운타운을 둘러 보던 중, 우리 마음에 쏙 드는 다소 고급스러워보이는 레스토랑을 발견했다. 레스토랑 앞에 있는 가격표를 살펴 보니, 조금 비싸긴 했지만 오랜만에 기분내는 셈치고 들어가기로 했다. 주문한 스파게티와 스테이크를 맛있게 먹은 뒤 받은 계산서에는 예상보다 비싼 가격이 청구돼있었다. 잉? 왜 이렇게 비싸? 웨이터를 불러 물어보니, 웨이터가 친절하게 팁이 이미 포함된 가격이라 그런 것이라고 설명했다. 자세히 계산서를 들여다보니 Gratuity라고 해서, 음식 가격의 15%가 팁으로 청구돼있었다. 우리는 네 명으로 사람 수가 많지도 않았지만, 고급 레스토랑이라 그런지 Gratuity가 존재했던 것이다! 알고보니, 레스토랑 앞 쪽에 'Gratuity Charge'라고 떡하니 쓰여있다. 이렇게 눈뜨고 도둑맞는 기분으로 팁을 지불해야 할 수도 있으니 Gratuity를 요구하는 레스토랑인지 미리 확인해보자.

Episode #3

미국에서는 팁이 당연한 문화이기는 하지만, 팁 문화에 익숙한 미국인들 조차도 팁에 관해서는 논란이 일기도 한다. 미국의 한 목사가 20명의 일행과 함께 식당에서 식사를 했고, 그 식당은 18%의 Gratuity를 요구했다고 한다. 그러자 목사가 "나는 신에게도 10%의 팁을 주는데 왜 당신에게 18%의 팁을 줘야 하나"라는 글을 남기고 팁을 주지 않았다고 한다. 팁을 받지 못한 웨이터의 동료가 이 사건을 인터넷에 올렸고 해당 목사와 종교를 비난했다고 한다. 팁 문화를 만들어낸 미국인 조차 팁을 지불하지 않는 경우가 있는데, 우리도 외국이이라서 모르는 척 넘어가면 안 되는걸까? 하지만 팁은 미국의 문화이며, 미국에서 공부하는 우리에게 미국의 문화를 체험할 수 있는 하나의 기회라고 할 수 있다. 로마에 가면 로마 법을 따르듯이, 미국에서는 미국의 문화를 존중해야한다고 생각해야 한다.

악명높은 미국의 미용실 이발소

미국의 미용실

넓고 깨끗한 내부 모습!

"푸하하! 너 머리에 폭탄 맞았어?"

새로 바뀐 친구의 헤어스타일을 보고 빵터진 나와 친구들! 미용실에서 어제 머리를 잘랐다는 나의 친구는 거의 울상이다.

"내가 그래서 오늘 학원 안 오려고 했는데…."
"아하하! 진짜 웃겨~"

한국에서는 미용실에 다녀온 날이면, 드라이까지 마친 완벽한 헤어스타일에 없던 약속도 만들어내는 경우가 많다. 하지만, 미국의 미용실의 사정은 다르다? 미국의 미용실과 이발소는 한국에 비해 미용기술이 뒤처져있다고 한다. 무엇이든 앞서가는 나라인 미국에서 미용기술이 발달하지 못했다니! 미용에 민감한 유학생들에게는 참으로 안타까운 소식일 수 밖에 없다. 그래서 많은 유학생들이 방학 때 한국에 들어와서야 미용실에 가는 모습을 자주 볼 수 있을 것이다. 이는 미국인과 한국인이 생각하는 예쁜 헤어스타일이 다르고, 동양인과 서양인이 모발이 다르기 때문이기도 하다.

한국의 미용실에서 머리 감겨주기부터 드라이까지 완벽한 서비스를 제공하는 것이 보통이지만, 미국의 미용실에서는 머리를 감거나 드라이를 하면 추가비용이 발생한다는 점도 명심해야 한다. 게다가 미용사에게 15% 정도의 팁을 주는 것이 기본 매너이다. 팁까지 포함해서 계산해보면, 한국의 미용실보다 미국의 미용실 가격이 더 비싸다. 또한 미국에서 미용실을 이용할 경우, 머리와 관련된 영어 표현을 몰라서 자신이 원하는 헤어스타일과는 거리가 멀어지는 상황도 더러 발생한다. 미용실이나 이발소를 찾아가기 전에, 자신이 원하는 헤어스타일과 관련된 영어 표현은 익히고 가는 것이 좋다. 자신이 원하는 스타일의 사진을 미리 준비해서 미용사에게 보여주는 것도 좋은 방법이다. 동양인의 헤어스타일에 대한 이해와 숙련도가 높은 한국 미용사를 찾아가는 것도 보다 나은 헤어스타일을 만들 수 있는 방법이다.

샴푸와 린스도 판매하는 중

과감하게 한 번 미국 미용실을 이용해보는 것은 어떨까?

주희의 미용실 이용하기

앞머리로 긴 얼굴을 가려야하는 나에게는 앞머리는 사막의 오아시스같은 존재이다. 미국에서 장기간 어학연수를 해야했던 나는 앞머리를 자르기위해 미용 가위를 들고 갔다. 미국에 가기 전, 한국의 미용실에서 앞머리 예쁘게 자르는 법을 전수받은 나는 앞머리가 눈을 찌르기 시작할 때, 자신감있게 앞머리를 싹둑 잘랐다. 그런데 이게 왠 일?
"푸하하! 주희야! 너 앞머리가 왜 그래?"
태어나서 처음으로 앞머리를 혼자 잘라본 결과는 처참했다. 들쭉날쭉 길이가 맞지 않는 나의 앞머리!
"힝… 이 일을 어쩌지…?"
설상가상으로 뒷머리도 많이 상해, 다듬어야하는 상황이 닥쳐왔다.
"미국에서 미용실은 절대 가지 말라던데…."
울면서 걱정하고 있는 나에게 친구가 한인타운에 있는 미용실을 추천했다.
"한국인이어서 원하는 헤어스타일도 정확하게 전달할 수 있고, 실력도 괜찮아~"
"그래?"
기쁜 마음으로 한인타운에 있는 미용실에 전화를 해 예약을 했다. 때마침, 중국인 친구인 신링도 머리를 자르고 싶다며 함께 가자고

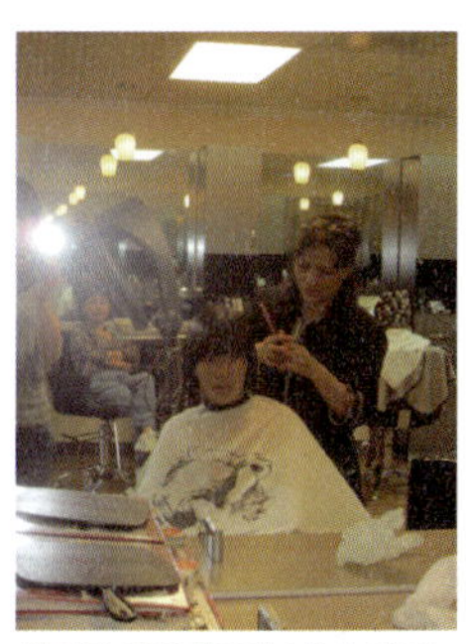
한국인 미용사에게 머리 자르는 신링

해 우리는 미용실에 도착했다.
"저 앞머리는 자르고, 뒷머리는 다듬어주세요!"
나의 한국말을 귀신같이 알아듣고, 머리를 손질해주는 미용사 아줌마 ☺ 한국에서처럼 세련된 스타일은 아니었지만, 나름대로 마음에 든다. 손질을 마친 나의 머리를 보더니, 신랑도 마음에 든다면서 자신도 자르겠다고 했다. 한국어가 되지 않는 신랑은 미리 준비해온 사진을 보여주며 이 헤어스타일대로 잘라달라고 말했다. 그 결과는? 신랑도 마음에 든다며, 무려 20%의 팁을 남겼다. 한국에서만큼 세련된 스타일은 아니지만, 생활에는 크게 지장 없을 정도의 스타일은 연출할 수 있다!

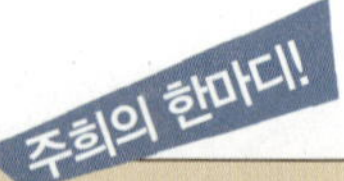

머리할 때, 알아야 할 영어 표현

미국의 미용실에서 미용사가 "Where do you want your hair parted?"(가르마는 어느쪽으로 타드릴까요?) 라고 물었더니, 한국인이 어느 나라에서 왔냐고 묻는지 알고 "I am from South Korea." (나는 남한에서 왔어요.) 라고 대답한 적이 있다고 한다. 이런 뻘쭘한 상황을 피하기 위해서 미용실에서 사용할 수 있는 간단한 영어표현을 알아보자.

★ I'd like to get a haircut. 머리를 자르고 싶어요.

★ I'd like to get (have) my hair trimmed. 머리를 다듬고 싶어요.

★ Can I thin out the hair? 숱 좀 쳐주시겠어요?

★ I'd like to get (have) my hair colored. 머리를 염색하고 싶어요.

★ I'd like to get (have) my hair permed. 머리를 파마하고 싶어요.

★ I want to cut it short. 머리를 짧게 자르고 싶어요.

★ I part my hair to the right/left. 가르마를 오른쪽/왼쪽으로 탑니다.

★ Can I leave the bangs? 앞머리는 그대로 두세요.

★ Shampoo and blow dry, please. 샴푸와 드라이 해주세요.

★ I like my haircut shoulder-length. 머리를 어깨길이로 잘라주세요.

몸이 아플 때

01. 병원에서 의사선생님 만나기

"주희야! 너 눈이 빨개~ 병원가봐야하는 거 아니야?"

이상하게 왼쪽 눈이 토끼처럼 빨개진 나를 보고, 친구들이 걱정하며 병원에 가보라고 한다. 하루 정도 지나면 괜찮아 질 것이라고 생각했는데 이게 웬 걸? 다음 날이 되니 눈이 더 빨개졌다. 이대로는 안되겠다 싶어서 학교가 끝나고, 학교 내에 있는 병원을 찾아갔다. 병원 진료 시간은 이미 끝났고, 응급실에서 의사를 만날 수 있다고 한다. 접수대 에서 미리 준비해 간 보험가입증서와 여권을 제출하니, 조 금 기다리라고 한다. 한 30분 정도를 기다렸더니, 간호사 가 나를 의사에게 안내했다.

24시간 문을 여는 약국

"무슨 일로 왔니?"

라고 묻는 의사에게 눈이 빨개져서 왔다고 하자, 내 눈을 유심히 들여다본다.

처방전 없이도 살 수 있는 약

"눈에 염증이 나서 그래. 앞으로 일주일 간은 콘택트 렌즈 끼지마."

헉! 나 콘택트 렌즈 안끼고 안경쓰면 완전 못생겨지는데!

"그럼 한 쪽 눈에만 렌즈끼면 안돼?"라고 얼토당토않는 질문을 하자, 의사가 웃으면서 "안경써도 예쁘니까, 나같으면 렌즈 안 끼겠어~"라고 대답한다. 이런 센스쟁이!

간호사의 설명에 따르면, 처방전을 가지고 약국에 가서 안약을 사야한다고 한다. 청구된 금액을 확인하니… 헉! $100이 넘는 가격이다! 아니 바가지도 이런 바가지가 있나! 나는 눈물을 머금으며 신용카드로 계산을 했다. 그래도 기쁜 소식은 보험 처리가 가능하다는 것! 한국에 돌아가서 보험회사에 청구하기 위해 영수증과 진단서 등 병원에서 주는 모든 서류를 챙겨왔다. 나중에 한국에 돌아와서 관련 서류를 보험회사에 제출하고, 해당 비용을 보상받을 수 있었다!

02. 약국에서 약 사기

의사 선생님이 처방해준 약을 사기 위해 약국으로 출발! 약국 체인점인 월그린(Walgreen), CVS 그리고 랄프스(Ralphs)와 같은 상점에서 약을 구입할 수 있다. 보통 약국 체인점은 24시간 운영하는 곳이 많아 늦은 시간에도 몸이 아프면 이용할 수 있다. 약국 체인점에서 차에서 내리지 않고 필요한 상품을 구입할 수 있는, Drive-through

약을 살 수 있는 Pharmacy

약사에게 처방전을 내고, 약을 받을 수 있는 곳

어마어마한 양의 약들이 진열되어 있다! 가격도 비싸지 않고, 약효도 좋다

가 가능한 곳도 있어 편리하게 약을 구입할 수 있다. 약국에는 약사가 있고, 약사에게 처방전을 주면 필요한 약을 처방해준다. 처방전이 없더라도 감기약, 두통약, 위장약, 무좀약은 살 수 있다. 참고로, 처방전이 필요한 약은 medicine 그리고 처방전이 필요없는 약은 drug라고 한다. 미국의 약국에는 다양한 종류의 약들이 진열되어 있어, 약을 선택하는 것이 쉽지 않다. 자신에게 어떤 약이 필요한지 잘 모르는 경우에는 약사에게 문의하면 친절하게 알려준다.

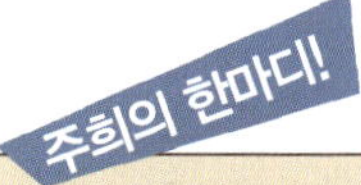

아플 때 유용한 영어 표현을 알아두자!

★ I feel dizzy.　머리가 어지럽다.

★ I have a terrible headache.　심한 두통이 있다.

★ I have a sore throat.　목이 아프다.

★ I have a frog in my throat.　목소리가 쉬다.

★ I have a cramp in my foot.　발에 쥐가 나다.

★ I have tight muscle around my neck.　목 주위 근육이 뭉치다.

★ I have a running nose.　콧물이 흐르다.

★ I sprained ankle.　발목을 삐다.

★ Fill your prescription.　처방전에 따라 약을 처방하다.

★ Over the counter drug.　처방전이 필요없는 약

미국의 교통수단

01. 버스

미국의 버스 운행 간격은 30분에 한 대 정도라고 보면 된다. 버스 안, 버스 정류소 그리고 버스 카드를 판매하는 곳에서 버스 스케줄이 적힌 종이를 구할 수 있다. 자주 타는 버스의 스케줄이 적힌 종이는 항상 지니고 다니는 것이 좋다. 미국의 버스는 예정된 스케줄보다 빨리 오는 경우는 드물고, 5분에서 10분 정도 늦는 것이 보통이다. 한국처럼 정류소에서 버스가 언제 도착할지 실시간으로 안내해주는 서비스가 없다. 버스는 앞 문으로 타며, 탈 때 요금을 지불한다. 버스 요금에 맞게 정확한 지폐와 동전을 준비하는 것이 좋은데, 거스름돈을 돌려받을 수 없기 때문이다. 한 번은 동전이 없어 $2를 내고, 버스 기사에서 거스름돈을 요구했더니 돌려줄 수 없다는 난감한 대답만 돌아왔다. 버스 요금은 지역마다 차이가 있지만 한 달 패스를 구입하면 보다 저렴하게 이용할 수 있다. 매일 학원이나 학교에 버스를 타고 통학하는 학생이라면, 한 달 패스를 구입하는 것을 추천한다. 정류소를 안내해주는 안내방송은 따로 없으며 버스 기사가 안내해주기는 하지만 알아듣기 어려운 경우가 많다. 익숙하지 않은 곳에 가는 경우라면, 미리 버스 기사에게 내려야 할 정류소를 말하고 목적지에 도착하면 안내해줄 것을 부탁하는 것이 좋다. 미국 버스는 버스 외부에 자전거를 싣고 고정시킬 수 있는 장치가 있다는 점이 특이하다. 우리나라에서는 자전거를 탄 사람이 버스를 타는 모습을 보기 힘들지만, 미국에서는 흔히 볼 수 있는 풍경이다. 미국 버스에서는 내리기 전에 천정에 붙어 있는 와이어(줄)를 잡아당기면 기사에게 내려달라는 표시이다. 외관은 한국 버스와 크게 다른 점이 없지만 시스템은 은근히 다른 점이 많다.

가난한 유학생으로서 비싼 택시를 탈 일은 거의 없지만 3~4명의 친구들과 함께 이동해야하거나 짐이 많을 경우에 이용하면 편리하다. 늦은 시간에 귀가해야할 때도 콜택시를 부르면 안전하게 귀가할 수 있다. 미국의 택시는 벤과 일반 승용차 크기의 택시가 있는데, 벤은 보다 많은 사람들을 태우기 위한 수단이다. 벤의 기본요금이 더 비쌀 것이라는 예상과 달리 벤과 일반 승용차 택시는 기본 요금에는 차이가 없다. 공항이나 대도시에는 손님을 태우려하는 택시들을 자주 볼 수 있지만, 그렇지 않은 지역에서는 택시를 잡기 힘들다. 보통 손님이 탑승하면 미터기를 켜고 요금을 계산하고, 운전기사에게 팁을 줘야한다. $1나 $5 같이 잔돈이 없어 팁을 주기 애매한 경우에는, 큰 단위의 화폐를 주면서 "얼마만 거슬러주세요."라고 말하면 된다. 로스앤젤레스나 시애틀같은 대도시의 경우에는 한인 택시도 볼 수 있는데, 한인 택시는 보다 저렴한 가격에 이용할 수 있는 장점이 있다.

미국 서부의 각 도시마다 버스와 택시를 제외한 특별한 대

1 버스 앞에 자전거가 매달려있다
2 유리창 옆에 노란 줄을 잡아당기면 내려달라는 의미
3 시애틀 버스! 하늘 위에 설치된 전선을 따라 움직인다~
4 버스 번호를 잘 확인하고 타자

샌프란시스코의 바트

중교통이 있다. 예를 들면, 시애틀에는 모노레일이 그리고 샌프란시스코에는 바트라고 불리는 지하철이 있다. 로스앤젤레스에도 지하철이 있으며, 샌디에고에는 트롤리가 있다. 시애틀의 모노레일은 운행하는 구간이 짧지만, 스페이스 니들과 다운타운을 연결한다. 운전석 옆의 맨 앞자리에 앉으면 시애틀의 풍경을 넓은 유리창을 통해 볼 수 있어 인기가 많다. 샌디에고에 있는 트롤리는 지상에서만 운행되는 간단한 기차라고 표현할 수 있다. 샌디에고의 트롤리는 주요한 3개의 노선이 있으며, 운행하는 구간이 광범위하다. 트롤리는 자칫하면 다른 방향으로 가는 기차를 탈 수도 있는데, 열차 앞의 전광판 색깔을 확인하고 타야 한다. 트롤리는 자율적으로 기계에서 표를 사서 이용하며, 매번 티켓 검사를 하지는 않지만 가끔씩 불시에 티켓 검사를 하는 경우도 있으니 무임승차를 조심해야 한다.

미국의 영화관

"오늘 영화보러 갈래?"
"좋아! 무슨 영화볼까? 아이언맨 3 어때?"

미국에서 흔히 즐길 수 있는 문화생활은 바로 극장에서 영화 보기! 티켓 창구에서 현재 상영 중인 영화, 상영예정 중인 영화, 그리고 영화 시간표에 관한 정보를 확인할 수 있다. 미리 극장 홈페이지를 통해 영화 시간을 알고가는 것도 가능하다. 영화관의 가격은 $9에서 $12 사이라고 생각하면 된다. 미국 영화관에도 조조할인과 같은 개념이 있는데, 낮에 보는 경우에는 Matinee라고 해서 할인을 받을 수 있다. 학생증을 제시하면 할인해주는 영화관도 있으니 표를 살 때, 물어보는 것이 좋다. 미국의 영화관에서는 팝

현재 상영중인 영화와 시간을 영화관 입구에서 확인할 수 있다

미국 영화관의 외관

영화관 내부의 매점 모습! 달달한 팝콘냄새가 다이어트를 방해한다

영화관 스크린! 크루즈 패밀리가 끝나고 나오는 장면이 예뻐서, 찰칵

상영관만 적혀있고, 좌석 번호는 적혀있지 않다! 먼저 오는 사람 이 좋은 자리의 임자!

콘, 음료, 나쵸, 프레즐, 초콜렛과 같은 간식거리도 판매한 다. 미국 영화관에서 판매하는 팝콘과 콜라 사이즈는 한국 에 비해 매우 크므로 친구들과 나눠먹는 것이 좋다. 상영 관으로 들어가는 입구에서 표를 검사하는 직원이 있으며, 영화 티켓에 쓰여진 상영관 번호를 찾아 들어가면 된다. 미국의 영화관과 한국의 영화관의 가장 큰 차이점은 미국 에서는 지정된 자석이 없다는 점이다. 미국에서는 표를 구 입한 순서에 상관없이 상영관에 먼저 도착한 사람이 선착 순으로 원하는 자리에 앉을 수 있다 따라서 좋은 자리에 앉 아서 보고 싶다면, 영화관에 빨리 도착하는 편이 좋다.

주희의 미국 영화관 적응기

"이잉~ 우리 영화보러 갈까?"
"영화봐도 못 알아들을 것 같은데….'
"에이~ 영화보면 영어 실력이 늘거야~ 가자!"
영어를 잘 알아들을 수 없어 영화관에 가기를 꺼리던 이잉을 꼬셔 미국에서 처음으로 영화관에 가보게 됐다! 티켓 창구에서 상영 중인 영화를 쭉 둘러보던 이잉과 나는 아무래도 아이들을 위한 애니메이션이 알아듣기 쉬울 것이라고 생각해 〈HOP〉이라는 영화를 선택했다.

"팝콘 먹을래?"

달콤한 팝콘 냄새에 이끌려 팝콘과 콜라를 사기로 한 우리! 크기는 뭐가 좋을까 고민하다가 둘이니까 라지 사이즈를 시키기로 했다. "팝콘에 버터 발라드릴까요?"라고 직원이 묻는다. 아쉽게도 한국의 영화관처럼 양파팝콘, 치즈팝콘같이 다양한 맛의 팝콘은 없는 듯 했다. 하지만 담백한 팝콘과 버터를 가미해 고소한 팝콘 중에 선택할 수 있었다.

"주문하신 팝콘이랑 콜라 나왔습니다."

한국에서의 팝콘 크기를 상상했던 내가 실제로 받은 라지 사이즈 팝콘의 크기는 어마어마했다! 이렇게 많은 팝콘을 언제 다 먹어? 〈웰컴투동막골〉이라는 영화에서 옥수수가 터져 팝콘이 만들어지는 장면처럼 겁나 많은 양의 팝콘을 받아든 나와 이잉은 상영관으로 향했다. 상영관으로 들어가기 전, 좌석을 확인하려고 티켓을 확인하는데… 잉? 좌석 번호가 없다? 뭐가 잘못됐나 싶어 표를 검사하던 직원에서 물어보니 앉고 싶은 자리에 앉으면 된다고 한다! 미국 영화관 이용 초보 손님인 이잉과 나는 영화를 보기 전부터 다양한 해프닝을 경험했다. 중간 정도 쯤에 자리를 잡고 영화를 재밌게 보는 데 성공했지만, 영어의 벽은 높아 내용을 완전히 이해하지는 못했다.

미국 영화관 하면 여러가지가 떠오르지만 그 중에서도 가장 기억에 남는 영화는 두 편이다. 행오버의 후속편으로 나온 〈21 and over〉라는 영화를 볼 때에는 나와 친구들을 포함해 단 네 명만이 영화를 관람했다. 마치 영화관을 대관한 VIP가 된 기분을 만끽할 수 있었다. 또 기억에 남는 영화는 탐 크루즈가 주연한 〈오블리언〉이라는 영화인데, 영화를 보던 중 갑자기 한 사람이 밖으로 나가기 위해 문을 열었는데 삐뽀삐뽀하는 사이렌 소리가 영화관을 울리기 시작했다. 원래 이용하면 안 되는 출구였는지, 계속해서 시끄러운 사이렌 소리가 멈추지 않자 사람들이 장난식으로 "우리는 환불을 원해!"라며 야유를 보내기 시작했다. 문제의 문을 연 장본인은 "미안! 미안!"이라면서 어쩔줄 몰라했다. 시간이 조금 흐른 뒤, 사이렌 소리가 멈춰 사건을 일단락됐고 이 해프닝으로 미국인들의 유머 감각을 확인할 수 있었다.

영화관에 오직 우리뿐!

미국 영화관에도 귀여운 장식이 많아 사진찍기 좋다

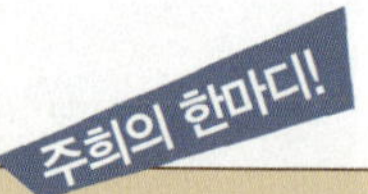

영화와 관련된 영어 회화를 알아보자

★ I'd like two tickets for Iron Man please.   아이언맨 티켓 2장 주세요.

★ Do you have a student discount?   학생 할인 되나요?

★ I'd like a medium popcorn and a small coke please.
중간 크기 팝콘이랑 작은 크기 콜라 주세요.

★ This movie is showing on theater ten.   이 영화는 10번 상영관에서 상영합니다.

★ They are showing the commercials now.   지금 광고하고 있어.

★ Could you please pass me the popcorn?   팝콘 좀 건네줄래?

★ Let's watch a comedy movie.   코메디 영화 보자.

★ How was the movie?   영화 어땠어?

01. 미국의 우체국

우리나라의 우체통이 빨간색인데 반해, 미국의 우체통은 파란색이다. 어학연수를 하는 학생의 경우 보통 미국의 우체국은 미국 내에서 편지나 소포를 보낼 때 그리고 한국으로 편지나 소포를 보낼 때 이용한다. 한국을 포함한 미국 외의 지역에 소포를 보낼 때, 세 가지의 우편 서비스 중 한 가지를 고를 수 있다.

소포를 부치려는 학생

1~3일 정도의 배송기간이 걸리는 특급 우편(Express Mail), 3~5일 정도의 배송기간이 걸리는 빠른 우편(Priority Mail), 그리고 마지막으로 6~10일 정도의 배송기간이 걸리는 일반 우편(First Class Mail)이 있다. 우체국에서 박스, 테이프, 봉투, 우표 등 우편과 관련된 물품도 판매하나 가격이 비싼 편이다. 뿐만 아니라 선물용으로 인형이나 장난감을 판매하는 경우도 있다.

미국의 우체통은 파래~

한국으로 소포를 부치고 싶다고 직원에게 말하면, 직원이 정보를 기입하는 종이를 준다. 보내는 사람 정보, 받는 사람 정보, 상자 안에 든 내용물, 대략적인 내용물의 가치 등을 기입하게 되어있다.

본인이 적은 내용을 바탕으로, 소포가 분실되거나 훼손되었을 경우 보상받을 수 있는 금액이 책정된다. 상자 안에 든 내용물을 기입하는 란에는 되도록 정확한 물품명을 기재해

대학교 내에 있는 미국의 우체국

야 한다. 한 번은, 내용물이 Miscellaneous(잡동사니)라고 적었더니 직원에게 꾸중을 들은 적도 있다.

악어가 완전 사랑스럽다

우체국 내부의 모습! 각종 카드와 우편 관련 물품을 판매한다

주희의 우체국 이용하기

내가 새로운 삶을 꿈꾸며 미국으로 떠나기 바로 전! 나의 친구 중에 새로운 삶을 시작한 이가 있었으니! 이름하여 바로 군인 ☺ 군대간 친구에게 편지라도 한 장 쓰는 것이 예의인 듯 싶어 카드를 사기 위해 집 근처 마트로 향했다. 마트에서 마음에 드는 카드를 골라, 가격을 확인하는 순간! 헉! 카드가 왜 이렇게 비싸?! 한국에서는 오백원이나 천원이면 살 수 있는 카드가 미국에서는 무려 $3.5이 넘는 가격이었다! 다른 카드 중에는 무려 $10이 넘는 카드도 있었다. 심지어 디자인도 한국 카드보다 안 예쁜데… 정신적 충격에 빠져 허우적대던 나는 울며 겨자먹기로 카드를 계산했다. 정성스럽게 쓴 편지를 학교가 마치고 우체국에 들려 보내려고

하는데 이건 또 웬일? 카드 한 장을 보내는 가격은 입이 떡 벌어질정도로 비싸다! 한국으로 깃털만큼 가벼운 카드를 보내는 데 드는 비용은 $10! 군대 간 친구 한 번 감동시켜보려다가… 지갑이 거덜나고 말았다.

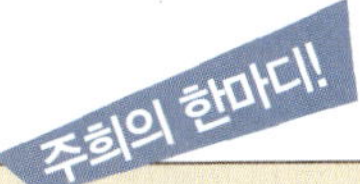

우체국에서 유용한 영어 표현

★ I want send this package to Korea.　이 소포를 한국으로 보내고 싶어요.

★ How would you like it delivered?　어떻게 보내시겠어요?

★ What's inside the parcel?　소포 안에 무엇이 들었나요?

★ There's nothing fragile.　깨지기 쉬운 물건은 없어요.

★ Please insure this parcel just in case.　만일을 위해 소포를 보험에 들어주세요.

★ Please send this mail by express mail.　이 편지를 빠른 우편으로 보내주세요.

★ The postage will vary on the weight.　가격은 무게에 따라 달라집니다.

★ How much is the postage for this?　이거 부치는 데 얼마인가요?

미국인 친구 집에 초대받았을 때

01. 초대받았을 때 지켜야 할 매너

파티 외에도 저녁 식사 초대를 받는 등 미국인 친구 집에 초대받을 경우가 있다. 공식적인 초대장을 받거나 RSVP(회답을 주기 바란다는 뜻)가 있는 경우에는 참석 여부를 미리 알려주고, 참석하기로 했다면 반드시 참석하는 것이 좋다. 미국인 친구 집에 초대받아 가는 경우, 와인, 꽃, 후식 등 부담없는 선물을 준비하면 좋다. 한국에서 미리 준비해 온 선물을 주는 것도 고마움을 표현하는 좋은 방법이다. 외국인들이 좋아하는 한국 선물로는 젓가락과 부채가 있다. 젓가락을 자주 사용하지 않는 외국인들에게는 젓가락이 신기하고 재밌다고 한다. 초대받아 간 집에서 마음대로 방을 돌아다니며 구경하는 행동은 실례가 될 수 있

초대받았던 집들 중 가장 좋은 집!

다들 친구집을 자기 집처럼~ 벌러덩😊

다. 화장실을 찾는 경우라면, 화장실이 어디있는지 물어보는 것이 좋다. 보통 집에 도착하면, 집 주인이 집을 구경시켜주는데 그 때 주인과 함께 집을 구경하는 것은 괜찮다. 누구나 칭찬받는 것은 좋아하기 때문에 주인의 요리솜씨나 집이 예쁘다는 칭찬을 하면 화기애애한 분위기를 만들 수 있을 것이다. 초대한 사람과 친하지 않은 경우에는 가족 관계, 학력, 나이같이 사생활을 침해할 수 있는 질문은 하지 않는 것이 바람직하다. 또한 미국은 각자 먹을만큼의 음식을 개인 접시에 덜어 먹으므로, 적당한 양을 덜어 먹는 것이 좋다.

친구 집을 내 집처럼~ 강아지, 듀크와 즐거운 시간

주희, 미국인 친구 집에 가다!

Episode #1

미국에서 어학연수를 하면서 미국인 친구 집에는 여러 번 초대받은 기억이 있다. 단순히 저녁 식사에 초대받은 적도 있고, 한국 음식을 준비해서 나눠먹은 포트락 파티에 초대받은 적도 있다. 심지어 미국인 친구의 집에서 3일 정도를 머무른 적도 있다. 그 중에서도 가장 기억에 남는 친구의 집은 바로 쉘비네 집이었다. 쉘비네 집에 가기 전, 빈 손으로 가기가 뻘쭘했던 나는 쉘비에게 "너네 가족들이 뭐 좋아하니?"라고 물어봤지만, "음.. 다 좋아해~ 뭘 사가도 좋아할꺼야!"라는 대책없는 대답만 돌아왔다. 그래서 고심하던 나는 근처 쇼핑몰에서 초콜렛을 구입했다. 싸구려 초콜렛은 또 예의가 아닌 것 같아 나름 돈을 들여 고급스럽게 포장된 고디바 초콜렛을 사기로 했다. 그리고 도착한 쉘비네 집! 가기 전에는 몰랐지만, 쉘비네 집에는 5살짜리 매덕스라는 꼬마 아이가 살고 있었다. 매덕스와 가족들에게 준비해 온 초콜렛을 선물이라며 줬더니, 유난히 매덕스가 좋아하는 모습을 볼 수 있었다. 나비와 꽃이 그려진 포장지를 뜯어보고는 "Wow! Wow!"를 연발한다. 심지어 아빠와 엄마에게 초콜렛에 절대 손대지 말라고 말하는 매덕스. 나에게 다가와서는 나를 꼬옥 안아주며 "The present is so cool! Thank you!"(선물이 완전 멋져! 정말 고마워)라고 말한다. 마음에 드는 선물을 받아서인지는 몰라도 집에서 지내는 동안 정말 친절하게 대해줬던 귀여운 매덕스 덕분에 즐거운 시간을 보냈다.

메덕스와 함께! 메덕스가 사진찍는 것을 좋아한다~

세상에서 제일 사랑스러운 베이
비~

메덕스와 즐거운 게임하기! 내가
하려고 했더니, 자기 차례라면서
기다리라 한다!

한국 음식을 먹어보고 싶다는 친구네 홈스테이 가족들을 위해 뭉친 한국인 친구들! 한인마트에서 산 재료를 가지고 김밥도 만들고, 전도 부치고, 김치까지 준비했다. 한국 음식을 처음 먹어본다며 기대하던 친구네 홈스테이 가족들은 맛있다며 준비한 한국음식을 싹싹 비웠다. 홈스테이 가족들은 우리를 위해 미국식 저녁 식사도 준비해두었다. 가족들이 준비한 음식 중에 샐러드가 있었는데, 그 중에서도 이상하게 생긴 채소가 있었다. 무엇이냐고 묻자 아스파라거스라고 한다. "먹어봐! 맛있어~"라고 하는 말에 한 입 먹어봤지만…. 뜨억! 도저히 못 먹겠다. 주인 아주머니가 내 표정을 봤는지 입맛에 맞지 않으면 먹지 않아도 된다고 친절하게 말해준다. 그래도 예의상 남기면 안 될 것 같아 꾸역꾸역먹고 있었는데 주인 아주머니가 진짜 괜찮으니 남겨도 된다고 한다. 나중에 미국인 친구에게 슬쩍 물어보니, 음식이 입에 맞지 않아 남기는 것은 전혀 무례한 것이 아니라고 한다. 초대받기 전에, 알러지가 있는 음식이나 먹지 못하는 음식을 미리 귀띔해주는 것도 괜찮다고 한다.

그리고 식사가 끝나고 수다를 떨고있는데, 갑자기 주인 아저씨가 한국의 랩을 듣고 싶다고 한다. 랩? 아는 랩이 없긴 하지만…. 내가 좋아하는 브라운아이드걸스 노래, "My Style"에 나오는 랩 부분을 잠깐 부르기로 했다. 정말 쥐구멍에 숨고싶을 만큼 민망한 랩 실력이지만, 즐거워하는 미국인 가족들! 홈스테이 집의 딸이 나의 저질 랩에 대한 답가로 미국의 랩을 들려주었다. 역시나! 일반 영어도 못 알아듣는데 랩은 더욱 못 알아듣겠다. 그래도 난데없는 랩으로 흥겨움은 Up!

미국으로 어학연수를 떠나면서 학생들이 영어 이름을 만드는 경우가 많다. 학교에서도 출석을 부를 때, 영어 이름이 있는지 그리고 어떤 이름으로 불리고 싶은지 물어보는 선생님이 많다. 자신이 원하면 마음에 드는 뚝딱 이름을 만들 수 있는 것이다.

그렇다면 20년이 넘는 세월동안 한국 이름으로 불려져왔는데, 굳이 새로운 영어 이름이 필요할까? 하루 아침에 주희에서 크리스티로 불린다면 기분이 굉장히 묘할 것 같다. 개인적으로 자신의 이름이 지나나 유라같이 외국인들이 발음하기 쉬운 경우라면, 영어 이름이 따로 필요하지 않다고 생각한다. 그러나 이름에 '의'나 '휘'와 같이 외국인들이 발음하기 어려운 음절이 들어가있다면 영어 이름을 가지는 것도 나쁘지 않다.내 친구의 이름은 현의인데 외국인 친구들이 발음하지 못해 헤일리라는 비슷한 영어 이름을 만들었다.

02. 주희가 줄리가 된 사연

"Judy, your coffee is ready!"

계속해서 Judy를 찾아대는 스타벅스 직원. "누군데 자기 커피를 안 찾아가는 거야?"라고 생각하고 있는 찰나! "Judy! Your caramel macchiato is ready!"라고 웃으면서 말하는 직원이 나를 뚫어지게 쳐다본다?

"나? 설마 저 커피가 내 커피인가?"

혹시나 하는 마음에 다가가서 내가 주문한 그런데 사이즈의 캬라멜 마끼야또가 맞냐고 물었더니 그렇다고 한다. 이런! 내 이름은 분명히 Joohee인데 왜 Judy가 된거지? 주문할 때, 이름이 뭐냐고 묻는 직원에게 Joohee라고 또박또박 말했는데?

나의 수난은 여기서 끝나지 않았으니, 홈스테이 아줌마인 다이애나에게 내 이름은 Joohee라고 말했더니, Juny? Julie? Judy?라고 계속해서 되묻는 다이애나!

거듭되는 나의 설명에도 결국 다이애나는 나를 Juny라고 부르기로 했다….
그리고 처음 만난 학교 친구들에게도 나의 이름을 소개했더니 역시나 발음하는 데 어려움을 겪는다. 친구들이 나를 뒤에서 "Judy!"라고 부르면 당연히 나는 뒤를 돌아보지 않았는데! 알고보니 나를 부른 것이라고 한다. 내 이름이 발음하기 어렵다는 생각은 한 번도 해본적이 없었는데, '영어 이름을 만들어야 하나?' 하는 생각이 들었다. 그래서 생각해낸 이름이 바로 크리스티(Christy)! 나의 세례명인 크리스티나를 줄여서 크리스티로 영어 이름을 만들었다. 룸메이트인 킴벌과 킴벌의 친구들을 처음 만난 날, "My name is Christy."라고 소개했더니 갑자기 친구들의 웃음이 터지고 말았다.

그래도 나는 주희라는 이름이 더 좋다

"Christy?"

왜 하필 이름이 크리스티냐고 나를 놀려대는 친구들!그럼 넌 왜 이름이 킴벌이냐? 임마!!! 그러더니 친구들이 둘러앉아 나를 위한 영어 이름 짓기에 돌입했다. 주희라는 이름과 비슷한 영어 이름이 기억하기 좋다는 것이 이유에서였다. 후보로 거론된 이름들은 Julie, Julia, 그리고 Jenny

가 있었다. 그 중에서도 Julie가 가장 외위기 쉽다고 생각해서 나는 Julie로 새로 태어났다! 이름을 Julie로 바꾼 이후에는 스타벅스 직원도 내 이름을 찰떡같이 잘 알아듣게 됐다.

03. 나에게 맞는 영어 이름 찾기

남자 이름				
Alex	Andrew	Andy	Barry	Ben
Brandon	Brian	Carlos	Charles	Chris
Daniel	David	Derek	Dustin	Emanuel
Eric	George	Grant	Jacob	James
Jason	Jeremy	Jim	John	Jonathan
Joshua	Julian	Kevin	Matthew	Mike
Nathan	Nick	Patrick	Philip	Ryan
Scott	Sean	Steve	Thomas	Victor

여자 이름				
Alechia	Amanda	Amy	Annie	Ashley
Beth	Bianca	Caroline	Christine	Cori
Dorothy	Emma	Emily	Erika	Hailey
Heather	Irene	Janie	Jasmine	Karen
Katie	Katherine	Katrina	Kelly	Kelsey
Kimberly	Laney	Leah	Lindsey	Luna
McKenzie	Monica	Olivia	Paige	Rachel
Rebecca	Sarisa	Serena	Sophia	Stacy
Stella	Tracy	Trisha	Victoria	Zoe

마지막 마무리로, 간단한 Q&A

Q&A

Q: 미국 어학연수가 다른 나라보다 비용이 많이 드나?

A: 미국 어학연수가 다른 어학연수 국가에 비해 비용이 많이 든다고 생각하는 사람이 많다. 그러나 미국 어학연수가 무조건 비싸다는 것은 편견일 수 있다. 거주하는 지역, 숙소의 종류, 그리고 학교의 종류에 따라 어학연수 비용은 달라질 수 있다는 점을 기억하자.

Q: 미국 어학연수에 드는 비용은 얼마 정도?

A: 미국 어학연수 비용은 보통 1년에 3천만 원에서 3천 5백만 원 정도라고 한다. 물론 개인마다 차이가 있겠지만, 평균적으로 학비, 숙소비, 용돈, 항공, 비자, 보험 등을 전체적으로 고려해서 드는 비용이라고 생각하면 될 것 같다. 나 같은 경우에는, 다른 친구들보다 조금 더 호화롭게 어학연수를 마친 편인데 총 9개월 어학연수 동안 약 3천만 원 정도의 비용이 들었다.

Q: 수많은 과정 종류들이 있는데, 어떻게 다를까?

A: 미국 어학연수 중에 가장 헷갈렸던 것이 바로 학교와 학원에서 제공하는 과정의 종류들이었다. 캠브리지 준비반, 테솔, 테플, 그리고 특별 영어 반 등 수많은 과정 종류들 중 무엇을 선택해야 하는가! 지금부터 과정 종류들에 대해 간단히 알아보자.

ESL (일반영어)	가장 많은 학생들이 선택하는 과정으로 일상회화에 필요한 읽기, 듣기, 쓰기, 말하기 능력을 학습
시험 준비 영어	시험 준비 영어는 특정 시험에서 일정한 점수 이상을 획득하는 것을 목표로 하는 과정 토플/ GRE/ GMAT/토익/아이엘츠/Cambridge시험준비반 등
특수 목적 영어	특정 전공이나 관심 분야에 특화된 영어 과정들 법률영어, Medical English, English Plus Art 등
진학 준비 영어	미국 대학 진학을 목표로 하는 과정 일정 수준 이상의 영어 실력을 요구하는 경우가 많음 EAP/ Pre-MBA/ Pre- Master
비지니스 영어	영어 인터뷰, 영어 프리젠테이션, 영어 이력서 작성 등 비지니스의 기초뿐만 아니라 해외영업에 필요한 영어회화를 배우는 과정 비즈니스 영어과정 후 현지 미국회사에서의 인턴쉽 프로그램도 가능

Q&A

Q: 미국에서 한국으로 공짜로 전화할 수 있을까?

A: 한국에서 핸드폰을 미리 구입해서 간 경우에는, 한국으로의 무료 문자나 무료 전화가 제공되는 경우가 있다. 그러나, 미국 내에서 핸드폰을 구입한 경우라면 한국으로 전화하거나 문자하는 비용이 비싸다. 우리가 사용할 수 있는 무료 전화는 바로 070 인터넷 전화와 스카이프이다. 070 인터넷 전화는 한국에 한 대의 전화, 그리고 미국에 한 대의 전화를 두고 무료로 전화할 수 있다. 다만, 인터넷으로 전화기를 연결해야하며 나 같이 기계치인 사람에게는 조금 어려울 수도 있다. 누구나 쉽고 간단하게 무료 전화를 할 수 있는 수단은 바로 '스카이프(Skype)'이다. 인터넷이나 핸드폰에 스카이프 어플을 다운받으면, 접속한 사람끼리 무제한으로 화상통화 및 통화를 할 수 있다.

Q: 미국의 화폐 단위는 어떻게 될까?

A: 미국의 화폐 단위는 달러와 센트이며, 달러는 속어로 벅(Buck)이라고 부른다. $1, $5, $10, $20, $50, $100짜리 지폐가 있으며, $10과 $100을 제외하고는 역대 대통령의 얼굴이 지폐 앞면에 그려져있다. 동전은 1센트, 5센트, 10센트, 25센트, 그리고 50센트가 있다. 1센트는 페니, 5센트는 니켈, 10센트는 다임, 그리고 25센트는 쿼터라고 불린다. 참고로 미국의 지폐는 한국의 지폐보다는 크기가 작다. 또한 흔하지 않은 $2 지폐는 지갑 속에 넣고 다니면 행운이 온다는 속설이 있으니, 거스름돈으로 $2 지폐를 받는다면 지갑 속에 챙겨두자.

Q: 미국과 한국의 시차는 어떻게 될까?

A: 미국은 그 크기가 어마어마하게 커서 미국 내에서도 지역에 따라 시차가 있다고 한다. 미국 본토는 Pacific(태평양 표준시), Mountain(산악 표준시), Central(중부 표준시), 그리고 Eastern(동부 표준시)이라는 총 4개의 시간대로 나뉘어져 있다. 미국의 동부와 하와이는 무려 6시간의 시차가 발생한다고 하니 놀라울 따름이다. 그렇다면, 어떻게 미국에서 한국의 현재 시간을 알 수 있을까? 미국 서부의 시애틀, 샌프란시스코, 로스앤젤레스와 샌디에고는 Pacific(태평양 표준시)에 해당한다. 미국의 현재 시각에서 +17시간을 더하면, 한국의 현재 시간이 나온다.

참고로, 4월 첫째 일요일부터 10월 마지막 일요일까지는 서머타임이 적용된다. 이 기간에는 1시간 씩 빨라져, 시차가 1시간 줄어든다는 점을 기억해야 한다. 서머타임은 미국 대부분의 지역에서 시행되지만, 인디아나 주와 에리조나 주 등 실시되지 않는 지역도 있다고 한다.

미국인들이 우리가 영어를 잘하는지 못하는지 구분하는 법이 있을까?

어느 날, 느닷없이 미국인 친구인 트레비스가 나를 부르더니 어처구니없는 질문을 했다.
"주희! 너 이 문장 빠르게 말할 수 있어?"

"어떤 문장?"

호기심에 가득찬 내가 묻자, 트레비스는 정말 빛과 같은 속도로 뭐라뭐라 말했다.

"잉? 뭐야 그게?!"

알고 보니, 트레비스가 랩하듯이 말한 문장은 "Selly sells seashells down by the seashore."라는 문장이었다. 비슷한 듯 다른 여러 단어를 정확하게 그리고 빠르게 말해야하는 것이 관건인데! 이 문장을 정확하고 빠르게 말할 수 있는 외국인은 영어를 잘하는 것으로 인정해준다고 한다. 물론, 이 문장을 빠르게 말하는 것이 영어 실력의 절대적인 척도가 될 수는 없겠지만 재미로 연습해보는 것은 어떨까? 완벽하게 "Selly sells seashells down by the seashore."를 말할 수 있다면, 미국인 친구들이 깜짝 놀랄 것이다.

Q&A

Q: 미국에 아직도 인종차별이 존재할까?

A: 미국 어학연수를 준비하는 친구들에게 가장 많이 받는 질문 중 하나가 바로 인종차별에 관한 질문이다. "미국에서 인종차별을 경험해본 적이 있는가?" 개인적으로 눈치가 없어서 그런지는 몰라도 미국에서 생활하면서 인종차별을 당했다고 생각했던 적은 없다. 그러나 서로의 문화와 특성이 현저히 다르기 때문에 오해가 생기기도 하는 듯 하다. 한 번은 흑인인 나의 친구가 백인이 운영하는 이발소에 가서 머리를 자르고 싶다고 했더니, 미용사가 안 된다고 했다고 한다. 언뜻 보면 인종차별이라고 생각할 수 있지만, 알고 보니 백인 미용사가 흑인 머리를 만지는 법을 몰라서 자를 수 없다고 대답했다고 한다. 나 같은 경우도 미국인 친구들이 "주희! 넌 눈이 안 보예! 눈 뜨고 있는 거야?"라고 놀리곤 했다. 내가 나름 한국에서는 큰 눈이라고 우겨봤지만, 아시안은 다 눈이 작다는 나의 친구들! 어떻게 보면 인종차별이라고 생각될 수도 있지만, 나는 서로 다른 점을 신기하게 받아들이는 것이라고 생각한다. 인종차별이라기 보다는 신체적·문화적 차이라고 생각하고 너무 심각하게 받아들이지 않도록 하자.

Q: 미국에서 책은 비싸다던데, 싸게 살 수 있는 방법 없을까?

A: 미국에서 어마어마하게 비싼 것이 바로 책 값이다. 그래서 학기가 시작할 때마다 책을 사기가 두려워지는 것이 사실이다. 책을 한 학기동안 빌렸다가(렌트) 다시 반납하는 것이 가격이 조금 더 저렴한 편이니 서점에서 렌트가 가능한지 확인해보는 것이 좋다. 렌트가 불가능하다면, 왼쪽 Check 박스의 웹사이트를 비교해보고, 가장 저렴한 책을 주문하는 것도 좋은 방법이다

www.chegg.com
www.textbooks.com
www.amazon.com

America

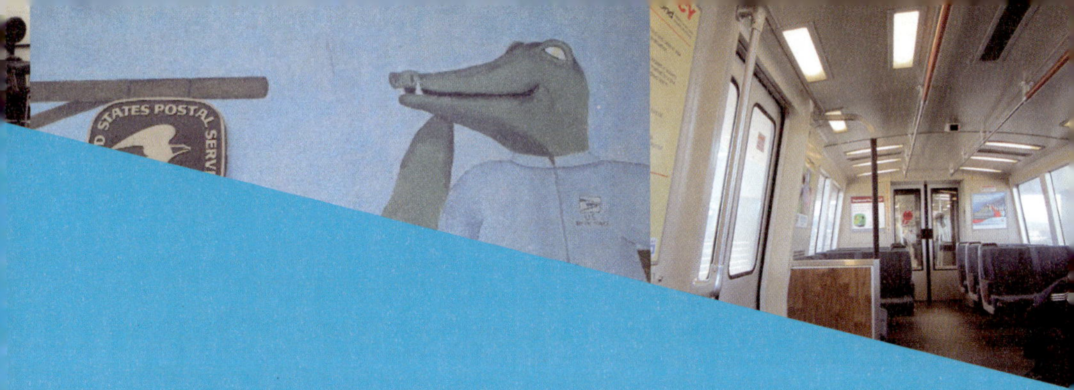

PART 09

안녕, 미국. 안녕, 한국

STEP 01 어학연수에서 얻은 것
STEP 02 네버엔딩 어학연수

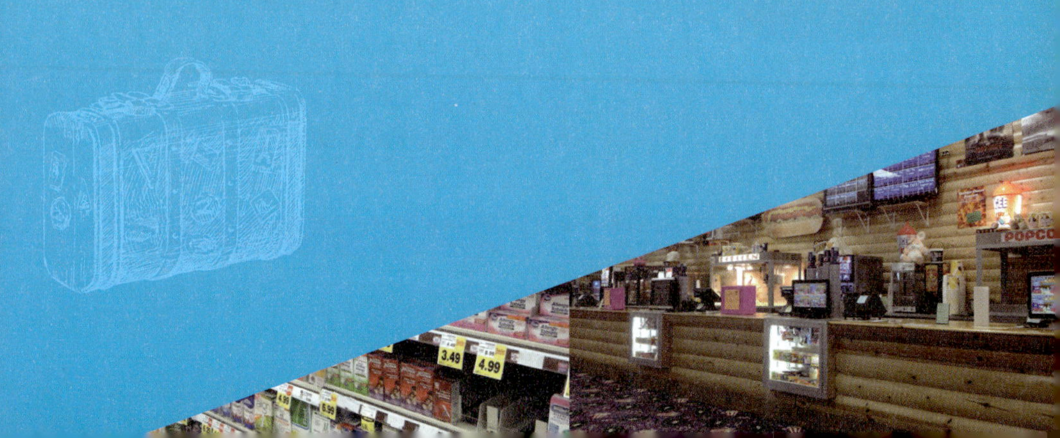

어학연수에서 얻은 것

한국으로 돌아올 때, 공항까지 마중나와준 친구들

한국에서 다시 만난 코지!

THEME 01 세계로 쭉쭉 뻗는 인맥

어학연수에서 얻은 것 중 단연 최고라고 말할 수 있는 것은 바로 외국인 친구들과의 '인맥'이다. 세계 여러 나라에 살고 있는 친구들이 있다는 사실은 정말 축복받은 일이다. 일본, 중국, 말레이시아, 베트남과 같은 아시아권 국가는 물론 이탈리아, 스위스, 브라질, 독일같은 서구권 국가에도 친구들이 있다는 것이 신기할 따름이다. 물론, 미국에 있을 때처럼 매일 얼굴을 보고 놀러다닐 수는 없지만 종종 페이스북이나 스카이프를 통해 연락을 하고 지낸다. 미국에서 어학연수를 마친 지 2년이 지난 지금도 꾸준히 연락하고 안부를 묻는 친구들이 많아 행복하다. 실제로 어학연수 이후, 외국인 친구를 만나러 그 나라에 가는 친구들이 있을 정도로 끈끈한 우정을 과시하는 경우도 많다. 나는 아직까지는 외국인 친구를 만나러 해외에 나가본 적은 없지만, 외국인 친구가 우리나라에 방문한 적은 있다.

바로 캐나다 여행을 갔을 때, 내게 가이드를 해줬던 일본인 친구, 코지가 한국에 잠시 놀러온 것이다. 코지가 함께 어학연수를 했던 한국인 친구의 결혼식에 참석하기 위해 한국에 왔는데, 그 때 다시 코지를 만날 수 있었다. 친구의 결혼식을 보기 위해 비행기까지 타고 한국으로 온 코지! 결혼식 날에 내가 축의금을 내자, 자신도 내고 싶다며 축의금을 내는 센스까지 발휘했다. 결혼식이 끝나고, 전통 혼례복을 입고 신랑과 신부가 폐백하는 모습까지 지켜본 코지는 한국식 결혼이 재밌다고 한다. 참고로 일본에서는 축의금으로 어마어마한 금액을 낸다고 해서 깜짝 놀랐다. 결혼식이 일산에서 있어서, 결혼식이 끝난 후 일산호수공원을 함께 산책했다. 그리고, 코지가 일본에서부터 준비해온 깜짝 선물도 받고 감동의 눈물을 흘렸다! 주말에만 잠깐 한국을 방문한 코지였지만, 미국에서 알고 지낸 코지가 한국에 와서 다시 만나게 되니 신기하기도 하고 재밌기도 했다. 미국에서 어학연수를 마친지 어느덧 2년 정도 지났지만, 아직까지 연락을 주고 받는 외국인 친구들이 있다는 것은 영어실력 만큼이나 어학연수가 내게 남긴 위대한 선물이 아닐까 싶다.

일본에서 온 친구들과 지하철타고 결혼식장으로 출발!

외국인 친구들에게 받은 선물

THEME 02   영어에 자신감이 붙다

미국 어학연수 이후에 얼마나 영어 실력은 향상됐을까? 영어 실력을 정확히 측정하기는 어렵지만, 그래도 공인 영어 시험을 통해 나의 실력을 알아보기로 했다. 그래서 본 시험이 토익 시험과 토익 스피킹 시험, 그리고 토플 시험이었다! 미국에서 돌아오자마자 본 토익 시험에서는 915점을 받았다. '에게! 겨우 915점?'이라고 생각할 수도 있으나 그 흔한 토익 학원 한 번 다니지않고 받은 성적치고는 꽤 만족스러운 성적이었다. 그리고 1급부터 8급까지의 레벨로 나뉘는 토익 스피킹은 당당히 가장 높은 레벨인 8급을 받았다. 사실 토익 스피킹 점수는 크게 기대하지 않았는데, 생각보다 높은 점수에 나 자신도 깜짝 놀랐다. 아마 미국에서 지내는 동안 영어를 말하는 것이 자연스러워져서 그런 듯 하다. 마지막으로 토플 점수는 105점! 미국에 가기 전, 토플에 처음 입문하고 받은 점수는 민망하게도 79점이었다. 학원 선생님이 "처음 본 사람은 80점 정도 나와요~"라고 말했으나… 80점을 아깝게 넘지 못한 79점. 토플 시험은 미국에서 한국에 돌아오기 전에 봤는데, 목표했던 100점을 넘어서 만족스러웠다. 영어 시험 점수가 쭉쭉 오른 걸 보면, 어학연수로 돈을 낭비한 것만은 아닌 듯 싶다!

그리고 공인 영어 성적 외에도 나에게 생긴 변화는 영어를 말하는 것을 두려워하지 않게 된 것이다. 예전에는 괜히 외국인을 보면, 나에게 말을 시킬까봐 멀리 떨어져 있곤 했는데! 어학연수 이후에는 오히려 외국인들과 이야기하는 것에 자신감이 생기고 편해졌다. 심지어 한국에서 외국인만 보면 영어로 말을 하고 싶을 정도로 입이 근질근질하다. 1년 전 쯤, 친구들과 홍콩으로 여행을 갔을 때도 내가 먼저 앞장서서 영어로 현지인과 의사소통하고, 친구들을 가이드했던 기억이 있다. 예전의 소심한 나에게는 상상도 못할 큰 변화가 일어난 것이다. 또한 어학연수 때 얻은 자신감으로 교환학생에 가서도 쉽게 미국인 친구들을 사귈 수 있었던 것 같다. 보통 아시안 친구들은 먼저 미국인 친구에게 다가가기를 꺼려하는데, 나 같은 경우는 겁도 없이 먼저 말을 시키곤 했다. 그리고 미국인 친구들이 나의 영어 실력을 칭찬했으니! 이 정도면 어학연수로 영어 실력이 향상됐다고 할 수 있겠지?

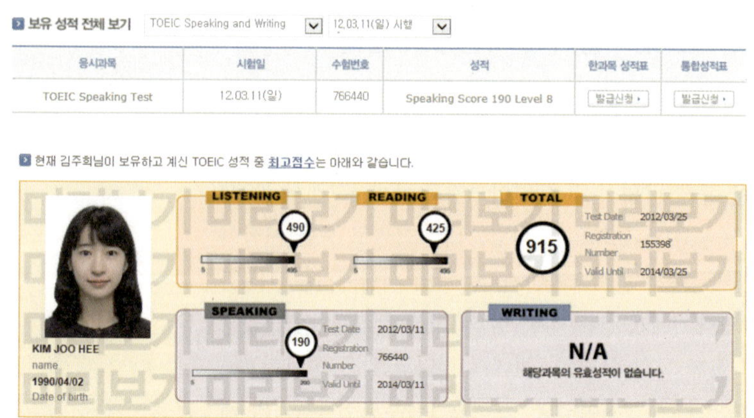

THEME 03　문화의 다양성을 이해하다

미국에서 어학연수를 하기 전에는 우물 안의 개구리처럼 나만의 세계에 갇혀 살았던 것 같다. 우리나라 그리고 내가 알던 작은 세계에서 벗어나 다양한 문화를 직접 경험하면서 다른 문화에 대한 포용력이 생겼다. 예전에는 나와 다른 사람, 그리고 나와 다른 문화를 접하면 항상 내가 옳다는 생각이 지배적이었던 반면, 어학연수를 마친 이후에는 다른 사람의 입장에서 한 번 생각해보는 역지사지의 자세를 가지게 됐다. 단순히 나와 다른 문화적 차이를 비난하기보다는 오히려 문화적 차이가 흥미롭게 느껴진다. 중국인 친구들은 잘 씻지 않는다던가 미국인 친구들은 자신만 안다던가 하는 문화에 대한 편견도 직접 겪으면서 사실이 아니라는 것도 하나씩 깨달은 것 같다. 미국 어학연수를 통해서 세상에는 정말 다양한 사람들이 섞여 살아가고 있고, 내가 너무 좁은 세계에만 갇혀 살고 있었다는 생각이 들었다. 한국에서 만날 수 있는 사람들보다는 아무래도 미국에서 만날 수 있는 사람들의 폭이 더 넓기때문에 미국 어학연수를 통해 다양한 문화를 접하고 이해할 수 있는 기회를 가지게 된 것 같다.

THEME 04 독립심, 적극성! 삶의 태도 변화

01. 혼자서도 척척척

원래는 뭐든지 혼자 하는 것을 질색할 정도로 싫어해서 같이 밥을 먹을 친구가 없으면 찌질하게 밥을 굶곤 하던 나였다. 하지만 이제는 상당히 쿨한 그리고 혼자서도 척척 잘 하는 여자가 되었다고나 할까? 요즘은 김밥천국에서 혼자 2인분을 시켜먹는 용감한 여자로 거듭났다. 그리고 엄마가 아침에 때리지 않으면 잘 일어나지도 못했던 내가 그리고 엄마가 없으면 귀찮아서 밥도 차려먹지 않던 골치덩어리에서 이제는 혼자서도 잘하는 착한 딸로 변했다. 미국에서 혼자 생활하면서 스스로를 통제하는 방법을 터득한 것 같다. 부모님은 내가 영어 실력이 발전한 것보다 독립심을 키운 것이 더 잘 된 일이라고 하실 정도다.

02. 적극적인 여자로 거듭나다

미국에서 혼자 어학연수를 한 이후, 나에게 일어난 가장 큰 변화는 바로 적극적인 삶의 태도를 가지게 됐다는 점이다. 다른 사람과 적극적으로 소통하는 재미를 알게된 것이다. 원래는 자는 것을 제일 좋아해서 대외활동이나 봉사활동은 담 쌓고 지내던 내가 다양한 활동을 시작했다. 가장 처음에 시작한 것은 대외활동이었다. 외교통상부에서 하는 '해외안전여행 서포터즈'로 활동했고 지금은 '한국국제교류재단 서포터즈'로 활동 중이다. 해외안전여행 서포터즈는 내국인에게 안전한 해외여행을 알리는 활동이고, 한국국제교류재단 서포터즈는 세계인에게 대한민국을 알리기 위한 활동을

현재 활동 중인 한국국제교류재
단 서포터즈

한다. 미국에서 지내다보니 여행이나 문화 교류에 관심이 생겨서 시작하게 된 대외활동이다. 특히, 한국국제교류재단 서포터즈는 미국에서 지낼 때, 외국인 친구들이 대한민국에 대해 잘 알지 못한다는 점이 안타까워서 시작하게 됐다. 또 한양대학교에서 '한밀레'라는 봉사활동을 했다. 한밀레는 한양대학교에서 공부하는 외국인 친구들의 멘토가 되어 한국 문화를 소개하고 학교 생활 적응을 돕는 봉사활동이다. 내가 미국에서 친구들에게 큰 도움을 받았던 것처럼 나도 한국에서 공부하는 외국인 친구들에게 도움이 되고 싶어 꾸준히 하고 있는 활동이다. 마지막으로 성실하게 개인 블로그를 운영하고 있는 중이다. 원래는 사진찍는 것도 싫어하고, 글 쓰는 것도 싫어하던 내가 요즘은 블로그에 중독돼서 블로그앓이 중이다. 블로그를 통해 이 책〈우리는 지금 미국으로 간다〉를 출판하자는 제의도 받았는데, 적극적인 여자로 거듭난 뒤 새로운 세상과 만나는 중이다.

<table>
<tr><td>1</td><td>2</td></tr>
<tr><td colspan="2">3</td></tr>
</table>

1 한밀레 멘티인 진영이와 함께
2 해외안전여행서포터즈 활동
중인 모습
3 중국인 멘티인 진영이와 중국
인 친구 련단이와 함께!

미국에서는 열심히 영어로 떠들기위해 노력하지만, 막상 한국에 돌아오면 영어를 사용할 수 있는 환경은 제한적이기 마련이다. 애써 시간과 돈을 투자해 공부한 영어가 잊혀지는 것은 정말 한순간이다. 언어는 쓰지 않으면 까먹는 속도가 빨라진다는 말이 있다. 그래서 우리에게 필요한 것은 바로 한국에서도 영어를 사용하는 환경 조성하기! 의도적으로 영어에 자신을 노출시키려는 꾸준한 노력이 필요하다.

THEME 01 영어를 사용하는 환경 조성하기

01. 영어를 요구하는 대외활동

수많은 대학생들이 일종의 스펙을 쌓기 위해 다양한 대외활동을 하고 있다. 날마다 새로운 대외활동을 모집하는 공고가 뜨곤 하는데, 잘 찾아보면 영어를 요구하는 대외활동들이 눈에 띌 것이다. 직접 한국을 방문한 외국인을 안내해야 하는 의전 활동이나 가이드 역할을 하는 대외활동도 있고, 외국인 학생들의 멘토가 되어주는 대외활동도 있다. 이런 대외활동은 한국에서도 꾸준히 영어를 구사할 수 있는 환경을 만들어준다. 예를 들어, 내가 외국인 친구의 멘토가 되어주는 '한밀레'라는 활동을 했을 때도 스위스, 미국, 중국 등 다양한 나라에서 온 친구들이 있었는데 그들과 대화하기 위해서 주로 영어를 사용하게 됐다.

02. 영어를 구사하는 아르바이트

돈도 벌고 영어도 공부할 수 있다면 일석이조가 아닐까? 최근에는 한국에 영어 전용 카페가 많이 생기면서 카페 내에서 한국어를 사용하는 것이 금지되어 있기도 하다.

영어 전용 카페의 아르바이트생이 되기 위한 첫 번째 조건은 바로 영어라고 한다. 외국인 손님들도 많고, 한국인 손님과도 영어로 소통해야하기 때문에 영어 실력이 뒷받침되어야 한다. 자신의 영어 실력이 중상급이라면 영어 전용 카페 아르바이트를 노려보는 것도 좋다. 카페 아르바이트 외에도 영어 과외, 영어 번역 등 찾아보면 영어로 돈을 벌 수 있는 아르바이트가 많다. 돈도 벌고, 지속적으로 영어도 사용할 수 있으니 이보다 더 좋을 순 없다!

03. 영어 모임에 나가보자

어학연수 이후에 한국에서 꾸준히 영어를 사용하는 환경을 만들기위해 영어로 대화하는 모임들이 여기저기서 생성되고 있는 추세이다. 실제로 인터넷에서 찾아보면, 다양한 영어 모임과 관련된 정보를 얻을 수 있을 것이다. 미국인 혹은 외국인들도 친구를 사귀기위해 참여하는 경우가 많다고 하니 실제 영어를 모국어로 하는 친구들을 사귈 수도 있다고 한다. 혹은 영어 회화 동아리도 쉽게 찾아볼 수 있으니, 참여해보는 것도 좋은 방법이다. 영어도 배우고, 친구도 사귈 수 있는 오프라인 영어 모임을 주목해보자.

04. 혼자서 독하게 해내기

오프라인 모임에 나가기도 귀찮고 아르바이트도 귀찮은 만사가 귀찮은 스타일이라면, 집에서 혼자 독하게 영어를 공부하는 방법이 있다. 미국에서 꾸준히 시청하던 미국 드라마를 하루에 한 편씩 보며, 표현을 익히거나 페이스북 혹은 스카이프를 통해 외국인 친구와 꾸준히 소통하며 영어를 구사하는 방법이 있다. 본인의 실력을 확인하기 위해 시험을 준비하는 것도 좋은 방법이다. 보통 시험을 등록하면 안하던 공부도 하게 되는 의욕이 샘솟는 법이니 말이다. 어떤 수단과 방법을 써서라도 영어를 꾸준히 사용하는 것이 우리의 목표임을 잊지말자!

THEME 02 인맥도 관리하라

영어만큼이나 중요한 것이 바로 미국에서 사귄 친구들과의 인맥을 관리하는 일이다. 사람과 사람 사이의 관계를 '관리하라'고 하면, 매우 정없어 보이기 쉽지만 사람도 관리하지 않으면 잃어버리기 쉽다는 것을 기억하자. 외국인 친구들과 가장 빈번하게 교류할 수 있는 소통의 창은 페이스북이라고 해도 과언이 아니다. 자신이 페이스북을 자주 이용하지 않는다고 하더라도, 꾸준히 페이스북을 통해 외국인 친구들의 안부를 확인하는 작은 일이 관계를 끈끈하게 유지시켜 준다. 얼굴을 맞대고 대화할 수 없는 사이이기 때문에 온라인 상에서 교류가 뜸해진다면 서로 멀어지게 된다. 친구의 특별한 날을 챙겨주고, 친구의 소식을 받아보고 있다는 암시를 주는 것만으로도 친구에게 특별한 존재로 기억될 수 있다.

대학교 2학년 때, 미국으로의 어학연수를 결심하고 준비하면서 두렵기도 하고 설레기도 했던 나의 모습이 아직까지 생생하다. 유학원에서 상담을 받고 미국 학교의 수속까지 마쳤을 때도 미국으로 간다는 사실이 실감나지 않았다.

정말 덩그러니 미국에 혼자 도착했을 때, 비로소 미국에서 혼자 살아남아야 한다는 것을 깨달았다. 처음에는 실수도 많고, 외로움도 많이 탔지만 시간이 지날수록 미국이라는 나라의 매력에 푹 빠지고 말았다. 우리에게 너무나 익숙한듯하지만 미국 어학연수와 교환학생을 마친 지금도 미국에 대해 충분히 안다고는 장담하지 못할 것 같다.

누군가가 나에게 "너의 인생에서 가장 행복했던 순간은 언제니?"라고 묻는다면, 주저하지 않고 "미국에서 어학연수를 했던 기간"이라고 대답할 것이다. 새로운 모험이 연속되는 신나는 나날과 지금까지는 경험할 수 없었던 특별한 경험이 나의 미국 생활을 찬란하게 만들어준 것 같다. 언제 다시 전세계에서 모인 특별한 사람들과 특별한 관계를 맺고, 그들을 이해할 수 있는 기회를 가질 수 있을까? 오직 영어 실력을 키워보겠다고 몸을 실은 미국행 비행기였지만, 한국으로 돌아오는 비행기에서 돌이켜보니 영어보다 더 값진 가치들을 배웠다는 생각이 들었다. 내가 미처 알지 못했던 넓은 세계, 그 세계 속에 사는 특별한 사람들, 그리고 그들과 맺은 관계. 오히려 영어가 목적이 아니라 그들과 소통하기 위해 필요한 수단이 된 것 같다.

어느 강의에서 "미래가 보이지 않는 이유는 너무 어두워서가 아니라 너무 밝아서이다."라는 말을 들은 적이 있다. 미국뿐만 아니라 다른 어느 나라로 어학연수를 생각하고 있는 사람이라면, 누구나 새로운 생활에 적응해야한다는 불안감을 가지고 있을 것이다. 그러나 우리가 시작하는 새로운 생활이 두려운 이유는 그것이 너무 어두워서가 아니라 너무 밝기 때문임을 기억하자.

막상 어학연수라는 책을 펼쳐보기 전에는 불안할 수 있지만, 그 책을 펼치는 순간 당신은 가장 찬란하고 빛나는 세상을 만나게 될 것이다. 이 책을 읽은 모든 독자가 기억에 남는 어학연수를 마칠 수 있기를 진심으로 바란다.

성공어학연수 가이드 – **미국 맞짱뜨기**

우리는 지금 미국으로 간다 미국 서부편

1판 1쇄 인쇄 2013년 11월 01일

1판 1쇄 발행 2013년 11월 05일

지 은 이　　김주희

발 행 인　　이미옥

발 행 처　　아이생각

정　　가　　16,000원

등 록 일　　2003년 3월 10일

등록번호　　220-90-18139

주　　소　　(143-839)서울 광진구 능동 253-21

새 주 소　　(143-849)서울 광진구 능동로 32길 159

전화번호　　(02)447-3157~8

팩스번호　　(02)447-3159

저자합의
인지생략

ISBN 978-89-97466-11-5 (13980)　Ⅰ-13-08

성공어학연수 가이드 – 미국 맞짱뜨기
우리는 지금 미국으로 간다 미국 서부편